U0150221

大数据与数据科学专著系列 1

数 据 科 学

——它的内涵、方法、意义与发展

徐宗本　唐年胜　程学旗　著

科学出版社

北　京

内 容 简 介

本书是有关数据科学内涵、方法、历史、意义及方法论、发展趋势、学科边界、核心科技问题、人才培养方案等方面的一部综合性论著.

全书分 7 章. 第 1 章阐述数据科学的产生背景, 主要从人类社会、物理世界、信息空间三元世界理论出发, 阐述大数据在信息化社会中的基础地位、作用与价值. 第 2 章尝试用数据科学的语言来沟通不同学科, 以统一的术语扼要阐述数学、统计学、计算机科学、人工智能等学科中所使用的数据科学概念及内涵. 第 3 章严格定义数据科学, 论证数据科学的内涵与演进历史, 概述计算机科学、统计学、人工智能等学科相关的重大进展. 第 4 章论述数据科学的研究方法论及与其他学科的关联与区别, 探讨数据科学的发展趋势与规律. 第 5 章论证数据科学亟待解决的重大科学技术问题, 提出四大科学任务和十大技术方向. 第 6 章讨论数据科学的学科发展, 论证数据科学的主体研究方向、学科属性和知识结构, 提出推动数据科学发展的若干战略建议. 第 7 章聚焦数据科学的人才培养问题, 分析数据科学人才应具备的知识、能力、素质要求, 给出数据工程师、数据分析师、数据执行官等数据科学人才培养的建议方案.

本书可作为科研和教育主管部门、企事业研发部门、信息产业与数字经济行业决策的参考书, 也可作为数学、统计学、计算机科学、人工智能、管理科学等学科领域的数据科学研究者、信息产业从业者的研究参考书, 可供大专院校数据科学相关专业学科建设和教学参考书, 也可作为数据科学与大数据技术专业、大数据管理与应用专业、大数据技术与应用专业、人工智能专业等相关专业的"数据科学概论"教材使用.

图书在版编目(CIP)数据

数据科学: 它的内涵、方法、意义与发展/徐宗本, 唐年胜, 程学旗著.
—北京: 科学出版社, 2022.1
ISBN 978-7-03-069288-7

I. ①数⋯ II. ①徐⋯②唐⋯③程⋯ III. ①数据处理 IV. ①TP274-49

中国版本图书馆 CIP 数据核字 (2021) 第 128425 号

责任编辑: 李 欣 钱 俊 范培培 / 责任校对: 彭珍珍
责任印制: 吴兆东 / 封面设计: 无极书装

科 学 出 版 社 出版
北京东黄城根北街 16 号
邮政编码: 100717
http://www.sciencep.com

北京建宏印刷有限公司 印刷
科学出版社发行 各地新华书店经销

*

2022 年 1 月第 一 版 开本: 720 × 1000 B5
2022 年 2 月第二次印刷 印张: 12 1/4
字数: 252 000
定价: **98.00 元**
(如有印装质量问题, 我社负责调换)

前　言

大数据的迅猛发展促使数据科学正在成为一门学科. 人们普遍认为: 大数据发展催生了数据科学, 而数据科学承载着大数据发展的未来. 然而, 数据科学到底是什么? 它对于科学技术发展、社会进步有什么特别的意义? 它有没有独特的内涵与研究方法论? 它的发展规律、发展趋势、学科边界与主攻方向, 乃至人才培养规律又是什么? 澄清和科学认识这些问题非常重要, 特别是对于准确把握数据科学发展方向、促进以数据为基础的科学技术与数字经济发展、高质量培养数据科学人才等都有着极为重要而现实的意义.

为了系统回答这些问题, 中国科学院信息技术科学部和国家自然科学基金委员会数学物理科学部联合组成 "数据科学发展战略" 研究课题组, 从 2016 年起历时五年有余, 先后组织二十余次专家学者研讨, 在此基础上形成了 "数据科学发展战略报告". 本书根据这一报告扩充而成.

全书分为七章. 第 1 章从人类社会、物理世界、信息空间三元世界理论出发, 阐述大数据在信息化社会中的基础地位、作用与价值, 揭示大数据价值原理及数据科学的数字经济背景. 第 2 章尝试用数据科学的语言来沟通不同学科, 特别地, 以统一的术语扼要阐述数学、统计学、计算机科学、人工智能等学科中所使用的数据科学相关概念及内涵. 由于数据科学生成的多源性、内涵的交叉性和知识的多学科性, 这样的 "沟通" 是数据科学发展的 "第一步". 第 3 章在梳理已有对数据科学内涵解释的基础上, 以严格的方式定义什么是数据科学, 并通过总结相关学科重大进展来梳理数据科学形成的演进历史. 不同于已有讨论, 本书将数据科学定义为 "有关数据价值链实现的基础理论与方法学". 我们从研究对象、方法论、科学任务与科学目标三个维度将数据科学的内涵解释为 "是运用建模、分析、计算和学习杂糅的方法研究从数据到信息、从信息到知识、从知识到决策的转换, 并实现对现实世界的认知与操控". 对数据科学这样的严格定义, 一方面, 揭示了数据科学在大数据时代作为一门独立学科的必然性和重要性; 另一方面, 有助于严格界定数据科学的内涵并厘清数据科学与其他学科的关系. 第 4 章专门讨论数据科学的研究方法论与发展规律. 一个学科的方法论是关于该学科领域认识和实践的一般途径, 是学科之间相互标识的主要特征之一. 数据科学是由数学、统计学、计算机科学、人工智能等多个学科交叉形成的新学科. 那么, 它有没有自己独有的学科方法论? 它的方法论与其他学科方法论又有什么样的联系与区别? 这一章对这些问题展开分析并给出了回答. 第 5 章阐述数据科学当前发展阶段所亟待解决的重大科学技术问题. 在重大科学问题方面, 我们论证提出了数据科学的重大挑战问题, 并建议聚力突破 "四大科学任务": 探索数据空间的结构与特性、建立大数据统计学、革新存储计算技术和夯实人工智能基础. 在核心技术方面, 我们提出了应重点突破的 "十大技术方向": 物联网、大数据互操作、大数据安全、大数据存储、分布式协同计算、新型数据库、大数据基础算法、数据智能、区块链、大数据可视化与交互式分析等技术. 第 6 章讨论数据科学的学科发展问题, 论证了数据科学的主要研究方向、学科属性和知识结构, 并提出推动数据科学学科发展战略的若干建议. 基于重要性、不冲突、专业化和完整性 "四原则", 我们论证提出了数据科学应包含的四个主体研究方向: 数据收集与管理、数据存储与计算、数据分析与解译、数据产品及应用, 论证提出了 "数据科学的主体构成是统计学和人工智能学科, 而紧密相关学科是数学、计算机科学和领域相关学科" 的 "理工交叉、文理交融" 学科属性. 第 7 章聚焦数据科学的人才培养问题. 在分析市场对数据科学人才应具备的知识、能力、素质要求的基础上, 提出 "坚持统一性、体现多样性、兼顾成长性" 的数据科学人才培养原则和 "知识模块化、培养杂糅化" 的培养技术方案. 最后, 我们提出数据工程师、数据分析师、数据执行官等数据科学人才培养的建议方案.

许多学者参与了 "数据科学发展战略报告" 的讨论, 中国科学院马志明院士、陈国良院士、郭雷院士、鄂维南院士、梅宏院士、谭铁牛院士、郝跃院士、张平文院士, 普林斯顿大学范剑青教授, 宾夕法尼亚大学蔡天文教授, 密歇根大学何旭铭教授, 东北师范大学史宁中教授, 北京大学耿直教授等贡献了他们的重要观点. 中国科学院信息技术科学部第十六届常务委员会专题审读了 "数据科学发展战略报告" 并提出了修改建议. 本书是在吸收这些重要观点和修改建议基础上撰写的, 作者对他们的贡献表示衷心感谢. 人工智能与数字经济广东省实验室 (琶洲实验室) 组织并部分资助了该项目研究. 云南大学数学与统计学院及大数据研究院为 "数据科学发展战略报告" 的撰写组建了专门的秘书组, 张理、潘东东、周建军、唐安民、潘蓄林、彭程、陈黎、陈丹等完成了大量的文献搜集和前期资料准备工作; 华中科技大学廖小飞, 清华大学张广艳, 中国科学院计算技术研究所的靳小龙、沈华伟等为本书部分章节的撰写提供了很多素材. 科学出版社的李欣编辑仔细审读书稿, 为本书的高质量出版付出了大量心血. 作者衷心感谢他们为本书做出的重要贡献.

撰写这样一本有关新学科的定位、方法论与发展的著作不是一件容易的事. 困难不只在于它所涉及知识的多学科性, 而在于它本身是一个未定型的、正在成长中的 "不明体". 由于如此, 书中的一些认识和观点还只能算是本书作者的 "一家之言", 不全面、不准确之处在所难免. 纵观科学发展, 很少有一个基础学科能像数据科学这样与社会经济发展, 特别是与生产力的发展发生如此紧密的关联. 所以, 快速发展数据科学不仅是现代科学技术之期盼, 更是人类社会发展之急需. 基于这样的认识, 作者愿意将这些即使还不够成熟、还不够全面的认识和观点予以出版, 一则期望能 "抛砖引玉", 二则期望吸引广大数据科学的从业者和大学生们能直接将自己置身于数据科学的 "初创期", 以感悟新学科的创立过程与责任. 作者认为, 这是推动数据科学这样的新学科快速发展的最好方式之一了. 若本书能起到这样的作用, 将甚感欣慰.

作　者

2020 年 3 月 20 日

目　　录

第 1 章　数据科学的产生背景

大数据作为一个时代、一项技术、一个挑战、一种文化, 正在走进并深刻影响着我们的生活. 大数据的迅猛发展催生了数据科学这一新学科. 但数据科学到底是什么? 它对于科学技术的发展有什么特别意义? 它有没有独有的内涵与方法论? 它的发展趋势与规律、学科边界与主攻方向乃至人才培养规律又是什么? 本章从数据科学的产生背景角度对这些问题予以初步讨论.

1.1　大数据促进了数据科学的形成

数据科学, 最本原地说, 是 "让数据变得有用" 的科学理论与技术体系. 数据是现实世界 (物理世界与人类社会活动) 的碎片化记录, 是对现实世界的数字化结果. "让数据变得有用" 主要是指这样一种科学目标: 通过对碎片化反映现实世界的数据之获取、加工、分析和处理能达到对现实世界认知和操控的目的. 从这一认识出发, 几乎所有的科学技术和学科分支都对数据科学的产生、发展起到了推动作用, 但大数据的兴起与发展是促进数据科学形成最直接、最重要、最为核心的驱动力. 可以说, 大数据促进了数据科学的形成.

随着新一代信息技术, 特别是互联网、物联网、5G 通信、云计算、人工智能等新技术的发展, 人类社会进入了大数据时代. 信息技术革命与经济社会活动的交融时时刻刻产生大数据, 它们是社会经济、现实世界、管理决策的片断记录, 是蕴含碎片化信息的原始资料. 大数据正是对这种 "大而复杂" 数据集的统称. 这里的 "大" 不仅仅指数据集所含数据量之大 (即海量之意), 更指这样的数据集已蕴含从量变到质变的跃升. 换言之, 数据量是如此之大而全面, 已使 "只从这些碎片化数据中就能读懂数据背后的故事" 变得可能. "复杂" 除指数据集的海量性之外, 通常还指数据的异构性、时变性、分布性、关联性和价值稀疏性等复杂特征.

大数据具有大价值. 大数据提供对现实世界的离散化镜像描述, 形成了与现实世界并行的虚拟世界——数据空间、网络空间, 或称赛博空间 (Cyberspace), 从而为在虚拟世界中认知和操控现实世界带来了可能. 所以, 大数据的最大价值是为数字经济 (包括数字化的实体经济、虚拟经济、网络经济等) 和基于数据的科学发现、社会治理提供了基础. 更详言之, 大数据的大价值主要体现在: 提供社会科学方法论, 实现基于数据的决策, 助推管理科学革命; 形成科学研究的新范式, 支持基于数据的科学发现, 减少对精确模型与假设的依赖, 使得过去不能解决的问题变得可能解决; 形成高新科技的新领域, 推动互联网、物联网、云计算、人工智能、区块链等行业的深化发展, 形成大数据产业; 成为社会进步的新引擎, 深刻改变人类的思维、生产和生活方式, 推动社会变革和进步. 大数据的价值主要通过大数据技术来实现. 大数据技术是最底层的信息技术, 它刻画了新一代信息技术中机器与机器、机器与人、人与人之间的信息交互内容特征, 与网络化技术一样, 它是构成现代信息技术的最基础技术之一.

大数据正在且必将引领未来生活新变化、孕育社会发展新思路、开辟国家治理新途径、重塑国际战略新格局. 实施国家大数据战略, 是对大数据意义、价值与作用的深刻认识与准确把握. 大数据到底能为我们带来什么机遇呢? 本书认为, 大数据至少能在管理创新、产业发展、科学发现、学科发展等四个方面为我们带来前所未有的机遇.

管理创新机遇. 管理和决策通常都是难以建模的问题, 但业已看到并可进一步预期: 基于大数据和大数据技术, 人们可以使用极为丰富的数据资源来对经济社会发展进行实时分析, 并帮助政府对社会、经济运行中所出现的现实管理问题做出实时决策. 大数据技术可以帮助我们实现梦寐以求的科学决策, 实现科学决策从抽象化到具体化, 从而推动管理理念、方式与方法的革命. 在实践中, 运用大数据对公共政策进行定量的预评估已成为可能.

产业发展机遇. 大数据与大数据技术是解决众多重大现实问题的共性基础, 能够为产业发展升级赋能. 特别是大数据技术的底层特性使得它很容易与其他行业技术嫁接, 从而形成 "以数据为资产、以现代信息基础设施为支撑、以数据价值挖掘为创新要素" 的大数据产业. 大数据是人工智能应用的基础, 也可以为 "大众创业、万众创新" 提供重要平台. 应用好大数据这一基础性战略资源, 可以推动传统产业改造升级, 培育经济发展新引擎和国际竞争新优势.

科学发现机遇. 数据收集、处理与分析能力的提升, 必将显著提升人们对客观世界洞察的深度和程序化探究问题的广度. 随着数据积累和计算能力的提升, 直接从大数据中获取知识成为可能. 这种基于大数据分析的探究方式弥补了过去单纯依赖模型和假设解决问题的方法论, 形成了一种新的科学研究范式: 基于数据的科学发现范式. 运用新的范式, 过去不能解决或解决不好的问题现在变得能够解决或解决得更好.

学科发展机遇. 大数据时代, 数理科学与人文社会科学、管理科学等学科的深度交融将彻底打破学科边界、革新学科领域, 统计学面临改革, 计算科学的内涵与外延将发生重大改变. 一种融合统计、计算、信息与数学的数据科学正在形成. "解读大数据是时代任务" 的要求也将深刻改变和影响所有学科. 这一改变势必对大学的学科设置和人才培养模式产生重大影响, 尤其将为大学培养适应国家创新发展急需的人才提供难得机遇.

尽管大数据为国家创新发展带来了大机遇, 并已上升为国家战略, 但要真正实现大数据的大价值, 特别是将大数据转化为现实生产力, 仍面临巨大挑战. 这些挑战主要体现在:

科学基础挑战. 传统用于分析数据的统计学方法以抽样数据为主要对象、以样本趋于无穷的极限分布为推理基础, 而大数据所处理的对象是自然数据, 既无明确的抽样机制又少有可能存在稳定的极限分布. 这使得传统分析数据的科学基础遭到动摇. 必须夯实大数据的统计学基础. 数学一直是以 "数" 和 "形" 为研究对象的, 以此为基础的数学理论和方法为揭示现实世界数量关系与空间形式提供了元知识, 认知现实大数据呼唤新的数学理论与工具.

核心技术挑战. 大数据的核心技术除了依赖解译数据自身的方法论以外, 采取什么样的计算架构去存储, 采取什么样的计算模式去支持快速查询与处理, 采取什么样的程序语言和算法去完成计算、分析和挖掘, 所有这些都面临技术上的挑战. 特别是, 传统计算的可解性、复杂性、算法设计都是以 "多项式时间" 为标准的, 这样的标准对于大数据计算已失去意义, 必须革新计算模式和计算方法.

法律制度挑战. 推动数据开放共享是保证数据供给、激活数据价值的前提, 但数据开放共享又必须与安全防护、隐私保护取得平衡. 解决数据开放共享不是单纯的技术问题, 应该全面协同技术与管理、技术与法律等. 特别地, 如何从立法与制度层面解决既能充分释放数据活力, 又要确保数据安全; 既能打破 "数据孤岛", 又能防止 "数据垄断、屯集" 等现象, 是极具挑战性的问题.

人才需求挑战. 推动大数据产业发展, 提升国家大数据运用能力, 人才是第一位的. 我国大数据人才严重不足, 特别是核心技术人才严重缺乏. "懂数据、会分析、能落地" 的复合型人才缺乏是当下国内外面临的共同挑战.

概括起来说, 信息技术的革命性发展已经将人类社会带入到了大数据时代. 拥有大数据是时代特征, 解读大数据是时代任务, 应用大数据是时代机遇[1]. 在这样的大时代中, 基于数据认知物理世界、基于数据扩展人的认知、基于数据来管理与决策已成为一种基本的认识论与科学方法论. 所有这些呼唤 "让数据变得有用" 成为一种科学理论和技术体系. 由此, 数据科学呼之而出便是自然不过的事了.

1.2 数据科学承载着大数据发展的未来

数据科学旨在为数据的高效获取、存储、计算、分析及应用提供科学的理论基础与可靠的技术体系. 作为信息资产, 大数据的价值需要运用全新的处理思维和解译技术来实现, 因而数据科学正是大数据发展所必需的, 正所谓 "数据科学承载着大数据的未来": 大数据及大数据应用为数据科学提供研究对象和源源不断的问题来源, 而数据科学承载着人们对大数据理论与技术的期盼. 对大数据而言,数据科学意味着新的原理、新的理论、新的技术、新的方法, 是实现大数据价值的新途径与问题解决方案.

数据科学奠定大数据科学基础. 数据科学的一个基本出发点是将数据作为信息空间中的元素来认识, 而人类社会、物理世界与信息空间 (或称数据空间、虚拟空间) 被认为是当今社会构成的三元世界 [2](图 1.1). 这些三元世界彼此间的关联与交互决定了社会发展的技术特征. 例如, 感知人类社会和物理世界的基本方式是数字化 (数据化), 联结人类社会与物理世界的基本方式是网络化, 信息空间作用于物理世界与人类社会的方式是智能化. 数字化、网络化和智能化是新一轮科技革命的突出特征, 其新近发展正是新一代信息技术的核心所在.

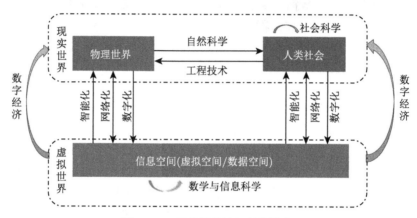

图 1.1　三元世界理论与科学技术

数据科学从三元世界理论出发, 依据三元世界之间的交互关系来认识数据具有很强的科学性、完全性与实用性. 在这一认识论指导下, 数据科学有望奠定大数据应用的科学基础. 特别地, 在数据空间的数学结构、分布特征、演化规律 (数据学层面), 在数据生成机制及机理、与现实世界的镜像关系、虚拟操作平台、虚实/人机接口、可视化原理 (三元世界关联层面), 在数据到信息、信息到知识、知识到决策的转化机理与方法 (数据分析与处理层面), 在可学习性与学习理论、数据解译与语义、数据与社会 (数据应用层面) 等基础理论与方法上, 数据科学有望取得重大突破.

数据科学形成大数据分析处理核心技术. 数据科学以大数据为主要研究对象, 以数学、统计学、计算机科学、人工智能的多学科融通创新为方法, 以建模、分析、计算、学习、推理、可视化等为基本工具. 这种融通创新的方法论能够非常完美地将多学科方法进行 "杂糅", 从而形成高效的大数据分析与处理技术. 例如, 将统计学的基于模型 (分布假设) 来进行参数估计、统计推断的方法论, 计算机科学的对大规模问题分布并行处理、快速查询与高性能计算、可视化展现的方法论,与人工智能的基于学习来开展预测/预报、自动提取特征、建模复杂数据的方法论进行融通, 有望形成数据科学 "基于数据建模、基于计算分析、基于统计解释、基于领域应用" 的系统大数据分析处理技术. 特别地, 数据科学有望在大数据表示方法、生成机制刻画、数据的结构识别 (异常、异构、类结构等)、数据的相关性分析、因果性判定、分类与回归分析、数据的化简与降维、大数据计算的分布式与并行处理、流式数据处理、分布式数据分析、领域数据 (文本、语音、视频、图像、信号、地理、函数等) 处理、大数据计算基础算法、可视化与人机交互方法等方面定义新的核心技术, 从而支撑大数据高效、准确地分析与应用.

数据科学蕴含大数据价值实现有效途径. 数据的价值实现有其自身规律性. 大数据的价值实现服从四个基本的大数据原理 [3]:

(1) **量变-质变原理.** 大数据由小数据累积形成, 在累积过程前期且数据量不够大时, 这些离散化、碎片化的数据并不能反映其背后的真实故事. 但随着数据量的增加, 特别当其累积量超过某个临界值后, 这些离散的 "碎片" 数据就整体呈现规律性, 就能在一定程度上反映数据背后的真实性. 这一原理被称为是大数据的量变-质变原理. 它说明: 数据量的大是数据具有价值的前提. 从量变到质变的临界值通常也是区分数据 "大" 与 "不大" 的标准. 显然, 大数据的 "大" 是相对的, 是与所关注的问题相关的.

(2) **关联聚合原理.** 数据的积累可能只是局部的、源于某个侧面的, 因而, 单纯数据量的积累并非有助于对事物全局和整体的认识. 只有将不同层面、不同局部的数据汇聚并加以关联, 才能产生对事物的整体性和本质性认识. 数据汇聚使得数据产生价值, 数据关联使得数据实现价值. 关联聚合原理为数据开放共享要求提供了直接的科学依据, 是大数据价值链形成的关键要素之一.

(3) **分析致用原理.** 分析是通过综合运用数学、统计学、计算机科学、人工智能等工具对数据背后的故事 (即规律, 或称知识) 进行抽取和明晰化的过程. 大数据通常价值巨大但价值密度低, 很难通过直接读取提炼价值. 只有通过大数据分析, 才能完成从数据到信息、从信息到知识、从知识到决策的转换, 才能解决各主体面临的不同问题. 如果只存储不分析, 就相当于 "只买米不做饭", 产生不了实际价值.

(4) **效用倍增原理.** 由于具备易复制、成本低、叠加升值、传播升值等特点, 大数据及其产品可以被广泛重复、叠加使用, 具有极高的边际效用和很强的正外部性. 一方面, 相同数据可以以低成本供给不同的主体而不产生冲突, 使多个主体同时受益; 另一方面, 相同的数据也可以使用不同的方法进行加工处理, 服务于不同目的, 使单一数据产生多样价值. 大数据可以提高各行各业应用数据克服困难和解决问题的能力, 具有 "一次投入、反复使用、效益倍增" 的特点.

作为大数据方法, 数据科学的海量处理能力 (特别是分布式处理能力、流式处理能力、并行计算能力、边缘计算能力等) 使得大数据的量变到质变过程得以完成; 其融合分析与处理能力 (特别是基于虚拟集成与区块链相结合的互操作技术、基于最优传输的异构数据综合与转换技术等) 使得大数据的关联聚合得以实现; 其理论可证明的正确性 (Theoretically Provable Correctness, TPC)、可解释、可泛化、可并行、可扩展的分析算法使得大数据分析成为可能. 所有这些说明: 数据科学能够支撑大数据原理实现, 从而赋能大数据, 使其转化为现实生产力, 产生大价值.

由此, 我们看到: 数据科学的产生有其必然性, 其发展又有着极端的迫切性与重要性. 由于如此, 有学者将数据科学直接解释为 "是有关大数据时代的一门科学, 即以揭示数据时代, 尤其是大数据时代新的挑战、机会、思维和模式为研究目的, 由大数据时代新出现的理论、方法、模型、技术、平台、工具、应用和最佳实践组成的一整套知识体系"[4]. 不过, 这只能算作是对数据科学的一种宽泛描述, 还不能作为数据科学的严格定义 (参见第 3 章).

第 2 章　数据科学的相关概念与方法

数据科学 (Data Science) 是以数据, 特别是大数据为研究对象的, 它所关注的问题、所使用的方法、所取得的成果都曾以不同形式或术语出现在数学、统计学、计算机科学和人工智能等广泛学科. 数据科学将综合运用这些不同相关学科的理论与方法, 并在此基础上融合、创新、发展. 因此, 数据科学不是某一单一学科 (如统计学或机器学习) 的延伸, 而是多学科的交叉融合发展. 为了实现这一目的, 用数据科学的语言沟通数学、统计学、计算机科学与人工智能是第一步, 也是至关重要的一步. 本章本着这一精神, 概述数学、统计学、计算机科学、人工智能等学科所涉及的相关数据科学概念、内涵与方法.

2.1　与数据相关的概念与方法

数据 (Data/Datum) 是物理世界、人类社会活动的数字化记录, 是以编码形式存在的信息载体. 常见的数据形式有表格、曲线、图形、图像、视频、文本、音频、网络、地图、生物组学序列等. 数据具有可测量、可传输、可存储、可处理的特征. 数据在计算机上常以向量、矩阵、图、树、张量 (多重数组) 形式存储、加工并处理, 而在分析中, 数据常被理解为某个随机变量采样的结果 (数据的统计表示). 例如, 一个数据集 X 可看作某个随机变量 (或向量) 依概率分布 $p(x)$ 采样的样本.

数据集的大小 (量, Size) 是由存储这些数据所占用的字节数来衡量的. 以 10^3 个字节为跃升单位, 10^6 个字节的数据称为一个兆字节 (Megabyte, MB) 的数据; $10^9, 10^{12}, 10^{15}, 10^{18}, 10^{21}$ 个字节依次称为一个 GB, TB, PB, EB, ZB, 或简单地说, 一个 G, T, P, E, Z, 等等. 一个数据集的尺寸 (规模, Scale) 通常指该数据集所包含样本的个数, 以及样本所包含的特征数 (即维数, Dimension). 当样本维数超过样本个数时, 这样的数据集称为高维数据集.

信息 (Information) 是对数据经过一定抽象、加工处理后, 具有一定语义解释且对决策有价值的数据. 信息是有别于物质和能量的一种存在, 它 "用来消除不确定性的东西". 信息可通过事件来认识, 通过事件发生所包含的信息量, 或者更精确地说, 对认知带来不确定性消除的程度来度量. 按照克劳德·香农 (Claude E.

Shannon) 的定义, 一个事件 A 发生所带来认知的不确定性, 或称信息量, 是

$$I(A) = -\log p(A)$$

这里 $p(A)$ 是 A 发生的概率, 对数底常常取为 2 但不限于 2. 取为 2 时, 对应的信息量单位即为比特 (Bit). 根据定义, 一个比特的信息量是从两个等可能事件中任取一个时所提供的信息量. 一个事件出现的概率越小, 它所提供的信息就越多, 从而所含信息量就越大. 假定数据集 D 是一个服从概率分布 P 而取值于 $X = \{X_1, X_2, \cdots, X_n\} \subseteq D$ 的随机变量 ξ 的样本. 令 $p(X_i) = P\{\xi = X_i\}$, 则 X 的**信息熵** (Information Entropy)$H(X)$ 定义为

$$H(X) = -\sum_{i=1}^{n} p(X_i)\log p(X_i)$$

它度量 "X 作为随机变量 ξ 的样本" 这一事件所提供的信息. 如果每一个 X_i 相同的概率被抽 (即每一个 X_i 具有相同的不确定性), X 的信息熵 $H(X)$ 取得最大值 (即具有最大的不确定性). 信息熵是数据集所含信息量的重要度量, 它有着重要的应用. 例如, 当我们知道数据的一些数字特征 (如均值、矩信息) 时, 可通过极大化对应数据集 X 的信息熵 $H(X)$ 来唯一确定 X 的概率分布, 此即**最大熵原理** (Maximal Entropy Principle)[5]. 依据最大熵原理所确定的分布是已知数据集部分信息而不附加任何其他约束时唯一可靠 (不偏不倚) 的解. 信息会受多个不同事件共同影响 (即不确定性会随事件的增多而改变或消除), 这些影响可用信息论中的条件熵及互信息等概念来描述.

给定数据集 X, 确定其对应的概率分布是数据分析的基本问题. 它与刻画数据的生成机制紧密相关. 假定 $p(x)$ 是 X 的一个真实分布 (当然往往并不知道), $q(x)$ 是另一分布, 则度量 $q(x)$ 和 $p(x)$ 之间的差异性是寻找 $p(x)$ 近似的前提. 在信息论中, 任意两个分布 $p(x)$ 和 $q(x)$ 之间的鉴别信息或称 KL 距离 (Kullback-Leibler Divergence) 定义为

$$D(p, q) = \int_X p(x) \log \frac{p(x)}{q(x)} \mathrm{d}x$$

它刻画了由 $q(x)$ 近似 $p(x)$ 所需要的信息量. $p(x)$ 和 $q(x)$ 之间的**散度** (Divergence) 定义为 $\Delta(p, q) = D(p, q) + D(q, p)$, 它具有准距离性质, 能够更准确地度量它们之间的差异性. 通常可在极小化 $D(p, q)$ 准则下寻求数据集 X 真实分布的近似, 即在利用最少的信息下由 $q(x)$ 近似 $p(x)$, 这样的原则被称为**最小鉴别信息原理** (Minimal Discrimination Information Principle)[5]. $p(x)$ 和 $q(x)$ 之间的 KL

距离 $D(p, q)$ 对于不相交的分布 $p(x)$ 和 $q(x)$ 不能定义, 此时可应用 Wasserstein 距离, 它定义为

$$D(p, q) = \inf_{\gamma \sim \Pi(p,q)} E_{(x,y) \sim \gamma} \left[\|x - y\| \right]$$

其中 $\Pi(p, q)$ 表示由分布函数 $p(x)$ 和 $q(x)$ 构成的所有可能联合分布的集合, γ 是其中的任一联合分布, γ 的边缘分布分别是 $p(x)$ 和 $q(x)$.

知识 (Knowledge) 是通过对信息进行综合、关联、演绎、推理之后所获得的, 被验证为正确的、为人们所普遍相信的认知. 知识通常具有系统化、结构化的特征, 常以语言、文字等加以描述. 相比于数据和信息, 对知识的准确定义相对困难, 不同学者会有不同的认识, 譬如, Chaffey 等 [6] 认为知识是数据和信息的结合, 并增加了专家意见、技能、经验之后所形成的宝贵资产, 可用于帮助决策; Turban 等 [7] 将知识定义为经过组织和处理的数据或信息, 用于传达理解、经验、积累的专业知识等, 并可以被运用解决当前的问题; Boddy 等 [8] 认为数据是事物的属性, 而知识是人类的属性, 使人类倾向以特定的方式行动.

虽然人们对知识并没有形成一致的定义, 但不同学者的定义似乎都包含着这样一个共识: 知识来源于信息, 而信息隐藏于数据; 知识的作用主要在于能为怎么做 (Know How) 提供行动的指令. 从计算机视角来看, 计算机主要利用文本信息处理、推理工具来加工知识. 专家系统和知识图谱则是计算机运用知识来进行决策和问题求解的主要方式.

在知识工程领域, 有一个著名的 DIKW 层次结构图 (图 2.1), 它描绘了从数据 (Data) 到信息 (Information), 到知识 (Knowledge) 再到智慧 (Wisdom) 的层级关系 [9]. 从这个层级图中我们可以看到: 自底向上, 数据可以产生信息, 信息可以升级为知识, 而知识可以升华为最终的智慧或者智能. 而自顶向下意味着智慧可以通过知识来进行传播, 知识通过普及变为信息, 而信息又可通过数字化而成为数据. 数据、信息、知识三者息息相关, 相互转换.

图 2.1 数据-信息-知识-智慧 (DIKW) 层级图

2.1.1   结构化、非结构化与半结构化数据

按照存储形式和分析处理的难易度, 数据可以分为结构化、非结构化和半结构化三种类型.

结构化数据 (Structured Data) 是指能够用有限规则进行描述, 并能够在可接受时间内有效处理的数据. 在计算机学科中, 结构化数据通常指可描述、可计算、计算复杂性可接受的数据; 在数据库领域, 结构化数据通常指能用二维表格表示, 并能用关系数据库进行建模的数据. 典型结构化数据如表格、规则、函数、图、树、知识库等.

非结构化数据 (Unstructured Data) 是不能用有限规则描述, 或难以在可接受时间内有效处理的数据. 典型的非结构化数据包括文本、图像、音频、视频等. 在计算机领域, 非结构化数据特指难以或不宜用数据库二维逻辑表来表现的数据, 通常也指无明显组织结构的数据. 从分析角度看, 非结构化数据通常都有 "仁者见仁、智者见智" 的特征 (即解译不具有唯一性).

半结构化数据 (Semi-Structured Data) 是指对非结构化的对象以结构化的组织方式呈现的数据, 它介于结构化数据和非结构化数据之间, 例如网页、XML 文档等.

2.1.2   数据价值链

数据从采集、汇聚、传输、存储、加工、分析到应用形成一条完整的数据链, 伴随这一数据链的是从数据到信息、从信息到知识、从知识到决策这样的一个数据价值增值的过程. 带数据价值增值过程的数据链称为一条数据价值链. 换言之, 数据价值链是促进数据向知识转化并使其价值不断提升的过程. 如图 2.2 所示, 数据价值链的主要环节包括: 数据采集/汇聚、数据存储/治理、数据处理/计算、数据分析和数据应用.

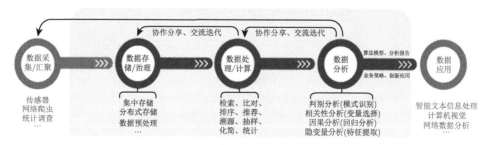

图 2.2   数据价值链

数据采集/汇聚 (Data Acquisition/Integration)(亦称数据获取) 依赖于数据源. 按三元世界理论, 数据源主要含物理世界数据、人类社会活动数据、信息空间

数据 (如知识库、数据库) 等. 获取数据的主要工具是传感器 (含网络)、网络爬虫、统计调查等, 其本质是利用某种装置或手段, 从系统外部采集数据并输入到系统内部的一个接口. 数据采集追求全面、准确、及时、优质、高效 (不必为 "大" 而大, 为 "全" 而全, 应是 "大而精" 或 "小而全"). 数据汇聚特指数据采集的这样一种特别情形: 将彼此关联但从不同渠道、领域、方式采集到的数据进行聚合, 以利于对数据进行更全面的分析 (参见 1.2 节关联聚合原理).

数据存储/治理 (Data Storage/Governance): 数据存储是将数据以某一特定格式记录在计算机内部或外部存储介质并予以管理的活动. 数据可以集中存储、分布式存储, 也可以在云端存储, 存储方式的选择应以有利于后续数据分析与应用为原则. 为了这一目的, 在数据存储前或存储后对数据进行一定的预处理和治理是必要的. 数据预处理主要包括对数据进行识别、提炼、汲取 (删除)、分组、筛选、扦补、变换等质量提升处理. 数据治理则通常包括对数据进行加密、脱敏、变换等安全与隐私保护处理, 以及对数据调用、共享、发布等数据信用进行管理等. 除技术因素外, 数据治理也涉及法律法规、公共管理的诸多方面.

数据处理/计算 (Data Processing/Computing) 是指以逻辑处理为基础, 以查询为主要特征的数据加工技术与数据应用. 典型的数据处理任务包括检索、比对、排序、推荐、溯源、抽样、化简、统计等. 数据处理与数据治理从技术上有诸多通用, 但区别主要在于: 前者是应用驱动, 直接与应用目的相关, 而后者偏重对于数据自身的加工处理. 在计算机领域, 数据处理与数据分析往往不加区分. 数据处理主要通过计算来实现.

数据分析 (Data Analysis/Analytics) 是指综合运用建模、计算、分析、学习等理论与工具, 对数据中所蕴含的模式、结构、关系、趋势、特征等有用信息进行提取并形式化的过程. 统计学方法, 计算机科学中的数据挖掘、知识发现方法, 人工智能中的机器学习方法等是数据分析技术的主要贡献者. 数据分析的典型任务包括: 判别分析 (模式识别)、相关性分析 (变量选择)、因果分析 (回归分析)、隐变量分析 (特征提取) 等. 与数据处理不同, 数据分析以模型为基础, 以运用复杂的数学算法 (特别是计算基础算法) 通过计算分析解决问题为特征. 数据分析与数据处理技术通常需要耦合使用.

数据应用 (Data Application) 是将数据处理/数据分析结果与领域知识结合, 形成决策并解决问题的过程. 也可以说, 是实现从信息到知识、从知识到决策、从决策到收益的阶段. 数据应用的关键是紧密结合应用场景, 深入应用领域知识 (当然, 这一原则也应在数据价值链的每一环节得到体现). 秉承这一原则下的数据价值链实现技术即是大数据智能技术. **大数据智能技术** (Big Data Intelligence Technology) 特别包括自然语言处理、智能文本信息处理、计算机视觉 (图像/视频处理)、网络数据分析等.

任何数据驱动的科学技术本质上都是对特定类数据价值链实现的科学技术. 以大数据价值链实现为基础的创新经济活动构成大数据产业, 或称**数据经济** (Data Economy).

2.2　与计算机科学相关的概念与方法

计算机科学由计算科学发展而来, 其研究领域非常广泛, 如计算机体系结构、系统软件、编程语言与执行环境、应用软件、网络通信、多媒体、人工智能、自然语言处理技术等. 在计算机科学中, "数据" 与 "计算" 是重要的研究对象和理论基础, 特别是随着大数据技术的发展, 以 "数据" 为核心的理论、技术和应用越来越受到重视. 其基本追求是: 利用 "计算" 技术对 "数据" 进行加工、处理、治理, 以形成体系化和结构化的数据资源, 再经由数据分析形成知识, 最终达到辅助决策的目的.

图 2.3—图 2.5 总结了计算机软硬件体系结构、计算机网络以及数据管理与数据库系统三大方面的发展. 不难看到, 材料的进步不断带动着计算机体系结构的改变, 而工艺和制造水平的进步促进了硬件性能的指数倍提高 (**摩尔定律**, Moore's Law). 从单机、并行到分布式, 从私有网络、因特网、以太网到虚拟化网络, 从数据管理范式、结构化查询语言 (Structured Query Language, SQL) 模型到非 SQL(NoSQL) 和新 SQL(NewSQL) 等等, 都是由于数据的大规模积累和对大数据应用的需求所驱动的. 计算机科学针对大规模数据的研究也必将驱动下一次新型硬件、体系结构、网络通信、数据模型、计算范式以及应用技术的革命.

因此, 在数据科学中, 计算机相关的基本概念十分重要. 本节主要介绍与计算机相关的一些基本概念, 包括计算架构、系统软件、编程语言与执行环境、大数据应用软件等.

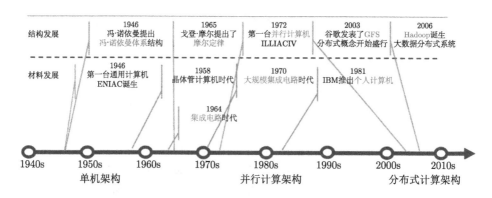

图 2.3　计算机软硬件体系结构的发展

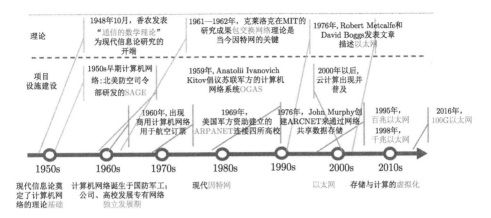

图 2.4　计算机网络的发展

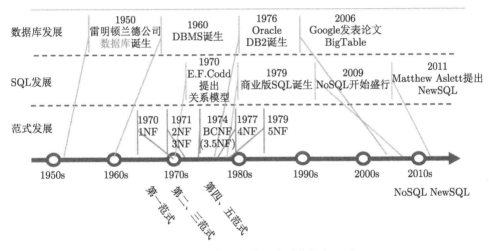

图 2.5　数据管理与数据库系统的发展

2.2.1　计算架构

计算架构抽象来说是指一个计算机系统在其所属环境中所采用的计算资源组织与管理的基本结构. 一些典型的计算架构包括单机架构、并行计算架构、分布式计算架构、流式计算架构、云计算架构、边缘计算架构等.

单机架构 (串行架构, Serial Architecture) 是各类计算架构中最简单的一种结构形式. 这种架构往往指一台完整的计算机系统, 具备独立的存储、计算、控制、通信等必备组件, 能够完整独立执行计算机应用程序. 由于只有一台计算机系统, 单机架构的处理能力和速度有限, 无法处理大规模任务.

并行计算架构 (Parallel Computing Architecture) 是一种可以同时进行多组计算的计算架构. 在单机架构中, 单一时间内机器只顺序地执行一条指令, 效率低下; 而并行计算架构通过在单一时间内并发执行多条指令, 加快处理速度. 并行计算架构借助并行算法和并行编程语言实现进程级并行和线程级并行. 在并行计算架构中, 不同处理器之间的通信频繁且可靠, 往往具有细粒度和低开销特征. 当前, 并行计算架构不断发展, 从同构并行 (多核/众核) 向异构并行 (主处理器 + 协处理器、大小核) 演进.

分布式计算架构 (Distributed Computing Architecture) 是一种用分布式系统进行计算的计算架构. 分布式系统的组件分散在不同的机器上, 这些组件互相交互, 从而达到共同计算的目标. 分布式计算架构使用多台机器并通过网络链接传递消息和通信, 以协同方式完成计算任务. 通过把复杂任务分解成小的部分, 分配给分布式系统中的各个机器, 最后把这些结果综合起来得到最终结果. 分布式计算架构可以处理需要巨大计算/存储能力的任务. 在分布式计算架构中, 不同处理器之间的交互相对不频繁, 且粒度粗, 往往需要额外的机制保证计算的可靠性. 分布式计算架构不断演进, 从集群 (Cluster) 计算、网格/对等 (Grid/P2P) 计算发展到云 (Cloud) 计算, 并朝着 "云–边–端" 融合的方向快速发展.

流式计算架构 (Streaming Computing Architecture) 是以计算连续、无边界和瞬时性为特征的新型计算机架构. 相比于单机架构、并行计算架构和传统分布式计算架构只能高效处理静态、批次和持久化的数据来源, 流式计算架构更适用于处理实时变动的数据场景 (如在线金融交易数据、交通流数据等), 因而流式计算架构是处理流式大数据和实时计算的专用计算机架构. 流式大数据的实时性、易失性等也对流式计算架构的处理能力提出了很高的要求.

云计算架构 (Cloud Computing Architecture) 是分布式计算架构发展的里程碑, 它以虚拟化技术 (如虚拟机管理器或容器) 为基础, 依托一个或多个数据中心, 通过全局资源 (计算资源、存储资源、网络资源等软硬件资源) 池化, 为共享云计算设施的多租户 (租赁云计算设施的用户) 提供按需供给、弹性伸缩的资源调度和配售能力. 按照服务类型划分, 可分为基础设施即服务 (IaaS)、平台即服务 (PaaS) 和软件即服务 (SaaS) 这三个基本类别. 按照服务范围划分, 可分为公有云、私有云及混合云三类. 相比于其他计算架构, 云计算架构具有较高的可扩展性、可靠性、安全性和灵活性.

边缘计算架构 (Edge Computing Architecture) 是分布式计算架构的扩展, 它将部分关键计算配置到产生数据的终端或终端边缘, 以消除或减少网络传输开销, 大幅提高响应能力. 边缘计算的主要目的是减少网络延迟, 尽可能提高服务质量. 边缘计算架构通常依赖云计算设施, 逐步发展形成了 "云–边" 两层计算架构或 "云–边–端" 三层计算架构. 在边缘计算架构中, 数据的分析与知识的产生, 更接近于数据的来源, 因此可以采用更灵活的方式处理大数据. 从技术上看, 边缘计算的最大挑战是如何充分利用全局资源, 实现计算任务在两层架构或三层架构之间按需分配和动态迁移.

当前, 随着大数据技术、人工智能应用、物联网以及 5G 通信的发展, 多类计算架构在应用中往往同时并存. "云–边–端" 协同的计算架构开始受到关注.

2.2.2 系统软件

系统软件 (System Software) 是指操纵计算系统 (硬件形态或软件系统) 有效执行、为上层应用软件提供运行支撑的软件 [10]. 这里的计算系统可以是单一系统或分布式系统, 甚至可以是未来大规模人机物融合系统. 操纵有两层含义: 编码/加载以及执行/管控. 编码/加载是指通过对硬件资源进行编排和协调, 以为计算系统提供优良的通用执行管理. 执行/管控即在机器运行过程中对硬件资源和计算系统行为进行管控, 实现高效利用和复用计算机资源.

传统计算机系统软件包括操作系统、编译器和数据库等. 这些系统软件抽象了计算存储处理设备等硬件资源, 提供了用户和硬件资源之间的桥梁. 然而, 在大数据处理和数据科学背景下, 系统软件在深度和广度上均发生了显著变化, 需要承担更多的功能. 一方面, 在深度上, 新的系统软件需要管理包括加速器在内的各种新型硬件资源, 以及为此配套的各种软件资源; 另一方面, 在广度上, 新的系统软件逐渐平台化, 需适应各种新型计算模式, 管理大规模分布式计算节点, 形成分布式资源管理和任务处理平台.

具体地, 在大数据处理系统中, 以 MapReduce 抽象计算模式、HDFS 分布式文件系统、YARN 资源管理框架为核心, 衍生出的 Hadoop, Spark 等大数据计算框架都被认为是大数据处理平台的系统软件. 它们包含了大数据应用所需的数据存储、资源抽象管理和计算等服务. 在大数据分析系统中, 类似 TensorFlow 的深度学习框架系统提供了如 CPU, GPU, TPU 等硬件设备的资源抽象, 简化了数据分析任务的处理开发.

但是, 也应该看到, 构建在传统操作系统之上的大数据处理/分析系统的系统软件还很不完善, 亟待建立以数据处理/分析任务为核心的基本调度思路 (而非基于线程/进程的通用任务调度思路), 从高能效硬件支撑、扁平化软件管理、标准化开发环境等多个方面不断革新, 从而实现性能的飞跃.

2.2.3 编程语言与执行环境

编程语言 (Programming Language) 是用来定义计算机程序形式的语言. 程序员可使用编程语言准确定义计算机需要使用的数据和执行的操作、生成各种输出结果. 最早的编程语言用来控制提花织布机及自动演奏钢琴的动作 [11]. 计算机领域已经发明了上千种不同的编程语言, 而且每年仍有新的编程语言诞生. 目前广泛使用的编程语言有: C, C++, C#, Java, Python, PHP, Perl 等. 编程语言的描述分为**语法** (Grammar) 及**语义** (Semantic), 语法是指编程语言中的一些规范 (例如: 哪些符号或文字的组合方式是正确的), 而语义是对编程的解释.

在数据科学领域, 为了支持不同的数据分析处理任务和支持数据分析任务程序开发, 编程语言的选择可以分成两大类, 即传统编程语言和新的面向特定领域的编程语言 (Domain-Specific Language, DSL).

传统编程语言: 现有编程语言的设计一般在高性能和易用性两个方面选择, 比如编译型语言 C++ 和解释型语言 Python. 当下比较流行的数据分析软件, 如 NumPy, SciPy 等, 采用 Python 作为开发使用语言, 极大地推动了数据分析技术的发展; XGBoost, Numba 等机器学习软件包为了追求处理速度的提升, 以 C++ 语言作为开发使用语言. 同理, Spark 提供 Scala 语言开发工具, 借助 Scala 函数式语言的特性, 极大地降低了数据分析任务所对应程序语言的开发代价.

面向特定领域的编程语言: 现有的语言是面向过程、面向对象以及面向函数式而设计的. 然而在大数据处理和分析的数据科学领域, 更多的是面向具体的任务来设计程序开发. 此时, 程序设计语言应该更多地关注任务本身, 而不用更多地关注任务运行逻辑, 从而针对数据科学任务设计特定的语言. HiveQL 扩展了 SQL 的语法, 支持更多的大数据分析处理任务, 形成了大数据任务下的 DSL; 同理, Spark SQL 也是基于上述目的, 完成类似的功能. TensorFlow 设计 Autograph 和 Eager 等处理计算语言, 方便了机器学习任务程序的开发.

执行环境将大数据分析和处理任务语言描述的处理翻译成可执行的代码逻辑, 这里的可执行代码包括二进制代码、分布式处理任务等. Spark 分布式计算框架执行环境在大规模设备上翻译处理 Scala 语言编写的代码逻辑; TensorFlow 的 Eager 代码逻辑被转换成机器学习代码计算图并借助于 TensorFlow 提供的执行环境在 GPU 和 CPU 设备上运行.

2.2.4　大数据平台软件

随着大数据以及数据科学的不断发展, 针对不同的计算任务, 出现了不同的大数据平台软件, 涵盖了存储、处理、资源管理和分析等多个方面.

存储方面: 大数据时代不断出现 PB 级别规模的数据, 在存储成本以及数据可靠性方面, 形成了以 HDFS 为代表的大数据存储平台. HDFS 运行在廉价机器设备上, 并支持动态扩容; 为了支持数据的快速存储, 形成了以 HBase 为代表的 NoSQL 数据库, 以快速响应数据查询请求.

处理方面: 形成了以 MapReduce 和 Spark 为代表的大数据处理平台. 大数据时代产生大量无序而且无规则的数据, 需要数据清洗以及处理来支持后续的数据价值挖掘. 通过部署在大规模的廉价集群设备上, 极大地缩短了数据处理时间.

资源管理方面: 大数据软件系统部署运行在大规模廉价机群设备上, 在执行数据处理任务过程中存在集群资源浪费情况. 为了充分提高资源利用率, 形成了以 YARN 和 Mesos 为代表的大数据资源管理平台软件, 以提高数据中心执行大数据处理和分析任务的资源利用情况.

分析方面: 数据只有经过分析处理才能发挥和发掘潜藏的价值, 利用包括深度学习和强化学习方法在内的机器学习方法, 分析数据背后的意义. 目前在机器学习数据分析框架方面形成了以 PyTorch 和 TensorFlow 为代表的深度学习框架, 利用抽象的 GPU 和 CPU 等计算资源和数据/模型并行方法, 降低数据分析和模型处理的时间.

2.2.5 数据处理算法

数据处理 (Data Processing) 旨在从大量数据中抽取并推导出有价值、有意义的信息, 从而更好地支撑上层应用. 数据处理的初衷在于, 原始的大数据存在大量噪声, 真正对任务有价值的数据仅是其中处于分界面边缘的一小部分核心数据. 因此, 理解数据的内在结构和逻辑、挖掘数据与数据之间的关联关系、将核心数据抽取出来, 是数据处理的三大关键问题. 基于此, 数据处理主要分为数据理解、数据关联和数据筛选三个重要方面.

数据理解根据原始采集到的数据样本, 利用简单的统计分析算法, 来获得数据在整体层面的一些统计特征量. 常见的统计量包括: 数值层面的基础统计量, 主要用来衡量数据的统计特性, 例如最大值、最小值、平均值、分位数、缺失数据比例等等; 其次是业务层面的业务统计量, 主要基于对特定任务的业务理解, 在特定场景下对数据的统计特性分析, 包括对缺省值填充、字段的非法取值判定等等. 例如, 在推荐场景中, 我们需要分析各类商品的销量数据, 常见的做法是画出每类商品销量的箱线图 (Box-plot), 又称为盒须图、盒式图或箱形图, 它由美国著名统计学家约翰·图基于 1977 年提出. 箱线图能显示出一组数据的最大值、最小值、中位数以及上下四分位数. 在业务层面, 对于销量数据没有数据的缺省值是 0, 而对于数值取值小于 0 或者超过一定阈值的, 都可以判定为非法取值.

数据关联的目标是在多个数据字段之间建立起联系, 利用关联分析算法, 得到多个维度数据之间的相关关系. 常见的算法包括相关分析算法和关联分析算法. 相关分析算法是研究两个或两个以上处于同等地位的随机变量间的相关关系的统计分析方法. 例如, 人的身高和体重之间、空气中的相对湿度与降雨量之间的相关关系都是相关分析研究的问题. 针对多个维度之间的关系, 一般会通过两两维度计算它们之间的相关系数, 并列出相关表或相关图来分析. 由于研究对象的不同, 相关系数有多种定义方式, 较为常用的是最早由统计学家卡尔·皮尔逊提出的统计指标, 也即 Pearson 相关系数, 是研究变量之间线性相关程度的量 (参见 2.3.1 节). 关联分析又称关联挖掘, 主要是在交易数据、关系数据或其他信息载体中, 查找存在于项目集合或对象集合之间的频繁模式、关联、相关性或因果结构. 其中最有名的是 Apriori 算法, 也是第一个关联规则挖掘算法. 它利用逐层搜索的迭代方法找出数据库中项集的关系, 以形成规则, 其过程由连接与剪枝组成. 该算法中项集的概念即为项的集合. 项集出现的频率是包含项集的事务数, 称为项集的频率. 如果某项集满足最小支持度, 则称它为频繁项集. 频繁项集反映了集合对象的共现关系, 常用于分析销售商品的关联关系, 为商品摆放提供建议, 例如有名的"啤酒–尿布"现象.

数据筛选可以分为在样本维度的筛选和在字段维度的筛选, 旨在从大数据中抽取或者构造关键数据, 为后续数据分析任务提供基础. 数据筛选一般在数据理解和数据关联之后, 利用统计分析和关联分析得到结论, 进行数据的选择. 在样本维度的筛选, 主要的方法有数据清洗、数据抽样和数据检索. 数据清洗会将原始数据中的不合法数据、异常值数据、分布外数据进行过滤, 使得剩下的数据更能反映真实情况, 过滤真实数据的噪声. 数据抽样用来从海量数据中选取有代表性的数据. 通常情况下, 抽样需要遵循不改变原始大数据分布的方式, 在不同时间、空间、类别下均匀采样. 数据检索重点在于根据任务的特定要求, 索引出特定的数据集合, 常见的是用某个字段的值进行检索. 在字段维度的筛选, 主要的方法有特征选择、特征降维、特征构造等. 基于相关分析的结果进行字段选择是经典的特征选择方法, 主要基于两条原则: ①相关性高的两字段只取一个; ②去掉与表现相关度低的字段. 主成分分析是重要的特征降维方法之一, 主要通过计算矩阵的特征值, 只保留特征值较大的部分, 从而达到尽量保留最大量信息的目的. 而特征构造是基于已有的字段构造新的特征字段, 构造方法主要是基于任务的业务理解, 有时也可以是较为暴力的特征工程方法, 即尝试所有的组合方式.

2.3   与统计学相关的概念与方法

统计学是研究如何有效收集、整理、分析数据的一门学科. 它以数据为研究对象, 以统计描述、统计建模和统计推断等方式分析处理数据, 是数据科学最重要的理论基础与方法论.

2.3.1   统计描述

统计描述是利用各种数学方法对数据的结构和特征进行描述的方法. 常用的统计描述方法包括统计图表、分布函数、数字特征、数据单纯性等.

统计图表 (Statistical Diagram) 利用统计表或统计图来反映数据特征、变化规律和数据间的关系. 常见的统计图表有频率频数表、条形图、饼图、茎叶图、箱线图、直方图、散点图等 [12].

分布函数 (Distribution Function) 指用概率密度函数或分布函数来描述数据的随机特征 (此即数据的统计描述). 概率密度函数是度量一个随机变量在某个确定值取值可能性大小的函数, 而分布函数度量一个随机变量取值不超过某个确定值的可能性大小. 对于描述同一个数据集而言, 密度函数与分布函数一一对应: 前者是后者的微分, 而后者是前者从负无穷到当前值的积分. 常见的数据概率分布有: 二项分布、几何分布、泊松分布、均匀分布、正态分布、指数分布、重尾分布等, 参见图 2.6. **正态分布** (Normal Distribution) 是应用中最为广泛的分布 (提供对白噪声的描述); **均匀分布** (Uniform Distribution) 是数据熵最大 (不确定性最大) 的分布; 而**重尾分布** (Heavy-tailed Distribution) 是描述稀有事件的分布 (在大数据情形大量出现时, 尾部比指数分布更厚, 说明数据会以不可忽略的概率取到非常大的数值). 重尾分布的重要例子是**幂律分布** (Power Law Distribution), 它的概率密度函数具有幂函数形式.

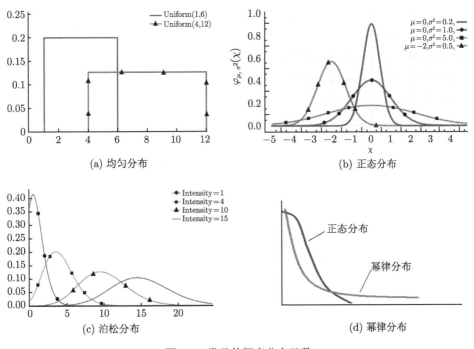

(a) 均匀分布   (b) 正态分布

(c) 泊松分布   (d) 幂律分布

图 2.6 常见的概率分布函数

数字特征 (Numerical Characteristics) 刻画数据集中性、离散程度等全局性几何特征. 刻画数据集中性的统计量包括: 平均数 (均值)、中位数、众数等. 其中, 平均数 (均值, Mean) 是指一组数据的平均取值, **中位数** (Median) 是一组数据当从小到大排序时处于中间位置的值, **众数** (Mode) 是一组数据中出现次数最多的值. 描述数据离散程度的统计量包括极差、方差、标准差等. **极差** (Range) 是指一组数据中最大值和最小值之间的差, **方差** (Variance) 是指一组数据中每一个值偏离均值的平方和与该组数据个数的商, **标准差** (Standard Deviation) 是方差的平方根. 所有数字特征能够被数据分布函数所完全刻画 (计算), 但反之却不然. 由于数据的数字特征容易计算, 如何从数据数字特征估计分布函数便成为统计学的基本问题之一. 最大熵原理和最小鉴别信息原理 (参见 2.1 节) 提供了解决这一问题的重要原理.

给定数据集 $X = \{x_1, x_2, \cdots, x_n\}$, 假定 ξ 是取值于 X 上的任意一个随机变量 (其分布为 $p(x_i) = P\{\xi = x_i\}$), f 是定义在 X 上的任意函数, 则可以更一般地定义 f 关于 ξ 的数字特征. 例如, f 关于 ξ 的均值 $E_\xi f$ 可以定义为

$$E_\xi f = \sum_{i=1}^{n} p(x_i) f(x_i)$$

在这个意义下, 数据集 X 的均值 $E(X)$ 和方差 $\sigma(X)$ 只不过是 f 分别取 $f(x) = x$ 和 $f(x) = (x - E(X))^2$ 时关于均匀分布随机变量 ξ 的均值而已. 沿着这一思路, 一些新的数字特征能够被定义. 例如, 取 $f(x) = x^m$ 和 $f(x) = (x - E(X))^m$, 则 $E_\xi f$ 定义了 X 的 m 阶矩和 m 阶中心矩 (m-th Order Central Moment). 容易看到 X 的 1-阶矩是 X 的均值, X 的 2-阶中心矩是 X 的方差, X 的 3-阶矩是 X 的偏度 (Skewness), X 的 4-阶矩则是 X 的峰度 (Kurtosis), 等等. 这些不同的数字特征在表征更复杂随机变量或随机变量函数的分布时, 有意想不到的作用.

数据单纯性 (Data Simplicity) 主要描述数据的个体与整体、个体与个体之间的关联度. 最基本的单纯性判据是数据的个体是否独立同分布 (即 iid, Independent and Identically Distributed), 以及两个个体 (理解为两个随机变量) 是否相关.

独立同分布 (iid) 是指所研究的样本来自同一总体 (即服从同一分布) 且相互独立地被采样 (无依存关系). 独立和同分布是两个不同的概念, 前者指数据来源之间不存在关联, 后者指两个不同的数据是否取自同一分布的总体. 独立同分布 (iid) 假设是传统统计推断的基础. 换言之, 绝大部分传统统计推断理论和方法都是在数据服从独立同分布假设下被发展起来的. 然而, 值得注意的是, 在大数据环境下, 数据之间的独立性或同分布性常常被破坏, 这样的数据被称为是非独立同分布 (Non-iid) 的. **非独立同分布**数据集是指其数据或来自不同分布, 或来自同一分布但它们之间存在相互依存关系. 时间序列数据是一种常见而典型的非独立同分布数据, **马尔可夫链** (Markov Chain) 又称马氏链就是其中最重要的分布形式, 它描述在一组连续观测的数据中, 下一个时刻的观测值 (状态) 只与当前的观测值

有关, 而与过往的观测无关 (这一特性被称为无后效性). 服从马氏链分布的典型例子包括文本数据、语音数据、经济数据等, 因而在文本分析、语言翻译等应用中甚为重要.

给定两个随机变量 ξ 和 η, 它们之间的**相关系数** (Correlation Coefficient) 定义为

$$\rho(\xi, \eta) = \frac{\text{cov}(\xi, \eta)}{\sqrt{\text{var}(\xi)\,\text{var}(\eta)}}$$

其中 $\text{var}(\cdot)$ 表示方差, $\text{cov}(\xi, \eta)$ 是 ξ 和 η 的**协方差** (Covariance), 定义为

$$\text{cov}(\xi, \eta) = E[(\xi - E\xi)(\eta - E\eta)]$$

随机变量 ξ 和 η 称为**不相关的** (Uncorrelated/Irrelevant) (严格地说, 线性不相关), 是指它们的相关系数为零; 随机变量 ξ 和 η 不相关是指随机变量 ξ 和 η 之间不存在线性相关关系, 但不排除它们之间可能存在非线性相关关系. 值得注意的是, 与线性代数中的概念不同, 随机变量 ξ 和 η 之间的不相关性与独立性是不同的概念. 随机变量 ξ 和 η 称为**独立的** (Independent), 如果 ξ 和 η 的联合分布等于 ξ 和 η 的边缘分布函数的乘积, 即 $F(x, y) = F_\xi(x)F_\eta(y)$, 其中 $F(x, y)$ 为 ξ 和 η 的联合分布, $F_\xi(x)$ 和 $F_\eta(y)$ 分别是 ξ 和 η 的边缘分布. 当两个随机变量独立时, 它们发生的概率互不受影响. 很显然, 独立性是比不相关性更强的概念: 若随机变量 ξ 和 η 独立, 则它们必然不相关, 但反之则不然. 相比于度量线性不相关性, 如何刻画非线性不相关性是一个十分复杂而困难的问题.

2.3.2 统计建模

统计分析的主要目标是揭示所研究问题各相关变量之间的数量依存关系, 而统计建模主要指如何选择合适的模型 (分布) 去描述给定的数据和数据与数据之间的关系, 内容涉及变量选择 (或称特征选择)、模型构造与模型选择等方面.

变量选择 (Variable Selection) 研究变量间依存关系的一个特别重要情形: 设定一个变量为待解释变量 (或称响应变量、因变量), 而考察其他变量 (称为协变量, 或自变量) 对它的作用或关联程度. 对于变量很多的情形, 从众多协变量中选择出对解释变量有显著影响的关键变量称为变量选择问题. 变量选择是统计建模的基本问题, 该问题本质上是一个组合问题, 因而也是一个十分困难的问题: 变量选得过多将导致**高维** (High Dimension)(甚至超过样本数), 选得过少又恐遗漏某些重要的解释变量. 另外, 如何度量影响? 如何度量影响的显著性? 这些都是很难回答的问题.

假定数据集 $Z = (Y, X)$ 可拆分成响应变量 (Response Variable) Y 和协变量 (Covariate)$X = (x_1, x_2, \cdots, x_M)$ 两部分, 且 Y 的均值与 X 之间存在某种相依关系 $E(Y) = f(x_1, x_2, \cdots, x_M)$. 变量选择问题通常可描述为: 在某个最优性准则下, 从 M 个协变量 $(x_1, x_2, \cdots, x_M)$ 中选择 N 个协变量 $(x_1^*, x_2^*, \cdots, x_N^*)$(称为特征) 使得 $E(Y) = f(x_1^*, x_2^*, \cdots, x_N^*)$ 能够最优地拟合给定数据, 这里 M 很大且 $N \ll M$. 更形式化地, 如果我们让 $l(Y, E(Y))$ 代表一个响应与预测间差异性的度量 (称为**损失函数,** Loss Function), 引进示性向量 $\beta = (\beta_1, \beta_2, \cdots, \beta_M)$ 满足 $\beta_i \neq 0$ 当且仅当协变量 x_i 被选择, 并用 $\| \beta \|_0$ 表示向量 β 的非零元素个数, 则变量选择问题可建模为如下优化问题

$$\min_\beta E \left\{ l\left(Y, f(X^{\mathrm{T}}\beta)\right) : (Y, X) \in Z; \| \beta \|_0 \leqslant N \right\}$$

传统的变量选择方法基于某个最优准则 (例如 AIC (Akaike Information Criterion) 或 BIC (Bayesian Information Criterion)) 从 M 个协变量的所有 N 个组合中进行选择 (有 $2^M - 1$ 种可能性). 这种类型的最优性准则一般是模型的拟合程度 (在观测数据集 Z 上) 和模型复杂度 (本质上是 f 的复杂程度和近似 $\| \beta \|_0$ 的方式) 之间的一个折中. 然而, 对于 M 特别大, 被称为**超高维** (Ultrahigh Dimension) 情形 (即协变量个数远远大于观测样本数), 基于 AIC 或 BIC 的变量选择方法容易导致复杂度过高且容易出现难以克服的 NP-Hard 问题. 事实上, 在大部分应用中, 即使协变量很多但真正影响响应变量的协变量往往并不多, 甚至很少 (例如, 所有基因作为协变量对某一特定疾病的影响). 此即常说的: 模型具有稀疏性 (Sparsity), 即 $\| \beta \|_0 \ll M$. 当模型具有稀疏性时, 变量选择问题可通过以下稀疏正则化方法来求解:

$$\min_\beta E \left\{ \{ l\left(Y, f(X^{\mathrm{T}}\beta)\right) : (Y, X) \in Z \} + \lambda p(\beta) \right\}$$

其中 $p(\beta)$ 是稀疏度 $\|\beta\|_0$ 的某种近似. 几个重要的特别情形是取 $p(\beta) = \|\beta\|_1$, $\|\beta\|_{1/2}^{1/2}$, SCAD, MCP 等函数. 它们分别导致 LASSO(Least Absolute Shrinkage and Selection Operator)、$L(1/2)$ 正则化、SCAD(Smoothly Clipped Absolute Deviation) 和 MCP (Minimax Concave Penalty) 等著名变量选择方法.

值得注意的是, 在统计学领域, 人们通常只考虑 $f(X) = X^{\mathrm{T}}\beta$ 这一线性相依情形. 但显然, 取 f 为更一般的非线性函数同样具有重要性, 因为复杂问题必然对应更为复杂的响应关系. 此时所定义的方法可称为非线性变量选择方法. 无论对于何种方法, 判别其有效的依据是: 方法应具有理论上的选择相合性 (即当样本量足够大时, 重要解释变量不会被漏掉).

统计模型 (Statistical Model) 是刻画响应变量与协变量之间关系的模型. 为了构造恰当的响应变量与协变量之间的相互关系模型, 对数据进行描述性分析常

常是首选, 例如可通过分析统计图表来猜测一个较为合理的模型. 然而, 一般情形, 人们会根据背景知识来假定一个含有大量参数的分布簇 (称**假设空间**, Hypothesis Space), 然后从中通过计算、分析来选择. 与变量选择一样, 模型形式的确定也有一个调整和检验的过程. 常见的统计模型包括: 参数模型、非参数模型、半参数模型、矩模型、时间序列模型、马尔可夫模型、隐马尔可夫模型与图模型等.

参数模型 (Parametric Model) 是指在给定协变量 X(称为解释变量) 取值条件下, 假定响应变量 Y(也称为被解释变量) 的条件数学期望 $\mu = E(Y|X)$ 能够用解释变量和一些未知参数 β 来表示, 即存在 f 使

$$E(Y|X) = f(X, \beta)$$

其中函数 $f(\cdot, \cdot)$ 具有确定的已知形式. 特别地, 当 $f(X, \beta) = X^{\mathrm{T}}\beta$ 时, 这样的模型被称为是**线性回归** (Linear Regression), 否则, 称为**非线性回归** (Nonlinear Regression). 类似地, 当

$$f(X, \beta) = \frac{\exp(X^{\mathrm{T}}\beta)}{1 + \exp(X^{\mathrm{T}}\beta)} = \frac{1}{1 + \exp(-X^{\mathrm{T}}\beta)}$$

时, 称为**逻辑回归** (Logistic Regression). **非参数模型** (Nonparametric Model) 是指在给定解释变量取值条件下, 响应变量的条件数学期望可由解释变量的未知函数 f 表示, 但与其他参数无关 (即 $\mu = E(Y|X) = f(X)$, f 未知). **半参数模型** (Semi-parameter Model) 则是指在给定解释变量的条件下, 响应变量 Y 的条件数学期望可由一个参数模型和一个非参数模型之和给出, 换言之, 具有形式

$$\mu = E(Y|X) = f(X_1, \beta) + g(X_2)$$

其中, $X = (X_1, X_2)$, f 为已知函数但 g 为未知函数.

上述模型都是在对响应变量 Y 的条件期望 $\mu = E(Y|X)$ 施加特定假设形式的, 这主要是由于条件期望是最容易描述的数字特征. 然而, 期望 $\mu = E(Y|X)$ 并不是唯一容易描述的数字特征, 更具一般性的数字特征——矩也常常能够被描述. 利用 Y 的各种条件矩来构造模型成为可能并有应用意义. 这样的模型称为**矩模型** (Moment Model). 例如, 下述是一个含有 Y 的一阶和二阶条件矩 (即均值与方差) 的矩模型:

$$E\left[\begin{array}{c} Y - f(X, \beta) \\ (Y - \mu(\beta))^2 - \sigma^2 \end{array} \right] = 0$$

时间序列模型 (Time Series Model) 是指对时间序列数据建立的回归模型. 此时, 每一个状态变量既是响应变量也是协变量. 最常用的时间序列模型包括: 自回

归模型 (Autoregression Model) AR(n)、**移动平均模型** (Moving Average Model) MA(m) 和**自回归移动平均模型** (Autoregressive Moving Average Model) ARMA (n, m). 自回归模型 AR(n) 假设时间序列 X_t 仅与 $X_{t-1}, X_{t-2}, \cdots, X_{t-n}$ 有线性关系, 且服从

$$X_t = \alpha + \varphi_1 X_{t-1} + \varphi_2 X_{t-2} + \cdots + \varphi_n X_{t-n} + a_t$$

这里 $(\alpha, \varphi_1, \cdots, \varphi_n)$ 是参数, a_t 是时变的白噪声误差. 移动平均模型 MA(m) 是指时间序列 X_t 与其之前时刻的响应无关, 而与之前 m 时刻进入系统的扰动 $a_{t-1}, a_{t-2}, \cdots, a_{t-m}$ 存在线性相关性, 即

$$X_t = \theta_1 a_{t-1} + \theta_2 a_{t-2} + \cdots + \theta_m a_{t-m} + a_t$$

这样, 在一个 MA(m) 模型中, 时间序列的当前值是当前白噪声项和之前 m 个白噪声项的线性组合. 自回归移动平均模型 ARMA(n, m) 是前两类模型的混合.

　　概率图模型 (Probabilistic Graphical Model) 是以图与概率论结合的方式描述变量与变量之间概率相关关系, 并在此基础上构建状态观测的模型. 如图 2.7 所示, 概率图通过 "参数" 和 "结构" 来表示变量间的相关性, 它包含顶点集、边集和关联函数三个要素. 概率图模型的典型形式包括: 贝叶斯网络、马尔可夫模型和隐马尔可夫模型. 它们的主要区别在于采用不同类型的图来表示变量之间的关系: 贝叶斯网络采用有向无环图 (Directed Acyclic Graph), 而马尔可夫模型采用无向图 (Undirected Graph) 来表达变量之间的关系. 贝叶斯网络中每一个节点都对应一个先验概率分布或者条件概率分布, 因此, 其联合分布可表示为所有单个节点所对应的分布的连乘积. 对于马尔可夫模型, 由于变量之间没有明确的因果关系, 其联合概率分布通常可表示为一系列势函数 (Potential Function) 的乘积. 概率图模型在人工智能、机器学习和计算机视觉等领域有着十分广泛的应用.

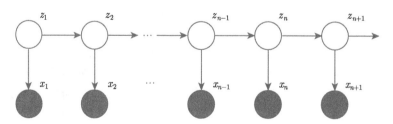

图 2.7　常见概率图模型 (隐马尔可夫模型)

　　模型选择 (Model Selection): 从一组模型中选择较好模型的过程称为模型选择, 这里一组模型可能是一个模型簇, 也可以是含参数的一个类别. 变量选择是模型选择的一个特例, 它对应的模型簇是所有含给定 M 个协变量中任意不多于 N 个变量的线性函数的全体. 模型选择的核心是制定合适的选择准则.

这样的准则通常平衡考虑模型对数据的拟合优度 (Goodness of Fit) 与模型的复杂度 (Complexity). 前者指所选择的模型在测试数据集上的拟合程度, 后者指模型确定的难度. 以变量选择为例, 模型 $H : \left\{ E(Y) = f(X^{\mathrm{T}}\beta) ; \| \beta \|_0 \leqslant N \right\}$ 对数据集 Z 的拟合度可定义为 $\log(1 + R_z(\beta))$, 这里 $R_z(\beta)$ 是风险函数

$$R_z(\beta) = E\left\{ l\left(Y, f\left(X^{\mathrm{T}}\beta\right)\right) : (Y, X) \right\} \in Z$$

而模型的复杂度可用 β 的维度 M 或对应的组合信息熵 $\log M$ 来度量 (亦可以再结合 $\| \beta \|_0$ 的近似复杂度来更综合度量). 从而, 若定义

$$L(\beta) = \log(1 + R_z(\beta)) + M$$

则 "$L(\beta)$ 越小越好" 便给出了模型选择的一个准则. 注意到, 如选取测试集 Z 是训练集自身, 这一准则即是 AIC 准则和 BIC 准则 (后者应用 $\log M$ 代替 M).

除了 AIC 和 BIC 类准则外, 贝叶斯因子准则和交叉验证 (Cross Validation) 也是常用的两类模型选择准则. **贝叶斯因子** (Bayes Factor) 是指两个候选模型的似然概率比. 若 H_1, H_2 为两个模型, x 是观测数据, H_1 相对于 H_2 的贝叶斯因子定义为

$$B_{12}(x) = \frac{P\{x|H_1\}}{P\{x|H_2\}}$$

其中 $P\{x|H\}$ 是模型 H 成立时观测到数据 x 的概率 (称为似然概率). 于是, 我们容易看到, H_1 相对于 H_2 的 KL 距离 (鉴别信息熵)

$$E(B_{12}) = E_{x \in Z}\{P\{x|H_1\}\log B_{12}(x)\}$$

自然提供了一个比较 H_1 和 H_2 的准则: H_1 比 H_2 好, 如果 $E(B_{12}) > 0$. 我们自然也可应用极大鉴别信息熵原理来选择一个好的模型. **交叉验证准则**是将训练数据集与测试数据集分离的测试方法. 例如, 所谓 k-重交叉验证, 即将数据集分拆成 k 个子集, 依次将其中之一作为测试集而将其他作为训练集分别训练, 综合 k 组测试结果来判定模型. 交叉验证方法是机器学习领域中经常使用的模型选择方法.

2.3.3 统计推断

统计推断是用样本推断数据总体分布或分布的数值特征的统计方法. 统计推断的主要内容包括: 参数估计和假设检验.

参数估计 (Parameter Estimation) 是指基于样本 (观测) 数据对总体中的未知参数或函数进行估计的方法. 参数估计通常采用两种方法: 点估计或区间估计. 前者逐点估计参数值而后者估计参数的取值区间.

点估计 (Point Estimation) 的要义是构造一个只依赖于样本的统计量, 将该统计量作为待估参数的近似值 (估计值). 最常用的点估计方法包括: 矩估计、最小二乘估计 (经验风险极小化估计)、最大似然估计、期望极大化 (EM) 估计和极大后验估计.

矩估计 (Moment Estimation) 是指用样本矩作为总体矩的近似, 然后利用总体矩来估计总体分布中未知参数的方法. 由总体矩来估计分布可应用最大熵原理 (参见 2.1 节) 来完美解决. 因此, 矩估计方法简便、易行, 但没有利用总体分布的先验信息, 这既是优点也是缺点.

最小二乘估计 (Least Squares Estimation) 是在参数空间中寻找使样本观测值与其对应的理论值离差平方和最小的估计. 它是更一般的经验风险极小化估计的特别情形. 以变量选择为例, 一般的经验风险极小化估计 $\hat{\beta}$ 定义为

$$\hat{\beta} = \mathrm{argmin}_\beta \, R(\beta) = E\left\{l\left(Y, f(X^{\mathrm{T}}\beta)\right) : (Y, X)\right\} \in Z$$

最小二乘估计则是上述估计当损失函数取为 $l(x,y) = \| x - y \|^2$ 时的情形. 而当 $l(x,y) = \| x - y \|$ 时, 上述经验风险极小化估计称为**最小一乘估计**. 在各种经验风险极小化估计中, 最小二乘估计是最容易计算和具有最好理论性质的估计, 例如它具有估计无偏性、相合性和渐近正态性等性质.

最大似然估计 (Maximum Likelihood Estimation, MLE) 是基于极大似然原理的参数估计方法, 又称极大似然估计. 假定数据具有由参数 θ 唯一决定形式的一个概率密度 $f(x,\theta)$ (θ 固定, 作为 x 的函数 $f(x|\theta)$). 当固定 x 而作为 θ 的函数时, $f(x,\theta) = f(\theta|x)$ 称为数据的似然函数 (Likelihood Function). 极大似然原理是指这样一个直观: 如果一个随机试验有若干个可能的结果 A_1, A_2, $\cdots$, A_n, 而在一次试验中出现了 A_1, 则可以认为试验条件有利于 A_1 的出现, 即 A_1 出现的概率最大. 假设总体 X 的概率分布是 $f(x|\theta)$ 且 $\{X_1, X_2, \cdots, X_n\}$ 是来自 X 的一个容量为 n 的样本, 则给定参数 θ 情况下, 样本 $X = \{X_1, X_2, \cdots, X_n\}$ 取观测值 $x = \{x_1, x_2, \cdots, x_n\}$ 的概率 (假定 iid) 为

$$L(\theta) = \prod_{i=1}^{n} f(x_i|\theta)$$

所以 $\{X_1, X_2, \cdots, X_n\}$ 的出现应对应的是使 $L(\theta)$ 最大的 $\hat{\theta}$ 所定义的概率密度 $f(x|\hat{\theta})$. 这样的估计 $\hat{\theta}$ 即称为 $f(x,\theta)$ 的极大似然估计. 换言之, 给定数据集 $\{X_1, X_2, \cdots, X_n\}$, $f(x,\theta)$ 的极大似然估计是

$$\hat{\theta} = \mathrm{argmax}_\theta \prod_{i=1}^{n} f(x_i, \theta)$$

可以看到, 极大似然估计本质上是利用样本反推最有可能 (最大概率) 导致这个结果的参数值.

最大似然估计是一个可普遍使用的参数估计方法, 但它要求模型中的每一个变量可观测. 对于既含有观测变量又含有不能观测的变量 (隐变量) 的参数估计问题, **期望极大化估计** (Expectation Maximization Estimation, EM 估计)[13], 或称 EM 算法, 是解决问题的一个有效途径. 假设某一随机变量 (向量) 包含可观测的 Y 和不可观测的 Z 两部分, 其概率密度函数为 $f(Y, Z|\theta)$. 显然, 当 Y 的边缘概率密度函数

$$g(Y|\theta) = \int f(Y, Z|\theta) \, \mathrm{d}Z$$

已知时, 我们能够基于可观测的 Y 的样本 $\{Y_1, Y_2, \cdots, Y_n\}$ 来求出 $g(Y|\theta)$ 的极大似然估计

$$\hat{\theta} = \mathrm{argmax}_\theta \prod_{i=1}^n g(Y_i \mid \theta) = \mathrm{argmax}_\theta \sum_{i=1}^n \log g(Y_i \mid \theta)$$

然而问题是概率密度 $g(Y|\theta)$ 通常很难求得出来, 但利用全概率公式和 KL 距离, 可证明等式

$$\log g(Y|\theta) = \log \int f(Z, Y|\theta) \mathrm{d}Z = \log \int \frac{f(Z, Y|\theta)}{f(Z|Y, \theta^0)} f(Z|Y, \theta^0) \mathrm{d}Z$$

$$\geqslant \int_Z \log\{f(Z, Y|\theta)\} \cdot f(Z|Y, \theta^0) \, \mathrm{d}Z$$

$$- \int_Z \log\{f(Z|Y, \theta^0)\} \cdot f(Z|Y, \theta^0) \, \mathrm{d}Z$$

上式最后一项与参数 θ 无关. 因此,

$$\mathrm{max}_\theta \sum_{i=1}^n \log g(Y_i|\theta) \Leftrightarrow \mathrm{max}_\theta \sum_{i=1}^n \int_Z \log\{f(Z, Y_i|\theta)\} \cdot f(Z|Y_i, \theta^0) \, \mathrm{d}Z$$

特别地, 当 $\theta^0 = \theta^{(t)}$(第 t 步迭代时参数 θ 的估计值) 时, $\log\{f(Z, Y_i|\theta)\}$ 的数学期望为

$$Q_i(\theta) = \int_Z \log\{f(Z, Y_i|\theta)\} \cdot f(Z|Y_i, \theta^{(t)}) \mathrm{d}Z$$

$$= E_{Z|Y_i, \theta^{(t)}}[\log\{f(Z, Y_i|\theta)\}|Y_i, \theta^{(t)}]$$

则 $\hat{\theta}$ 可通过先求期望 $Q_i(\theta)$(E-步) 再求极大值 $\mathrm{max}_\theta \sum_{i=1}^n Q_i(\theta)$ (M-步) 来实现. 这样的估计被称为期望极大化估计或 EM 估计. 应用时, 可用多次迭代的方式 (即

EM 算法) 来提高 EM 估计的有效性. EM 算法已被广泛地用于寻找含有隐变量的概率模型参数的极大似然估计.

　　极大后验估计 (Maximum Posterior Estimation) 是另一类重要的估计方法, 它是从极大化后验概率的角度从参数空间中寻找使风险函数达到最小的参数估计方法. 贝叶斯定理是极大后验估计的基础. 假设 $P(A)$ 为事件 A 发生的概率, $P(A|B)$ 为事件 B 发生的条件下事件 A 发生的概率, $P(B|A)$ 为事件 A 发生的条件下事件 B 发生的概率, $P(A, B)$ 是事件 A 和 B 同时发生的概率, 熟知有 (贝叶斯定理)

$$P(A|B) = \frac{P(A)\,P(B|A)}{P(B)}$$

上式中, 若把 $P(A)$ 看成事件 A 发生的先验概率, 把 B 看成收集到的历史数据, 则 $P(A|B)$ 表示事件 A 发生的后验概率. 此时, 若把 A 看成待预测的结果, B 看成已有的数据, 则贝叶斯定理可解释为: 根据已有数据预测未来. 如果 $f(x, \theta)$ 假定是某个数据总体 X 的概率密度, 参数 θ 服从某个先验分布 $P(\theta), \{X_1, X_2, \cdots, X_n\}$ 是来自 X 的一个样本, 则根据贝叶斯定理, 有

$$P(\theta|X_1, X_2, \cdots, X_n) = \frac{P(\theta)\prod\limits_{i=1}^{n} f(X_i, \theta)}{P(X_1, X_2, \cdots, X_n)}$$

于是, θ 的极大后验估计定义为

$$\hat{\theta} = \mathrm{argmin}_{\theta}\left\{-\sum_{i=1}^{n}\log f(X_i, \theta) - \log P(\theta)\right\}$$

极大后验估计的最大优点是可使用参数先验 (当然这既是优点也是缺点), 而且推广性能更好 (相较于极大似然估计).

　　综合地说, 每一种估计方法都有其各自的优缺点.

　　区间估计 (Interval Estimation) 是指在一定的置信水平下, 利用样本信息构造一个区间, 作为总体分布中未知参数或未知参数函数真值的取值范围. 常用方法有: 枢轴量法、基于假设检验法等. 评价置信区间好坏的标准有: 区间宽度和覆盖概率. 区间越宽, 其精度就越低, 估计就越差; 区间的覆盖概率越大, 区间估计就越好. 一个好的置信区间应该是: 区间的覆盖概率大于或等于置信水平, 同时, 区间越窄越好.

　　如何评价一个参数估计量的好坏是统计学研究的中心问题. 通常, 参数估计量的理论评价标准是: 所定义的参数估计量 (作为样本的函数) 是否具有无偏性、有效性和一致性/相合性等. **无偏性** (Unbiasedness) 是指参数估计量的数学期望与其真实值的符合度; **有效性** (Validity) 是估计量无偏且方差足够小 (特别

地, 一个在所有无偏估计类中最小的估计称为是最小方差无偏估计); **一致性/相合性** (Consistency) 是指当样本量无限大时参数估计量能依概率收敛到被估参数的真值. 若一个估计量既是有效的又是一致的, 则该估计被认为是一个优良估计.

假设检验 (Hypothesis Test) 是对一个假设的置信程度作出判断的统计学方法. 假设检验基于小概率事件原理: 小概率事件在一次特定试验中几乎不可能发生, 若在一次试验中出现了小概率事件, 则可认为原假设不成立. 小概率是指在一次试验中, 一个几乎不可能发生的事件发生的概率.

假设检验的基本步骤是: ①提出原假设和备择假设, ②构造合适的检验统计量, ③根据统计量的观测值及其分布计算检验的 P 值, 然后依据检验 P 值是否低于检验水平来判断其检验结果. 一般地, 若 P 值大于给定的检验水平, 则认为检验不显著, 即在给定的检验水平下没有充足的理由拒绝原假设; 否则, 就认为在现有数据下原假设不成立. 也可以通过判断统计量的观测值是否落入拒绝域或接受域来确定拒绝或接受原假设, 亦可以通过构造置信区间来确定是拒绝还是接受原假设. 假设检验中容易犯的两类错误是: 弃真 (称为**第一类错误**, Type I Error) 和取伪 (称为**第二类错误**, Type II Error). 第一类错误是指当原假设成立时而拒绝了原假设导致的错误; 第二类错误是指当备择假设成立时而认为原假设成立所导致的错误. 无论接受或拒绝检验假设都有判断错误的可能, 即上述两类错误可能同时存在. 一般很难同时确保这两类错误都很少, 这是因为减少犯第一类错误的概率就会增加犯第二类错误的概率; 同理, 减少犯第二类错误的概率就会增加犯第一类错误的概率. 由于原假设往往比备择假设更为明确, 因此, 在统计学上常遵循 "在控制犯第一类错误的前提下尽量使犯第二类错误的概率小" 的原则.

在假设检验中, 原假设通常是待检验的判断, 而备择假设是相反的判断. 例如, "这个数据集的均值不小于 1" 作为原假设, 则 "这个数据集的均值小于 1" 即是备择假设. 检验的目的是判断原假设在多高的置信水平上成立或不成立. 检验的工具主要是通过构造某个有用的统计量并计算 P 值或置信区间. 统计量是样本的函数但不含未知参数. 例如, 对数据总体分布 $f(x, \theta)$ 中参数 θ 采用某一参数估计方法所获得的估计 $\hat{\theta}$ 就是一个统计量, 这样的统计量常称为参数估计量. P 值是犯第一类错误的概率, 它必须通过统计量的概率密度函数或在原假设下统计量的极限分布来获得. 统计量的极限分布是指: 将其作为样本的函数和随机变量, 当样本量趋于无穷时统计量的分布. 求统计量的极限分布是假设检验的基本问题, 其中, 概率论中各种各样的中心极限定理发挥着核心作用. 一个估计量的极限分布如果是正态的, 常说这个估计具有渐近正态性.

假设检验主要完成参数检验和模型检验两大任务.

参数检验 (Parameter Test) 主要是评价由参数估计方法所获得的参数估计值是否具有一定准确性. 常用的参数检验包括参数的显著性检验和回归方程的显著

性检验. 以变量选择为例, 参数的显著性检验主要检验估计量 $\hat{\beta} = (\hat{\beta}_1, \hat{\beta}_2, \cdots, \hat{\beta}_M)$ 中非零的参数估计值是否显著不为零, 常用的检验方法为 t-检验. 回归方程的显著性检验主要检验回归模型同实际观测数据的拟合效果, 即

$$E\{l(Y, f(X^{\mathrm{T}}\hat{\beta})) : (Y, X) \in Z\}$$

接近于 0 的程度, 常用的检验方法为 F-检验.

模型检验 (Model Test) 主要是检验模型的可靠性. 一是需要检验模型是否能较好地反映客观实际, 即检验模型的实际意义. 若该模型能很好地反映客观实际, 则表明它是一个合理的模型; 否则, 需要对该模型做适当调整. 例如, 在消费支出与人均可支配收入线性回归模型中, 回归系数的经济含义是边际消费倾向, 该回归系数的取值必须大于 0 但小于 1, 若该回归系数的估计值小于 0, 则表明用该线性模型解释消费支出与人均可支配收入之间的关系是不恰当的. 二是需要检验模型的显著性, 包括参数显著性、回归方程显著性、模型结构稳定性等. 参数显著性检验可用 t-检验, 回归方程显著性检验可用 F-检验, 模型结构稳定性检验则可用 Chow 检验和虚拟变量法检验.

2.4　与机器学习相关的概念与方法

机器学习 (Machine Learning) 的概念最早由 IBM 波基普西实验室的亚瑟·塞缪尔 (Arthur Samuel) 于 1959 年提出 [14]. 他为 IBM 商用机开发的国际跳棋 (Checkers) 游戏成为世界上第一个机器学习成功案例. 机器学习由人工智能学科中的模式识别和计算学习理论发展而来 [15], 主要指研究和构建一类算法, 使其能够从数据中学习并对未见数据的属性做出预测. 这样做使机器学习克服了传统严格的静态程序指令, 使程序能基于输入的样例来进行决策. 随着人工智能研究从以 "推理" 为重点, 到以 "知识" 为重点, 再到以 "学习" 为重点发展, 机器学习已成为实现人工智能的最主要途径.

机器学习与计算统计学紧密相关. 按照迈克尔·乔丹 (Michael I.Jordan) 的说法, 机器学习从方法论、原理到理论工具, 都在统计学中能找到很长的发展史 [16]. 他甚至建议用 "数据科学" 来统称这两个领域. 里奥·布赖曼 (Leo Breiman)[17] 将统计模型分为两类: 数据模型和算法模型, 其中算法模型与机器学习 (如随机森林) 非常类似. 与此同时, 一些统计学家采纳了机器学习领域发展的方法, 并合并这两个领域而称之为**统计学习** (Statistical Learning)[18].

机器学习也与计算机学科中的**数据挖掘** (Data Mining) 分支密切相关, 甚至它们常常采用完全相同的术语与方法. 然而, 从一般意义上, 机器学习更专注从训练数据中学习已知属性特征来完成预测, 而数据挖掘则专注于发现数据中未知的

属性特征. 一方面, 数据挖掘直接应用机器学习方法; 另一方面, 机器学习也常常利用数据挖掘方法来作为 "无监督学习" 或者预处理步骤以改进学习精度.

2.4.1 机器学习范式

作为人类学习能力与方式的模拟, 机器学习采用多种不同的方式 (称为范式), 可一般地分为无监督学习、有监督学习和半监督学习三大类. 此外, 集成学习、主动学习和强化学习是比较特别的三种机器学习范式, 本节也做简要介绍.

无监督学习 (Unsupervised Learning): 目的是学习无标注数据的统计规律和潜在结构. 模型既可以用于对现有数据进行分析, 也可以对新的数据进行预测. 现有数据被用作训练数据集 $\text{Train} = \{x_i\}$, 其中 $\{x_i\}$ 为样本, 目的是学习一个输入变量 X 和隐变量 Z 之间的映射关系 $Z = f(X)$. 由于无监督学习需要机器自行在数据中发现规律, 缺乏指导, 所以通常需要大的数据量来支持学习. 无监督学习的最常见应用是聚类分析和数据降维. **聚类分析** (Clustering Analysis) 是按相似性将不同数据聚合分类而判定新数据类属关系的分析任务. 此时, 隐变量 Z 代表数据的类属, 无监督主要体现在既不知道样本的类属标记, 也没有预先定义类属性, 更不知道究竟应该有多少类. 聚类是高等生物最基本的认知功能, 但聚类分析却是一个至今并没有完全解决的认知问题. 正由于如此, 应用中人们也常常假设在类别数预先给定的前提下来应用无监督学习. 聚类方法按 f 的性质可分为硬聚类和软聚类两类: 硬聚类对每个样本只产生一个类别, 而软聚类对每个样本输出属于多个不同类别的可能性值. **数据降维** (Data Dimension Reduction) 是将数据从高维表示转换到低维表示而保持原有某些重要特征的数据分析任务. 数据降维的本质是特征提取, 即学习数据的本质低维特征及其表示. 在这一应用中, 隐变量 Z 表示数据的低维表示, f 表示从高维空间到低维空间的一个投影或映射, 无监督不仅体现在样本的低维表示未知, 也体现在未知低维空间的维度. 如同聚类分析, 应用中人们也常通过限定需降维到低维空间的维度来简化应用. 无监督学习也常作为其他学习任务的预处理过程来使用, 例如医学图像分析中用聚类作为病灶分割的预处理, 而在文本分析中, 潜在语义索引 (Latent Semantic Indexing, LSI)、潜在狄利克雷分布 (Latent Dirichlet Allocation, LDA) 等常常作为词和文档的特征. 潜在语义索引通过对词–文档矩阵进行分解将词和文档映射到维度更小的潜在语义空间, 实现降维的同时去除文档中的无关信息, 语义结构逐渐呈现, 语义关系越来越明确. 潜在狄利克雷分布是一种基于词袋的主题模型, 每篇文档看成一组词构成的一个集合, 每篇文档可以包含多个主题, 文档中每个词由其中的一个主题生成, 都以概率分布的形式给出. 自学习或称自监督学习 (Self-supervised Learning) 是通过人为设置任务而将无监督学习问题转化为有监督学习的学习范式.

有监督学习 (Supervised Learning): 目的是从一组有标注的数据中学习数据

中潜在的输入–输出关系. 这里标注数据是指给定了 "标签", 或者说既有数据特征 x_i 又有对应输出 y_i 的样本, 这样的成对样本构成有监督学习的训练数据集 Train $= \{(x_i, y_i)\}$, 学习目的是从训练集 Train 中学习一个输入变量 X 到输出变量 Y 之间的映射关系模型 $Y = f(X)$, 使得该模型不仅对训练样本 x_i 的预测 $f(x_i)$ 与标注 y_i 足够接近, 而且对于新样本 x, 它所产生的预测 $f(x)$ 也足够好. 根据输出 Y 的不同, 有监督学习完成分类和回归两类不同的任务, 前者 Y 在一个有限的离散空间中取值, 而后者 Y 允许在一个连续空间中取值. **分类** (Classification) 即模式识别, 旨在从已知经验中对未见对象的类别作指认; **回归** (Regression) 是寻找连续变量情形下输入–输出定量关系任务的总称, 常用于对变量间因果关系的刻画. 分类和回归都是预测/预报的基础. 在分类应用中, 类别的个数是已知的 (不同于聚类); 而在回归应用中, 相应变量 Y 的取值范围通常是事先界定的. 在这两种情况下, 模型总是要求在所给定的样本对 $\{(x_i, y_i)\}$ 引导 (监督) 下获得, 所以, 这些都是数学上相对容易建模的问题.

有监督学习的数学模型如下: 假定 $\Im = \{f_\theta : \theta \in \varSigma\}$ 是一个以 θ 为参量的假设空间 (备选函数族), $l : X \times Y \to R$ 是一个损失度量, Train $= \{(x_i, y_i)\}$ 是训练数据集, 则有监督学习问题可建模为如下最优化问题

$$f^* = \operatorname{argmin}_{f_\theta \in \Im} E_{\text{Train}} \left[l \left(f_\theta \left(x \right), y \right) \right]$$

$$= \operatorname{argmin}_{f_\theta \in \Im} \sum_{i=1}^{m} l \left(f_\theta \left(x_i \right), y_i \right)$$

为了评价所获得的模型对未知数据 (训练集之外的数据) 的预测性能, 一般会使用测试数据集 Test $= \{(x_i, y_i)\}$ 来对模型进行评估. 因此在有监督学习框架下存在着两个误差: 训练误差 E_{Train} 和测试误差 E_{Test}. 训练误差 E_{Train} 度量模型在训练数据集上与所给标注的差异性, 而测试误差 E_{Test} 度量模型在测试数据集上与标注的差异性. 在训练过程中, 我们不仅仅期望模型在训练数据上预测与标注一致, 同时还希望模型在测试数据上预测与标注也一致. 模型在未知数据上的预测能力被称为**泛化能力** (Generalization Ability). 训练误差和测试误差并不总是一致的. 提高模型复杂度 (增大假设空间容量) 往往能够使训练误差更小, 但未必能保证测试误差同步变小. 这种随着训练误差变小, 测试误差反而增大的现象称为**过拟合** (Over Fitting). 在训练过程中, 学习系统所面临的最大挑战是如何选择合适的模型以避免过拟合. 避免过拟合的一个普遍数学方法是使用**正则化** (Regularization), 即用如下正则化学习问题代替求解原有监督学习问题:

$$f^* = \operatorname{argmin}_{f_\theta \in \Im} E_{\text{Train}} \left[l \left(f_\theta \left(x \right), y \right) \right] + \lambda p \left(f_\theta \right)$$

这里 $p \left(\cdot \right)$ 是合适选择的正则化函数, λ 是正则化参数.

半监督学习 (Semi-supervised Learning) 是无监督学习与有监督学习相结合的一种学习范式. 半监督学习的训练数据集既包含有标注的数据 Label $= \{(x_i, y_i)\}$, 也包含无标注的数据 Unlabel $= \{x_j\}$. 换言之, Train $=$ Label$\cup$Unlabel, 而且常常在数量上 |Label| $\ll$ |Unlabel|. 注意到, 在很多实际问题中, 由于对数据的标注代价甚高 (如在生物学中, 对某种蛋白质的结构分析或者功能标注可能会花上生物学家很多年的工作), 抑或根本不可能 (如一些故障数据), 常常只能得到少量的带标注数据而容易获得大量的无标注数据, 因此半监督学习具有很强的针对性和实用性. 在半监督学习中, 最重要的科学问题是如何用好、用活无标注数据? 由于无标注数据量上的优势常常使得数据所在的流形结构能得以呈现, 利用无标注数据能有效限定模型搜索时的参数空间, 从而提高仅使用有标注样本学习的精度. 出于对数据分布结构的考虑, 半监督学习通常基于 "聚类假设/流形假设", 即假定相似/相邻的样本具有相同的标签, 因此可以通过聚类或近邻延拓方法得到无标注训练数据的相似标注 (伪标注). 半监督学习根据测试数据可以分为归纳学习和直推学习两大类. **归纳学习** (Inductive Learning) 中测试数据和训练数据不相交, 即训练数据中的无标注数据 Unlabel $= \{x_j\}$ 只用于模型训练而不参与测试; 而**直推学习** (Transductive Learning) 将训练数据中的无标注数据同时作为测试数据的一部分, 即将对训练数据中无标注数据的标注过程与测试过程相统一.

集成学习 (Ensemble Learning) 是使用一系列学习器进行学习, 并使用某种规则把各个学习结果进行整合从而获得比单个学习器更好学习效果的一种机器学习方法. 单个学习器往往无法学好所有的数据样本, 或不具备足够强的泛化能力, 而集成学习把若干个学习器集成起来, 通过对多个学习器的结果进行某种组合来决定最终结果, 从而取得比单个学习器更好的性能. 典型的集成学习方法有装袋 (Bagging) 法和提升 (Boosting) 法.

Bagging 方法的流程如下:

(1) 从原始样本集中抽取训练集. 每轮从原始样本集中使用步步为营 (Bootstrapping) 的方法抽取 n 个训练样本. 注意, 在训练集中, 有些样本可能被多次抽到, 而有些样本可能一次都没有被抽中. 共进行 k 轮抽取, 得到 k 个相互独立的训练集.

(2) 每次使用一个训练集得到一个模型, k 个训练集共得到 k 个模型. 注意, 这里并没有指定任何特定的分类算法或回归方法, 可以根据具体问题采用不同的分类或回归方法, 如决策树、感知器等.

(3) 对于分类问题, 将上步得到的 k 个模型采用投票的方式得到分类结果; 对回归问题, 计算上述模型的均值作为最后结果.

典型的 Bagging 方法有随机森林 (Random Forest) 算法. 随机森林算法实际上是一种特殊的 Bagging 方法, 它将决策树用作 Bagging 中的模型. 首先, 用

Bootstrapping 方法生成 m 个训练集, 然后, 对每个训练集, 构造一棵决策树, 在节点找特征进行分裂的时候, 并不是对所有特征找到使得指标 (如信息增益) 最大的, 而是在特征中随机抽取一部分特征, 在抽到的特征中找到最优解, 应用于节点, 进行分裂. 随机森林方法由于有了 Bagging 过程, 实际上相当于对样本和特征进行了采样 (如果把训练数据看成矩阵, 就像实际中常见的那样, 就是对行和列都进行采样的过程), 所以可以避免过拟合.

与 Bagging 不同, Boosting 迭代使用弱学习器, 并将其结果加入到一个最终的强学习器. 在加入的过程中, 通常根据它们的分类准确率给予不同的权重. 加入弱学习器之后, 数据通常会被重新加权, 来强化对之前分类错误数据点的分类.

典型的 Boosting 方法有 AdaBoost 算法, 大致计算过程如下:

(1) 将所有原始训练样本权重初始化为 1;

(2) 使用数据样本当前的权重训练一个弱学习器;

(3) 使用该模型计算每个样本的误差, 对于误差较大的样本提升其权重, 误差较小的样本降低其权重, 并计算该弱学习器的权重;

(4) 重复 (2), (3) 过程 k 次, 并将这 k 个弱学习器按权重进行聚合, 作为最终的模型.

主动学习 (Active Learning) 是一种尝试减少人工标注成本的学习方法, 其核心思想是: 允许在学习过程中机器询问少量无标注数据的真实标签. 对于一些标注困难的任务, 主动学习试图用尽可能小的标注成本达到较高的模型性能. 在这些任务中, 程序仅仅在获得有限的数量标注样本情况下开始学习, 并在学习过程中按需求选择那些迫切希望知道的未标注样本进行标记并反馈标签. 这一模式提供了一个人机交互环境: 在程序运用中, 迫切需要被标注的数据由程序推送给用户进行人工标注并返回标签. 主动学习可以分为基于**查询合成** (Query Synthesis) 的方法和基于**抽样** (Sampling) 的方法. 基于查询合成的方法合成样本并向用户询问其真实标签. 受限于合成样本的技术, 过去该方法往往无法合成有意义的样本, 近年来有一些工作尝试使用深度生成模型来合成样本. 基于抽样的方法采集真实的无标注数据, 并选取其中一部分询问真实标签.

强化学习 (Reinforcement Learning) 是**智能体** (Agent) 通过与 (可能未知的) 环境 (Environment) 不断交互而形成解决问题最优策略的学习范式. 强化学习和标准的有监督学习有着显著的不同: 强化学习不依赖使用输入/输出来督导学习, 也不按某个事先确定好的规则来校正智能体行为, 而是基于行动和基于长期预期收益最大化来改进行为. 强化学习更专注于在线规划, 致力于在探索 (未知的领域) 和遵从 (现有知识) 之间找到平衡, 通过不断试错来完成学习.

强化学习最早受心理学中的行为主义理论启发, 即有机体如何在环境给予的奖励或惩罚的刺激下, 逐步形成对刺激的预期, 从而产生能获得最大利益的惯性行为. 该方法普适性很强, 在运筹学、博弈论、控制论、仿真优化、多主体学习、群体智能、统计学、遗传算法等许多领域都有相关研究. 例如: 在运筹学和控制理论研究的语境下, 强化学习被称为**近似动态规划** (Approximate Dynamic Programming, ADP); 在经济学和博弈论中, 强化学习被用来解释在有限理性的条件下如何达到平衡等.

在强化学习中, 智能体实时感知所处环境的状态和返回的奖惩, 据此进行决策和学习 (即根据环境的不同状态做出不同的动作, 并根据环境返回的奖惩来调整策略). 环境是智能体外部的所有事物与条件 (要求可描述), 其状态会随着智能体的动作而改变, 同时反馈给智能体相应的奖惩. 智能体与环境的这种交互通常被形式化为马尔可夫决策过程 (Markov Decision Process, MDP).

形式化地, 强化学习对应了一个四元组 $\langle S, A, P, R \rangle$, 其中 S 为状态空间, 它包含智能体可能感知的所有环境状态; A 为动作空间, 包含了智能体在每个环境状态下可能采取的动作集合; $P : S \times A \to S$ 为环境转移概率, 表示在某个状态下执行了某个动作, 转移到另一个状态的概率; $R : S \times A \times S \to \mathbb{R}$ 指定了奖励, 表示在某个环境状态下执行了某个动作并转移到另一个状态时, 环境所反馈给智能体的奖励值. 由此, 智能体与环境的交互过程可形式化为: 在某个时间步 t, 智能体感知到了当前的环境状态 s_t, 并从动作空间 A 中选择了动作 a_t 来执行; 环境接收到智能体的动作后, 给智能体反馈一个奖励 r_t, 并将自己状态调整到新的状态 s_{t+1}, 等待智能体做出新的决策. 在这样的整个交互过程中, 智能体的目标是寻找能使长期累积奖励最大化的策略. 常用的长期累积奖励计算方式有 "T 步累积奖励" $E\left[\dfrac{1}{T}\sum_{t=1}^{T} r_t\right]$ 和 "γ 折扣累积奖励" $E\left[\dfrac{1}{T}\sum_{t=0}^{+\infty} \gamma^t r_{t+1}\right]$, 其中 E 表示期望.

为了更好理解上述过程, 这里我们列举一个典型的强化学习例子——多臂赌博机问题: 有 K 个赌博机, 拉动每个赌博机的拉杆, 每个赌博机按事先设定的不同概率掉出一块钱或不掉钱. 多臂赌博机问题是指给定有限的机会次数, 如何玩这些赌博机才能使得期望累积收益最大化.

根据建模对象不同, 强化学习可分为基于 **Q-值** (Q-value) 和基于**策略函数** (Policy Function) 两大类方法. 基于 Q-值的方法建模状态–动作值函数 $Q^\pi(s, a)$. 该函数表示从状态 s 出发, 完成动作 a 之后执行策略 π 所能得到的期望总奖励. 此类方法中典型的包括动态规划方法、蒙特卡罗方法、时序差分学习方法等[19]. 基于策略函数的方法建模策略函数 $\pi(a|s)$, 该函数表示从状态 s 出发执行动作 a 的概率. 求解策略函数 π 通常使用**策略梯度法** (Policy Gradient Method), 此类方法中的典型方法是 Reinforce 方法[20]. 也有一些工作结合这两大类方法的优点, 如演员–评论家算法 (Actor-critic Algorithm, AC)[21].

总的来说, 强化学习更接近生物学习的本质, 具有很好的可解释性, 可以应对多种复杂的场景. 目前强化学习在棋类游戏、广告推荐、投资组合、无人驾驶等领域都有着重要的应用.

机器学习还有着其他不同的范式, 如**课程学习** (Curriculum Learning)[22]、**元学习** (Meta Learning)[23]、**自监督学习** (Self-supervised Learning)[24] 等等. 应用中多种不同的学习范式可能会被集成使用, 在追求机器学习自动化的今天, 这样的趋势愈发明显.

2.4.2   机器学习算法

按照应用问题划分, 机器学习算法通常包括聚类、分类、回归、密度估计、降维、排序等等.

聚类算法 (Clustering Algorithm) 是机器学习中对数据进行分组的一种算法. 在给定的数据集中, 我们可以通过聚类算法将其分成一些不同的组. 在理论上, 相同组的数据之间有相同的属性或者特征, 不同组数据之间的属性或者特征相差比较大. 聚类算法是一种非监督学习算法, 并且作为一种常用的数据分析算法在很多领域广泛应用 [25].

K-means 方法是一种最广为人知的聚类算法. 给定样本集合 $X = \{x_1, \cdots, x_n\}$, K-means 聚类算法的目标是最小化聚类后所得簇的如下均方误差 (Mean Square Error, MSE):

$$\mathrm{MSE} = \sum_i^K \sum_{x \in C_i} \|x - u_i\|_2^2$$

其中 u_i 代表簇 C_i 中所有点的均值. 减小该均方误差损失可以使得簇内向量更加紧密, 从而得到较好的聚类结果.

在具体的应用中, 一般不能直接通过最小化方法来获得所有簇点, 往往采用贪心策略求解, 具体实现方法如下:

(1) 从 n 个数据对象任意选择 K 个对象作为初始聚类中心;

(2) 计算每个对象与 K 个聚类中心的距离, 选取距离最近的聚类中心作为该对象的分类;

(3) 重新计算每个 (有变化) 聚类的均值 (中心对象);

(4) 循环 (2), (3) 直到聚类结果不再发生变化为止.

谱聚类 (Spectral Clustering) 是一种基于图论的聚类算法. 第一步是构图: 将数据集中的每个对象看作空间中的一个点 V, 将这些点连接起来形成边 E, 依两个顶点之间的相似程度赋予边的连接强度, 这样就构成了一个基于相似度的无向权重图 $G(V, E)$. 第二步是切图: 按照一定的切边规则将图切分为不同的子图, 规则是使子图内的边权重和尽可能大, 不同子图间的边权重和尽可能小, 以此达到聚类的目的.

与传统的聚类方法相比, 谱聚类可以对任意形状的数据集进行聚类, 聚类效果好并能收敛于全局最优解.

密度聚类 (Density-based Clustering) 是更一般的聚类方法. 它依据数据的密度进行聚类. 本质上, 该类方法首先解数据集的密度估计问题, 然后依据密度函数的极大值和吸引域来完成聚类 (极大值对应于中心, 相应吸引域构成一个类). 典型密度聚类算法包括带噪声基于密度的空间聚类 (Density-based Spatial Cluser-ing of Applications with Noise, DBSCAN), 尺度空间聚类[26]. DBSCAN 通过对象样本 r 邻域内相邻样本点的数量来衡量该点所在空间的密度, 规定空间密度足够大的样本为核心样本, 空间密度不够大的样本为边界样本. 其中核心样本具有扩张功能, 将某个核心样本扩张而成的最大样本集合规定为一个簇. 该算法通过随机选取初始点和搜索的方法, 发现核心样本并以其为起点不停扩张, 从而得到完整类簇. 算法的本质是一个发现类簇并不断扩展类簇的过程.

分类算法 (Classification Algorithm) 是一类有监督学习方法. 它所解决的问题是从给定的标注训练样本集中学习一个分类函数或称分类器, 以用于对数据空间中的任意数据进行分类. 此时 Train = $\{(x_i, y_i)\}$, x_i 是数据特征, y_i 是 x_i 的类别标签. 分类问题应用极为普遍, 如判断一条短信是否属于垃圾短信、某个产品是否合格是二分类问题, 而判断一张图片中动物的类别、一个病人所患疾病的种类是多分类问题. 分类准确性不仅取决于所采用的算法质量, 更取决于所选择的数据特征是否足够与恰当 (即特征表示要足够好).

经典的分类算法有决策树、朴素贝叶斯分类器、支撑向量机等.

决策树 (Decision Tree) 是一种简单高效并且具有强解释性的分类算法, 它可用于任意类型数据, 但更常用于非数值型 (特别是关系型) 或混合型数据的分类. 决策树是由多个判断节点所组成的树, 其中, 非叶子节点对应数据的一个属性, 叶子节点对应数据的类别或取值. 决策树基于树结构来进行决策分析[27].

一棵决策树的训练过程如下: 从根节点开始依属性的层级关系递归分裂产生子树, 每次分裂时选取一个最佳的分裂特征或值 (通常需要根据具体应用来计算得出). 根据该节点将数据分为两部分, 然后继续递归进行, 直到某个子节点下所有的训练样本都只属于同一类别或取值相同. 初步训练完成后的决策树可能还需要适当剪枝, 以得到更加紧凑和理想的决策树. 对于一个应用而言, 一旦决策树构造完成, 对任何新数据只需按树推理来推断它的类别或响应值.

构造和训练决策树的关键是在当前节点决定是否需要分裂. 假定训练数据集 Train = $D = \{(x_i, y_i)\}$ 含 k 类且第 i 类样本所占的比例为 $P_i (i = 1, 2, \cdots, k)$, 则

我们知道数据集 D 的信息熵为

$$\text{Ent}\,(D) = -\sum_{i}^{k} P_i \log_2 P_i$$

当用属性 a 分类数据集 Train 后, 假设 value (a) 表示 a 的所有属性值构成的集合, 根据 a 的属性值 v 所确定的数据子集为 D_v, 则数据集 Train 的期望熵为

$$\text{Ent}\,(D, a) = \sum_{v \in \text{value}(a)} \frac{|D_v|}{|D|} \text{Ent}\,(D_v)$$

属性 a 的信息增益为

$$\text{Gain}\,(D, a) = \text{Ent}\,(D) - \text{Ent}\,(D, a)$$

通常, 决策树算法通过寻找信息增益最大的属性来选择分裂, 并对树的子节点重复寻找信息增益最大的属性来构造决策树. 图 2.8 展示了一个简单的决策树.

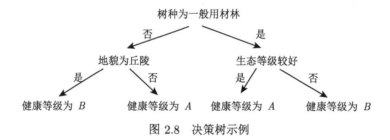

图 2.8　决策树示例

　　朴素贝叶斯 (Naive Bayes) 分类器 (NBC) 是基于概率论的生成式分类算法, 其核心是基于贝叶斯公式, 通过估计样本和标签的分布及其条件分布来进行分类.

　　在 NBC 中, 假设数据 $x = (x_1, \cdots, x_n)$ 使用 n 个属性表征, 且各个属性相互独立. 根据属性相互独立假设, 类条件概率可表示为

$$P\,(x|c) = P(x_1, \cdots, x_n|c) = \prod_{i=1}^{n} P(x_i|c)$$

因此, 朴素贝叶斯公式可写为

$$P\,(c|x) = \frac{P\,(x|c)\,P\,(c)}{P\,(x)} = \frac{P\,(c)}{P\,(x)} \prod_{i=1}^{n} P(x_i|c)$$

对于两个不同的类别 c_1 和 c_2, 如果 $P(c_1|x) > P(c_2|x)$, 则说明输入 x 判定为类别 c_1 的概率更大. NBC 正是基于这一原理来分类的, 即优先选择后验概率更大的类别, 于是 NBC 的决策公式为

$$h_{\mathrm{NB}} = \arg\max_{c \in C} P(c|x) = \arg\max_{c \in C} \frac{P(x|c)\,P(c)}{P(x)}$$

$$= \arg\max_{c \in C} P(x|c)\,P(c) = \arg\max_{c \in C} P(c) \prod_{i=1}^{n} P(x_i|c)$$

支撑向量机 (Support Vector Machine, SVM) 是科特斯和瓦普尼克 (Cortes and Vapnik)[28] 于 1995 年提出的线性二分类算法, 其基本思想是极大化支撑两类样本之间的距离来确定分类超平面 (即分类函数), 参见图 2.9.

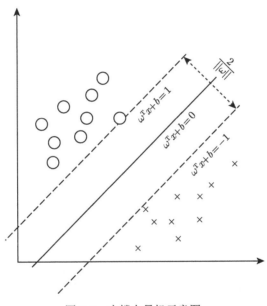

图 2.9 支撑向量机示意图

二分类问题可以形式化为图 2.9 所示的 ◯ 和 × 的分类问题. 在样本空间中, 有无穷多的超平面能够将 ◯ 和 × 划分为两部分, 这样的超平面可以描述为

$$\{x : \omega^{\mathrm{T}} x + b = 0\}$$

其中 ω 是超平面的法向量 (表示超平面的方向), b 为超平面的截距 (表示原点与超平面之间的距离), 因此 (ω, b) 唯一决定了一个超平面. 样本空间中的任意点 x_i 到超平面 (ω, b) 的距离是

$$\gamma_i = \frac{\left|\omega^{\mathrm{T}} x_i + b\right|}{\|\omega\|}$$

假设超平面 (ω, b) 能将样本正确分类, 则对于超平面上方的任意 ◯ 点 x_i 有 $\omega^{\mathrm{T}} x_i + b \geqslant 1$, 而对于超平面下方的任意点 x_i 有 $\omega^{\mathrm{T}} x_i + b \leqslant -1$. 样本点中与分离超平面最近的点称为支撑向量 (如图 2.9 所示, 在虚线上的两个点是支撑向量), 支撑向量 x_i 必然满足 $|\omega^{\mathrm{T}} x_i + b| = 1$. 两个不同类支撑向量到超平面的距离之和定义为间隔, 显然间隔

$$\gamma = \frac{2}{\|\omega\|}$$

SVM 的核心思想是通过极大化分类超平面之间的间隔来定义最优分类超平面. 换言之, SVM 通过求解下述约束优化问题

$$\max_{\omega, b} \quad \frac{2}{\|\omega\|}$$
$$\text{s.t.} \quad y_i \left(\omega^{\mathrm{T}} x_i + b\right) \geqslant 1, \quad i = 1, 2, \cdots, m$$

或等价地,

$$\min_{\omega, b} \quad \|\omega\|^2$$
$$\text{s.t.} \quad y_i \left(\omega^{\mathrm{T}} x_i + b\right) \geqslant 1, \quad i = 1, 2, \cdots, m$$

来定义最优分类函数

$$f^*(x) = \text{sign}\left(w^{*\mathrm{T}} x + b^*\right)$$

这里 y_i 为样本点 x_i 的标签, m 为训练集中样本的总数.

上述二分类 SVM 可以通过 "化为系列的二分类问题" 或并行执行方式应用到多个二分类问题. 参见图 2.10. 而通过**核技巧** (Kernelization Skill), 线性 SVM 也可推广到一般的非线性分类问题. 以非线性二可分问题为例, 假定 Train $= \{(x_i, y_i)\}$ 是 $\mathbb{R}^n \times \mathbb{R}^1$ 空间上的一个非线性二可分数据集 (即存在着非线性连续函数 $f(x), x \in \mathbb{R}^n$ 使得它按照标号 y_i 可完全区分开 Train 中的数据). 于是, 按照**再生核希尔伯特空间** (Reproducing Kernel Hilbert Space) 理论, 对任何给定的一个半正定核函数 $K : \mathbb{R}^n \times \mathbb{R}^n$, 存在唯一非线性特征映射 $\Phi : \mathbb{R}^n \to H_K$ 使得

$$K(x, y) = \Phi^{\mathrm{T}}(x) \Phi(y)$$

并且变换数据集 Train$_\Phi = \{(\Phi(x_i), y_i)\}$ 在 H_k 中是线性二可分的, 这里 H_k 是由 K 诱导的无穷维再生希尔伯特空间. 通过应用线性二分类 SVM 到数据集 Train$_\Phi$, 再通过核函数与特征映射的分解转换 (即使用核技巧), 我们便立即得出求解原 $\mathbb{R}^n$ 空间上非线性可分的 SVM 模型为

$$\min_\alpha \quad \frac{1}{2} \sum_{i=1}^{m} \sum_{j=1}^{m} \alpha_i \alpha_j y_i y_j K(x_i, x_j) - \sum_{i=1}^{m} \alpha_i$$

$$\text{s.t.} \quad \sum_{i=1}^{m} \alpha_i y_i = 0, \quad \alpha_i \geqslant 0$$

上述**非线性 SVM** (Nonlinear SVM) 模型可调用任何一个成熟的二次规划算法求解.

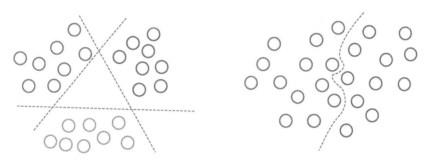

图 2.10 多分类与非线性分类问题

回归算法 (Regression Algorithm) 是另一类重要的有监督学习方法. 它所解决的问题是从给定的标注训练样本集 $\text{Train} = \{(x_i, y_i)\}$ 中学习输入变量 x 到输出变量 y 之间的映射关系. 回归问题通常也被理解为数据拟合问题, 即选择一条合适的函数曲线/曲面/超曲面, 去拟合已知的训练数据, 并能很好地预测未知数据. 按照 2.4.1 节的讨论, 通常, 回归算法取 $f^*(x) = f_{\theta^*}(x)$. 而 θ^* 通过优化下述目标函数

$$\theta^* = \text{argmin}_{\theta \in \Sigma} \sum_{i=1}^{m} l\left(f_\theta\left(x_i\right), y_i\right)$$

或

$$\theta^* = \text{argmin}_{\theta \in \Sigma} \sum_{i=1}^{m} l\left(f_\theta\left(x_i\right), y_i\right) + \lambda p\left(\theta\right)$$

来获得, 其中 Σ 是参数空间. 根据输入变量的个数, 回归可以分为一元回归或多元回归; 而根据假设空间中的函数是否取线性形式, 回归可分为线性回归和非线性回归.

回归同样具有非常广泛的应用场景. 例如: 在金融领域, 可以收集某只股票的各类信息, 包括公司信息、历史价格、相关新闻等作为特征, 学习并预测这只股票未来的价格就是回归问题; 在气象领域, 可以用某地区之前某段时间的天气情况及其周边的气象信息作为特征, 学习并预测未来该地区的气温.

传统的回归算法包括线性回归算法、岭回归算法、逻辑回归算法和核回归算法等.

线性回归 (Linear Regression) 是在一般回归模型中取 $f(x,\theta) = x^{\mathrm{T}}\theta$, $l(s,t) = |s-t|^2$ 且 $\Sigma = \mathbb{R}^n$ 的重要情形. 此时

$$\theta^* = \mathrm{argmin}_{\theta \in \mathbb{R}^n} \sum_{i=1}^{m} \left| x_i^{\mathrm{T}}\theta - y_i \right|^2 = \mathrm{argmin}_{\theta \in \mathbb{R}^n} \|X\theta - Y\|^2$$

这里 $X = [x_1^{\mathrm{T}}, x_2^{\mathrm{T}}, \cdots, x_m^{\mathrm{T}}]$ 是 $m \times n$ 样本矩阵, $Y = (y_1, y_2, \cdots, y_m)^{\mathrm{T}}$ 是 m 维响应向量, 从而, θ^* 恰是 θ 的最小二乘估计. 当 X 列满秩时,

$$\theta^* = \left(X^{\mathrm{T}}X\right)^{-1} X^{\mathrm{T}}Y$$

此时, 如果我们进一步使用正则化模型, 并取正则项 $p(\theta) = \|\theta\|^2$, 则有

$$\theta^* = \left(\lambda I + X^{\mathrm{T}}X\right)^{-1} X^{\mathrm{T}}Y$$

这一估计被称为岭回归 (Ridge Regression) 估计; 如果取 $p(\theta) = \|\theta\|_1$ 是 θ 的 1-范数, 则对应的回归估计称为 LASSO 估计.

逻辑回归 (Logistic Regression) 是取

$$f(x,\theta) = \frac{1}{1 + \exp\left(-x^{\mathrm{T}}\theta\right)} \quad (\text{Logistic 函数})$$

且 $l(f(x,\theta), y) = -\log(f(yx,\theta))$ 情形的一类最简单的非线性回归算法, 但它更多只用于分类问题 (因为此时可自然解释为极大似然估计). 事实上, 给定二分类数据集 Train $= \{(x_i, y_i)\}$, 其中 $x_i = \{x_{ij} | j = 1, 2, \cdots, n\}$ 是数据特征向量, y_i 是 x_i 的类别标签, y_i 取值为 $+1$(正样本) 或 -1(负样本). 我们希望用 Logistic 函数 $f(x, \theta^*)$ 来对输入空间中的任一 x 的标签进行预测. 为了这样做之合理性, 我们自然应取 θ^* 为 θ 在训练集 Train 上的极大似然解. 如果第 i 个样本为正样本的概率是

$$P(y_i = 1 | \theta, x_i) = \frac{1}{1 + \exp\left(-x_i^{\mathrm{T}}\theta\right)}$$

则它为负样本的概率必然是

$$P(y_i = -1 | \theta, x_i) = 1 - \frac{1}{1 + \exp\left(-x_i^{\mathrm{T}}\theta\right)} = \frac{1}{1 + \exp\left(x_i^{\mathrm{T}}\theta\right)}$$

所以用 $f(x,\theta)$ 预测 Train 中第 i 个样本标签正确的概率是 $\left(1 + \exp\left(-y_i x_i^{\mathrm{T}}\theta\right)\right)^{-1}$. 我们的目的显然应该是对 Train 中所有样本预测好, 即应该选择 θ^* 使得

$$\theta^* = \mathrm{argmax}_\theta g(\theta) = \prod_{i=1}^{m} \frac{1}{1 + \exp\left(-y_i x_i^{\mathrm{T}}\theta\right)}$$

对上式求 log 并取负号即知

$$\theta^* = \text{argmin}_{\theta \in \mathbb{R}^m} \sum_{i=1}^{m} \log\left(1 + \exp\left(-y_i \theta^{\mathrm{T}} x_i\right)\right) = \sum_{i=1}^{m} l(f(x_i, \theta), y_i)$$

所以, θ^* 正是 Logistic 回归解, 也是 θ^* 的极大似然估计.

核回归 (Kernel Regression) 是一类非常一般的非线性回归算法. 在统计的意义上, 它也是重要的一类非参数估计方法. 给定由 m 个样本组成的训练数据 Train $= \{(x_i, y_i)\}$ 和给定任意一个对称、半正定的核函数 $K : \mathbb{R}^n \times \mathbb{R}^n$, 核回归使用与样本相关的假设空间, 即取具有如下形式

$$f(x, \theta) = \sum_{i=1}^{m} \theta_i K(x_i, x)$$

的假设函数, 通常仍取损失函数 $l(s, t) = |s - t|^2$ 和参数集 $\Sigma = \mathbb{R}^m$. 此时解 θ^* 满足

$$\theta^* = \text{argmin}_{\theta \in \mathbb{R}^m} \sum_{i=1}^{m} \sum_{j=1}^{m} \left| K(x_i, x_j) \theta_i - y_i \right|^2$$

$$= \text{argmin}_{\theta \in \mathbb{R}^m} \| K_{\text{Train}} \theta - Y \|^2$$

这里 $K_{\text{Train}} = \left(K(x_i, x_j) \right)_{m \times n}$ 是核矩阵, 所以有

$$\theta^* = \left(K_{\text{Train}}^{\mathrm{T}} K_{\text{Train}} \right)^{-1} K_{\text{Train}}^{\mathrm{T}} Y$$

或

$$\theta^* = \left(\lambda I + K_{\text{Train}}^{\mathrm{T}} K_{\text{Train}} \right)^{-1} K_{\text{Train}}^{\mathrm{T}} Y$$

取决于正则化格式是否被采用. 应用中, 各种各样的核函数可被采用, 例如, 高斯核、多项式核、内积核、Sigmoid 核等, 它们分别定义为

$$K(x, y) = \mathrm{e}^{-\frac{\|x - y\|^2}{\delta^2}}; \quad (1 + xy)^d; \quad \left(x^{\mathrm{T}} \alpha^2 y \right)^d; \quad \tanh(\alpha x^{\mathrm{T}} y + c)$$

降维算法 (Dimension Reduction Algorithm) 用于在保持某些重要特征和某个最优性准则下, 将数据从高维表示转换到低维表示. 降维的本质是学习一个映射 $f : x \to y$, 其中 x 是数据点的原始高维向量表达, y 是数据点映射后的低维向量表达. 通常 y 的维度远小于 x 的维度, 而 f 可能是显式或隐式的、线性或非线性的.

降维算法应用十分普遍. 在文本主题分析中, 基于奇异值分解 (Singular Value Decomposition, SVD) 可以将文档–词汇矩阵转换为文档–主题矩阵和主题–词汇矩阵, 从而对文本的隐含主题进行抽取. 在数据可视化中, 恰当的降维方法能够将文本、图像或其他实体的高维表示映射到一维、二维或三维, 从而完成对数据的形象和直观分析与展示. 降维算法是大数据表示、传输、存储, 乃至应用的基础算法. 不仅如此, 它也在机器学习的建模与计算过程中常常被使用. 例如, 用于减少算法的内存和提升计算效率.

依据降维映射 f 是否为线性, 降维算法可分为线性降维算法和非线性降维算法两大类. 非线性降维算法包括流形学习 (Manifold Learning) 和一些近代的深度学习算法, 如自编码器 (Autoencoder) 等; 而线性降维算法包括主成分分析、典则相关性分析、非负矩阵分解、矩阵低秩分解方法等. 线性降维算法仍是目前应用中最为主流的算法.

线性降维算法本质上都是基于矩阵分解的. 事实上, 假设 $f(x) = Ax$ 是实现从高维空间 $\mathbb{R}^n$ 到低维空间 $\mathbb{R}^k (k < n)$ 的线性映射, $l : \mathbb{R}^n \times \mathbb{R}^k \to \mathbb{R}^+$ 是某个降维的最优性指标 (度量), 则我们常常会通过极小化 $E_{\text{Train}} l(Ax, Px)$ 来求得这样的变换矩阵 A. 这里 P 是某个具备特定性质的从 $\mathbb{R}^n$ 到低维空间 $\mathbb{R}^k$ 的映射.

主成分分析 (Principal Component Analysis, PCA)[29] 是上述原则取 $l(s, t) = |s - t|^2$ 和 P 设定为行正交情形所导出的降维算法. 此时有

$$E_{\text{Train}} l(Ax, Px) = \frac{1}{m} \sum_{i=1}^{m} \|Ax_i - Px_i\|^2 = \frac{1}{m} \|Ax - Px\|_F^2 = \|X^{\mathrm{T}} A^{\mathrm{T}} - X^{\mathrm{T}} P\|_F^2$$

所以, 最优的变换 A 满足使 $XX^{\mathrm{T}} A^{\mathrm{T}} - XX^{\mathrm{T}} P = 0$ (即使上述目标函数关于 A 的梯度为 0), 此即

$$XX^{\mathrm{T}} A^{\mathrm{T}} = XX^{\mathrm{T}} P$$

这里, $X = (x_1, x_2, \cdots, x_m)$ 是给定的训练数据, XX^{T} 称为协方差矩阵. 由于 XX^{T} 是对称半正定矩阵, 它存在唯一特征分解

$$XX^{\mathrm{T}} = U\Lambda U^{\mathrm{T}}$$

这里 U 是正交矩阵, 它的每一列都是 XX^{T} 的特征向量, 构成 $\mathbb{R}^n$ 的一组标准正交基底, Λ 是按照特征值从大到小排列的对角阵, 即

$$\Lambda = \mathrm{diag}(\lambda_1, \lambda_2, \cdots, \lambda_n), \quad \lambda_i \geqslant \lambda_{i+1} \geqslant 0$$

于是, 从 $XX^{\mathrm{T}}A^{\mathrm{T}} = XX^{\mathrm{T}}P$ 我们获知 $U\Lambda U^{\mathrm{T}}A^{\mathrm{T}} = U\Lambda U^{\mathrm{T}}P$, $\Lambda U^{\mathrm{T}}A^{\mathrm{T}} = \Lambda U^{\mathrm{T}}P$ 并且

$$AU\Lambda = P^{\mathrm{T}}U\Lambda$$

如果我们取 $\mathbb{R}^k$ 为 U 的前 k 个基向量 U_k 张成的 k 维子空间为低维空间, 并记 U 的后 $n-k$ 个基向量为 U_{n-k}, 则 $P = U_K^{\mathrm{T}}$ 定义了一个从 $\mathbb{R}^n$ 到 $\mathbb{R}^k$ 的映射且 P 是行正交的. 代入这一 P 并注意到可写 $U = [U_k \quad U_{n-k}]$,

$$\Lambda = \left[\begin{array}{cc} \Lambda_k & 0 \\ 0 & \Lambda_{n-k} \end{array} \right]$$

我们推得

$$\left[\begin{array}{cc} AU_k & AU_{n-k} \end{array} \right] \left[\begin{array}{cc} \Lambda_k & 0 \\ 0 & \Lambda_{n-k} \end{array} \right] = \left[\begin{array}{cc} U_k^{\mathrm{T}}U_k & U_k^{\mathrm{T}}U_{n-k} \end{array} \right] \left[\begin{array}{cc} \Lambda_k & 0 \\ 0 & \Lambda_{n-k} \end{array} \right]$$

换言之,

$$\left[\begin{array}{cc} AU_k\Lambda_k & AU_{n-k}\Lambda_{n-k} \end{array} \right] = \left[\begin{array}{cc} \Lambda_k & 0 \end{array} \right]$$

$$AU_k\Lambda_k = \Lambda_k$$

只要 k 不大于非零特征值的个数, 上式推出 $AU_k = I_k$. 从而 $A = U_k^{\mathrm{T}}$, 即 PCA 所定义的降维变换.

从上述推导中可以看出, A 的第一行是 XX^{T} 对应于最大特征值的特征向量, 第二行是第二大特征值所对应的特征向量, 以此类推. 这些特征向量分别被称为数据集 X 的第一主成分、第二主成分等等. PCA 变换由 U 的前 k 个基向量 U_k 构成, 而 $U = [U_k \quad U_{n-k}]$ 是 $\mathbb{R}^n$ 的一组新的正交基底. 所以 PCA 自然的解释是: 在原高维空间选择一组新的正交基底使其在新的基底下, 原数据在其低维子空间上有更紧凑的表示, 参见图 2.11. 据此, 容易证明: PCA 压缩后的 Ax 是原空间 $\mathbb{R}^n$ 中向量 x 在所有 k 维子空间中的最佳逼近.

主成分分析是一个对任意高维数据 x 都能提供降维结果 y 的方法, 这样的方法称为**映射型** (Mapping Type) 方法. 然而, 很多降维方法只提供对给定数据的降维, 这样的方法称为**嵌入型** (Embedding Type) 方法. 映射型方法是最理想的, 能方便用于低维机器学习模型的预测. 但嵌入型方法如果能保持原数据与低维空间数据之间的某些不变性 (例如等距性、局部线性表示性、邻域不变性等), 也非常有用 (PCA 降维都满足这些性质).

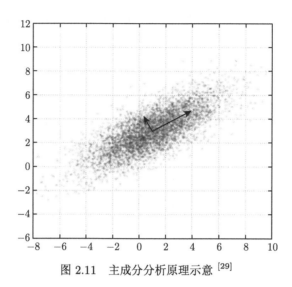

图 2.11　主成分分析原理示意 [29]

奇异值分解嵌入 (SVD Embedding) 提供了这样一类代表性方法. 上述 PCA 表示 $y = Ax = U_k^{\mathrm{T}} x$, 显然推出 $x = U_k y$, 并且 y 是 x 在新基底下的压缩表示. 于是, 对于训练数据集 X (视为 $n \times m$) 矩阵, 成立 $X = U_k Y$, 这里 Y 的每一列正对应每一个训练数据在基底 U 下的降维表示. 这样的理解意味着矩阵的 SVD 分解也能给出很好的降维. 事实上, 假定 X 的 SVD 分解为

$$X = U \Sigma V^{\mathrm{T}}$$

这里

$$U = [U_k \quad U_{n-k}], \quad \Sigma = \left[\begin{array}{cc} \Sigma_k & 0 \\ 0 & 0 \end{array} \right], \quad V^{\mathrm{T}} = \left[\begin{array}{c} V_k^{\mathrm{T}} \\ V_{n-k}^{\mathrm{T}} \end{array} \right]$$

U 是 $n \times n$ 正交矩阵 (其列构成 $\mathbb{R}^n$ 中的一个正交基), V 是为 $m \times m$ 正交矩阵 (其列构成 $\mathbb{R}^m$ 中的一个正交基),

$$\Sigma_k = \mathrm{diag}\,(\sigma_1, \sigma_2, \cdots, \sigma_r), \quad \sigma_i \geqslant \sigma_{i+1} > 0$$

则容易求得

$$X - U_k \Sigma_k V_k^{\mathrm{T}} \quad \text{对任何} \quad r \geqslant k$$

现在我们定义线性嵌入 $A : \mathbb{R}^n \to \mathbb{R}^k$ 满足 $f(x_i) = Ax_i = v_i, i = 1, 2, \cdots, m$, 即对任何 $\mathbb{R}^n$ 中的 x, 只要它有线性表示 $x = A\xi$, 就有 $x = f(x) = AX\xi = V\xi = [f(x_1), f(x_2), \cdots, f(x_m)]\xi$. 这说明 f 有局部线性表示保持性. 而如果我们定义

A 满足 $f(x_i) = Ax_i = \sigma_i v_i, i = 1, 2, \cdots, m$, 则可计算出

$$\|f(x)\|^2 = \|V\Sigma\xi\|^2 = \|\Sigma_k\xi\|^2$$

$$\|x\|^2 = \|X\xi\|^2 = \|U_k\Sigma_k V_k^{\mathrm{T}}\xi\|^2 = \|\Sigma_k V_k^{\mathrm{T}}\xi\|^2$$

并且

$$\frac{\|\Sigma_k V_k^{\mathrm{T}}\xi\|^2}{\|\Sigma_k\xi\|^2} \geqslant \frac{\sigma_{\min}^2}{\sigma_{\max}^2}\frac{\|V_k^{\mathrm{T}}\xi\|^2}{\|\xi\|^2} = \frac{\sigma_{\min}^2}{\sigma_{\max}^2}$$

这里 $\sigma_{\min}$ 和 $\sigma_{\max}$ 分别是 X 的最小和最大非零奇异值, 从而可得出

$$\|f(x)\| \leqslant \frac{\sigma_{\min}}{\sigma_{\max}}\|x\|$$

这说明, 此时的嵌入映射具有保邻域不变性.

这些性质都说明, 利用奇异值分解可得出一些有特别意义的降维嵌入. 但是, 由奇异值分解导出映射型降维却不是容易的事 (除了重新发现 PCA 之外).

矩阵低秩分解 (Low Rank Decomposition of Matrix) 是构造映射型降维的更一般性方法. 该方法令

$$f(x) = U^{\mathrm{T}}x$$

实现从 $\mathbb{R}^n$ 到 $\mathbb{R}^k$ 的一个降维, 这里 $k = \mathrm{argmin}_U \mathrm{rank}(U)$, 而 U 是下述约束优化问题的解

$$\min_{U,V} \quad \mathrm{rank}(U)$$
$$\mathrm{s.t.} \quad U正交, V稀疏而且 X = UV^{\mathrm{T}}$$

这样定义的降维映射既有局部线性表示保持性 (因为只要有 $x = A\xi$ 就必然有 $f(x) = U^{\mathrm{T}}UV^{\mathrm{T}}\xi = V^{\mathrm{T}}\xi = U^{\mathrm{T}}X\xi = [f(x_1), f(x_2), \cdots, f(x_m)]\xi$), 又有邻域不变性 (因为 $\|f(x)\|^2 = \|U^{\mathrm{T}}x\|^2 = \|x\|^2$). 然而, 求解上述低秩矩阵分解模型需要有特别的技巧, 可参见 [30].

上述基于矩阵低秩分解的模型, 随对秩的不同逼近方式、对稀疏性的不同度量方式、对 U 和 V 不同的约束、对约束处理的不同数学技巧等, 能产生各种各样新颖的降维方法, 是当前的研究热点.

排序学习算法 (Learning-based Ranking Algorithm) 包括任何用来解决排序问题的机器学习技术, 而狭义定义是指解决给定主题下对象排序问题的机器学习方法. 相比于传统的基于人工特征的排序算法, 基于机器学习的排序可以根据训练数据, 自动学习获得最合理的排序结果. 排序学习目标是对输入数据进行排序. 排序学习的最典型应用场景是**搜索引擎** (Search Engine, SE), 它根据用户输入的查询请求, 对后台的数据进行排序后返回最相关的几个结果.

目前已有的排序学习算法可分为**单文档** (Single Document) 方法、**文档对** (Document Pair) 和**文档列表** (List of Documents) 方法等. 其中单文档方法和文档对方法将排序问题转化为分类或回归问题, 而文档列表方法基于排序对象的排序列表直接学习和训练模型. 通常, 文档对方法和文档列表方法更优于单文档方法.

PRank 算法 (Perceptron Ranking Algorithm) 是单文档方法的一个代表性算法. 它是序数分类的一种在线学习算法. PRank 算法的基本理念是利用一些并行的感知机模型, 且每个模型对相邻的等级进行分类 [31].

Ranking SVM (Ranking Support Vector Machine) 是文档对方法的代表性算法. 它的基本思想是给定任意两个文档 d_i 和 d_j, 假定它们的特征表示分别为向量 x_i 和 x_j, 若文档 d_i 比文档 d_j 更相关, 即文档 d_i 的排序比文档 d_j 更靠前, 则 $x_i > x_j$, 反之亦然. 于是问题可转化为对于特征表示差值的二元分类问题: 以如下方式对文档对 (d_i, d_j) 指派标签 y,

$$y = \begin{cases} +1, & x_i - x_j > 0, \\ -1, & x_i - x_j < 0 \end{cases}$$

$$\langle w, x_i - x_j \rangle > 0 \leftrightarrow y = +1$$

所以如下关系成立: $x_i > x_j \leftrightarrow y = +1$, 即如果 x_i 比 x_j 排序靠前, 则 $y = +1$, 否则 $y = -1$. 以这种约定, Ranking SVM 可建模为如下优化问题:

$$\min_{w,\delta} \quad \frac{1}{2}\|w\|^2 + C \sum_{i=1}^{m} \delta_i$$

$$\text{s.t.} \quad y_i \langle w, x_i^{(1)} - x_i^{(2)} \rangle \geqslant 1 - \delta_i$$

$$\delta_i \geqslant 0, \quad i = 1, \cdots, m$$

这里 w 为参数向量, $\|\cdot\|$ 表示欧氏范数, $C > 0$ 为权重系数, m 是训练实例的数目, δ_i 为松弛变量, $x_i^{(1)}$ 和 $x_i^{(2)}$ 表示文档对 i 中的第一个和第二个特征表示向量.

AdaRank (Adaptive Ranking) 是文档列表方法的一个典型执行算法. 文档列表方法将所有与查询 q_i 相关的带标签文档视为一个实例. 它从训练数据中学习一个给输入的文档特征向量赋予一个得分的排序模型, 然后使用这些得分对输入的特征向量进行排序. 这样一来得分较高的特征向量排序将更靠前. 由于信息检索中的评价指标都是基于列表的, 因此直接优化文档列表的损失函数在排序学习中更加自然和有效. AdaRank 基于 Boosting 的思想, 基于信息检索评价准则构造一个指数损失函数, 然后采用逐步优化的方法极小化损失函数, 其执行流程如下 [32].

(1) 初始化: 为训练集合中的每一个查询词 (及其网页列表) 分配重要性分布.

(2) 训练弱排序模型: 基于当前查询词的重要性分布, 调用弱排序学习算法得到一个弱排序模型.

(3) 计算权重: 用指定的评价准则衡量弱排序模型, 按照评价指标越高权重越大的原则计算其权重, 并线性叠加到当前排序模型中.

(4) 更新重要性分布: 用指定的评价准则衡量当前排序模型对每个查询词的排序效果, 由此设置下一轮训练中查询词的重要性, 使得在下一轮的训练中算法能够重点考虑困难的查询词.

(5) 终止判断: 如不满足终止条件 (如达到最大迭代次数), 转至 (2), 否则输出排序结果.

由于查询词 (及其网页列表) 是 AdaRank 训练过程的基本单元, 并且在算法中直接考虑了信息检索的评价准则, 这使得 AdaRank 非常切合于应用到信息检索任务.

2.4.3 近代人工智能方法

近代人工智能 (AI) 方法已显现三个重要分支: 深度学习、强化学习和联邦学习. 强化学习在机器学习范式 (参见 2.4.1 节) 中已做介绍, 本节重点介绍深度学习、深度强化学习与联邦学习.

深度学习 (Deep Learning): 传统机器学习始终存在着一个没有解决好的核心问题, 必须由人工预先设定数据/问题的特征, 换言之, 不能对问题的特征做自动抽取. 如此一来, 一个问题能否用机器学习解决得好很大程度上已经由预先对特征 (即协变量) 的选择所确定. 大量的实践已经表明, 恰当的特征表示对机器学习算法的性态与准确性起着关键, 甚至是根本性的作用. 深度学习就是为解决这一问题而发展起来的. 深度学习本质上是一种特征学习方法, 它把原始数据通过一些浅层模型的表示转变为用更深层次、更为复杂、更为抽象的神经网络形式表达, 以此实现数据特征的自动抽取并完成相应机器学习任务.

深度学习是神经网络发展到一定阶段的产物 [33], 其发展历史如图 2.12 所示. **神经网络** (Neural Network) 模型最早可以追溯到 1943 年麦卡洛科和皮茨 (McCulloch and Pitts)[34] 所提出的 MP 神经元数学模型, 该模型大致模拟了人类神经元的工作原理. 1958 年, 罗森布拉特 (Rosenblatt)[35] 提出了第一代神经网络——单层感知器, 它能够区分一些基本形状, 让人们看到了发明出智能机器的希望. 然而, 1969 年, 明斯基 (Minsky)[36] 发表专著, 阐述单层感知器无法解决异或问题 (XOR 问题), 从而不具有逼近复杂函数的能力. 1986 年, 鲁梅尔哈特 (Rumelhart) 等 [37] 提出第二代神经网络, 即替代单一的特征层 (一个隐层) 为多个隐层, 采用 Sigmoid 激活函数, 并利用误差反向传播算法 (BP) 来对模型进行学习,

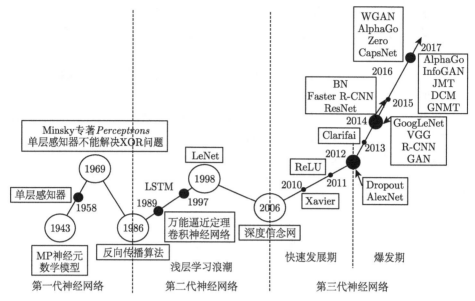

图 2.12　深度学习发展历史

从而能有效解决非线性分类问题. 由此, 学界掀起了神经网络研究的浪潮. 1989
年, 赛本克 (Cybenko)[38] 和霍尔尼克 (Hornik) 等 [39] 证明了万能逼近定理, 即三
层神经网络可以以任意精度逼近任何函数. 同年, 乐昆 (Le Cun) 等 [40] 发明了手
写体识别的**卷积神经网络** (Convolution Neural Network, CNN). 1997 年, 霍克赖
特 (Hochreiter) 和施米德胡贝 (Schmidhuber)[41] 提出 **LSTM**(Long Short-term
Memory, 长短期记忆网络), 在以后的工作中 LSTM 被许多人改进和推广. 1998
年, 乐昆等 [42] 提出广为人知的经典卷积神经网络模型 **LeNet**. 2006 年, 辛顿
(Hinton) 等 [43] 提出用预训练的方式快速训练深度信念网来抑制反向传播算法的
梯度消失问题, 从此深度学习进入快速发展期. 2010 年, 格洛特 (Glorot) 和本希
奥 (Bengio)[44] 基于每一层输出的方差应该尽量相等的目标, 提出有效的神经网络
初始化方法 Xavier. 2011 年, 格洛特等 [45] 提出 ReLU 激活函数, 并说明该函数
能有效抑制反向传播算法的梯度消失问题. 随后, 深度学习在语音识别上取得重
大突破. 2012 年, 辛顿等 [46] 提出 **Dropout** 机制, 通过暂时随机丢弃一部分神经
元及其连接来防止过拟合. 同年克里哲夫斯基 (Krizhevsky) 等 [47] 提出深度卷积
神经网络模型 **AlexNet**, 该模型赢得 2012 年图像分类 ImageNet 竞赛冠军, 使
得卷积神经网络成为图像分类中的核心算法. 从此深度学习进入爆发期. 2013 年,
Clarifai 公司在图像分类 ImageNet 竞赛中获得第五名, 此后一直处于行业领先地
位. 2014 年, GoogLeNet[48] 和 VGG[49] 在图像分类 ImageNet 竞赛中分别获得第
一名和第二名. 同年格尔希克 (Girshick) 等 [50] 提出 **R-CNN**, 将卷积神经网络

方法引入目标检测领域, 改变了目标检测领域的主要研究思路, 大大提高了目标检测效果; 古德菲勒 (Goodfellow) 等 [51] 开创性地提出生成对抗网络 (Generative Adversarial Networks, **GAN**), 通过让两个神经网络相互博弈的方式学习. 2015 年, 奥菲 (Ioffe) 和塞格迪 (Szegedy)[52] 提出批标准化 (Batch Normalization, BN) 机制, 加速深度神经网络的训练; 吉尔希克 (Girshick) 等 [53] 提出扩展的 R-CNN, 在提高目标检测精度的同时, 加快训练和测试速度; **ResNet** [54] 在 2015 年图像分类 ImageNet 竞赛中获得了第一名, 是 CVPR2016 的最佳论文, 它可以解决随着网络的加深, 训练集准确率下降的问题. 随后, 大量的神经网络模型涌现, 其中, 谷歌基于深度学习和强化学习算法开发出 AlphaGo 程序 [55], 该程序在 2016 年和 2017 年分别击败了围棋世界冠军李世石和柯洁, 再一次扩大了深度强化学习的影响力.

深度学习主要解决机器学习类似的问题, 尤以解决模式识别 (分类)、函数近似 (回归) 类预测 / 预报问题为甚. 但深度学习解决问题主要采用**神经网络方法**. 换言之, 它使用如图 2.13 所示的多层 (或称深度) 神经网络结构, 或等价地, 使用如下形式的复合函数

$$N\left(x\right) = f_k(f_{k-1}(f_{k-2}(\cdots(f_1\left(x\right))\cdots)))$$

来作为假设空间, 其中

$$f_i\left(x\right) = G_i\left(W_i^{\mathrm{T}}x + b_i\right), \quad i = 1, 2, \cdots, k$$

G_i 是由第 i 层网络激活函数 g (例如, Sigmoid 函数或 ReLu 函数) 所定义的对角非线性映射, 即 $G_i\left(x\right) = (g\left(x_1\right), g\left(x_2\right), \cdots, g\left(x_n\right))^{\mathrm{T}}, (W_i^{\mathrm{T}}, b_i)$ 是第 i 层网络联结的权值矩阵和偏置向量 (均是可调参数), k 称为网络的**深度** (Depth), 而 n 是网络的**宽度** (Width). 记

$$W = \left\{\left(W_i^{\mathrm{T}}, b_i\right) : i = 1, 2, \cdots, k\right\}$$

它包含神经网络的全部可调参数, 简称深度网络 N 的**权值** (Weight). 给定训练数据集 Train $= \{(x_i, y_i)\}$, 深度学习仍按机器学习原理, 即通过求解优化问题

$$\min_W \quad F\left(W\right) = E_{\mathrm{Train}}l\left(N\left(x\right), y\right)$$

来确定最优权值 W^*. 这样的过程被称为网络**训练** (Traning) 或学习. 深度学习通常假定 $k > 3$ 以区别传统神经网络. 这样, 当 k 很大时, 网络参数众多, 所以必须运用足够多的训练数据来确定这些参数; 而当训练数据不足, 特别是少于网络参数个数时, 深度学习训练便成为一个**过参数化** (Over-parameterized) 问题. 由此, 我们看到, 大的训练样本集 (即大数据) 是深度学习应用的基础与前提.

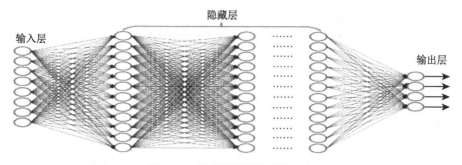

图 2.13　深度神经网络结构示意

　　深度神经网络的训练是一个非常困难和专业的问题. 它不仅涉及如何求解这种过参数化的, 而且是大规模、非凸的复杂优化问题, 还与所采用的网络结构 (或拓扑) 密切相关. 不同的深度学习技术对应使用不同的网络结构、不同的损失函数和不同的网络训练算法 (即解相应优化问题的方法). 最常用的网络学习算法是基于 BP 的**随机梯度法** (Stochastic Gradient Method) 和**自适应动量法** (Adaptive Moment Method, Adam). 最近所提出的**变分超级 Adam 算法** (Variational HyperAdam Algorithm)[56] 已被证明是深度网络学习更为有效的方法之一.

　　深度学习的网络结构设计一直是人工智能应用的核心, 它既决定深度网络训练的难易度, 也决定应用的成功率. 实践已经证明, CNN 所采用的卷积结构使得它已成为图像处理相关应用的首选, LSTM 所采用的记忆–遗忘门使得它已成为时序数据处理 (特别是语言处理) 应用的核心组件, GAN 采用的对抗博弈结构使得它已成为样本生成的主要工具, 等等. 设计优秀的深度网络结构一般与应用问题背景相关, 从而强调与应用背景的结合是人工智能学科区别于其他学科 (如统计学) 的最突出特征. 作为设计深度网络结构的一般方法, 徐宗本和孙剑 [57] 所提出的模型驱动 (Model Driven) 深度学习方法日益受到关注, 是一个重要而普适的方法. 这种方法通过领域知识构建待求解问题的一个含大量超参数的粗糙模型 (被称为模型族, 以区别传统上的数学模型), 而将求解模型族的迭代方法展开 (Unfold) 有限步使之成为自然的 RNN, 然后应用数据去训练这样的 RNN. 该方法既能确定模型族中的超参数, 也能自然给出问题的解. 他们依据这一方法所提出的 ADMM-CSnet[58] 是压缩感知用于快速核磁成像的成功范例. 现在已经知道, 这种基于模型驱动设计深度学习结构的方法是模型–数据结合解决问题的有效途径, 也是减少深度学习对大数据依赖、提高深度学习可解释性的可行举措.

　　当今, 深度网络不仅作为一个独立的智能体应用, 而且也常常用作复杂系统的一个组成部分、一个替代组件. 这种情形下, 不同结构的深度网络结合起来使用也便是自然不过的事了.

　　深度学习已经和正在取得重大进展. 它已经解决了一些人工智能长期没有解

决的问题, 并且已被证明擅长自动提取高维数据中的复杂特征, 能够被应用于科学、经济、社会和管理的方方面面. 除了在图像识别、语音识别、自动驾驶、医疗辅助等领域的成功应用外, 它亦在预测潜在的药物分子活性、分析粒子加速器数据、预测在非编码 DNA 突变对基因表达和疾病的影响等方面发挥重要作用.

深度强化学习 (Deep Reinforcement Learning, DRL): 人工智能的主要目标之一 (也是 AI 创立的最原始目标) 是制造全自主的智能体 (Agent), 以期能通过与周围环境的自动交互学习来优化自身行为和提升自身能力. 无论对机器人 (可感知环境和对周围世界做出反应) 还是纯粹的基于软件的智能体 (通过自然语言和多媒体进行互动), 打造这种反应灵敏、能自适应学习的 AI 一直是人们追求的目标但构成长期挑战. 强化学习 (RL) 是为实现这一目标所发展起来的机器学习范式, 而且与人工神经网络行为主义学派的主张一致. 所以将神经网络技术与强化学习结合是顺理成章的事, 这就产生了深度强化学习 (DRL). 深度强化学习是人工智能领域的一个新的研究热点. 它以一种通用的方式将深度学习的感知能力与强化学习的决策能力相结合, 能够通过**端对端** (End-to-End) 的学习方式实现对智能体从输入到输出的直接控制.

深度强化学习是由谷歌的 DeepMind 团队首次提出的. 此后, 在很多挑战性领域, 他们构造并实现了人类专家级别的智能体. 这些智能体对自身知识的构建和学习都只来自原始输入, 无须任何的人工编码和领域知识引导. 因此 DRL 是一种端对端的感知与控制系统, 具有很强的通用性. DRL 的学习过程可简单地描述如下:

(1) 在每个时刻, 智能体与环境交互得到一个高维度的观察, 并利用深度学习方法去感知观察, 以得到抽象但具体的状态特征表示;

(2) 基于预期回报来评价各动作的价值函数, 并通过某种策略将当前状态映射为相应的动作;

(3) 环境对此动作做出反应, 并得到下一个观察. 通过不断循环以上过程, 最终得到实现目标的最优策略.

深度强化学习已成功地应用到游戏、机器人控制、参数优化、机器视觉等多个领域, 并被认为是迈向通用人工智能的重要途径. 兰戈 (Lange) 等 [59] 结合深度学习中的自编码器模型与强化学习, 提出了**深度自编码器** (Deep Autoencoder, DAE) 模型. 阿卜塔希 (Abtahi) 等 [60] 用深度信念网络作为传统强化学习中的函数逼近器, 极大地提高了 Agent 的学习效率, 并成功应用于车牌图像字符分割任务. 兰戈 (Lange) 等 [61] 还进一步提出了**深度拟合 Q 学习算法** (Deep Fitted Q-Learning Algorithm, DFQ), 并将该算法应用于车辆控制. 考特尼克 (Koutník) 等 [62] 将神经演化方法与强化学习结合, 应用到一款视频赛车游戏中, 实现了对赛车的自动驾驶. 梅尼赫 (Mnih) 等 [63] 将卷积神经网络 CNN 与传统强化学习的 Q

学习算法相结合, 提出了**深度 Q 网络** (Deep Q-Network, DQN) 模型. 该模型用于处理基于视觉感知的控制任务, 是 DRL 领域的开创性工作. 万·汉赛尔特 (van Hasselt) 等 [64] 基于双 Q 学习算法 (Double Q-Learning Algorithm) 提出了**深度双 Q 网络** (Deep Double Q-Network, DDQN) 算法. 在双 Q 学习中有两套不同的参数, 这两套参数将动作选择和策略评估分离, 降低了过高估计 Q-值的风险.

　　Q-值优化 (Q-Value Optimization) 和策略梯度 (Policy Gradient) 是强化学习中最常用的两种策略优化方法. 在解决 DRL 问题时, 通常采用以 θ 为参数的深度神经网络来参数化表示策略, 并利用这两种方法之一来优化策略. 在求解 DRL 问题时, 采取基于策略梯度的算法常常是更优先的选择, 这是由于它能够直接优化策略的期望总奖赏, 并以端对端的方式直接在策略空间中搜索最优策略, 省去了烦琐的中间环节. 与 DQN 及其改进模型相比, 基于策略梯度的 DRL 方法适用范围更广, 策略优化的效果也更好.

　　除了基于值函数的 DRL 和基于策略梯度的 DRL 之外, 还可以通过增加额外的人工监督来促进策略搜索的过程, 即基于搜索与监督的深度强化学习 (Search & Supervision Based DRL). **蒙特卡罗树搜索** (Monte Carlo Tree Search, MCTS) 作为一种经典的启发式策略搜索方法, 被广泛用于游戏博弈问题中的行动规划. 因此在基于搜索与监督的 DRL 方法中, 策略搜索一般可通过 MCTS 来完成. **AlphaGo 算法**是这类算法的典型, 它将深度学习方法与 MCTS 相结合, 在围棋竞技中取得了卓越成就. AlphaGo 的工作分为两个阶段: 神经网络训练阶段和 MCTS 阶段. 其中训练阶段包括根据专家的棋谱训练一个监督学习策略网络、快速部署策略、强化学习策略网络和强化学习价值网络. AlphaGo 系统主要由以下四部分组成:

　　(1) 策略网络 (Policy Network): 又分为监督学习的策略网络和 RL 的策略网络, 策略网络的作用是根据当前的棋局来预测和采样下一步着棋;

　　(2) 滚轮策略 (Rollout Policy): 目标也是预测下一步着棋, 但预测的速度是策略网络的 1000 倍;

　　(3) 估值网络 (Value Network): 根据当前棋局, 估计双方获胜的概率;

　　(4) MCTS: 将策略网络、滚轮策略和估值网络融合进策略搜索过程, 以形成一个完整的系统.

　　AlphaGo Zero 通过一个更简单版本的 MCTS 对上述过程进行增强, 特别通过深度强化学习来实现自适应学习. AlphaGo Zero 和 AlphaGo 相比, 主要改进有两处: ①直接使用棋子位置做神经网络输入, 而不再使用人工特征 (当前位置是否是征子/引征, 当前位置吃子/被吃子数目, 本块棋的气数等); ②初始训练时不再使用人类棋谱做有监督学习, 而是直接从基于围棋规则的随机下法开始强化学习, 通过机器间的对弈自己产生训练数据. 相比 AlphaGo, AlphaGo Zero 取得了更加非凡的成就.

联邦学习 (Federated Learning): 联邦学习的目标是在分布式环境下协同多个计算节点来搭建和训练一个机器学习模型. 其中, 每一个计算节点拥有各自不同的数据, 在训练过程中不允许交换样本数据. 联邦学习也可被称为**分布式机器学习** (Distributive ML), 而在统计学领域, 也被称为**分布式统计** (Distributive Statistics). 它们的基本思想是: 每个计算节点各训练一个局部模型, 然后通过交换模型参数来协同构建全局模型.

联邦学习有着极其广泛而深刻的应用背景. 大数据应用的一个典型场景是**分布式数据** (Distributive Data) 环境: 所有数据来源于不同物理地址, 不可能或者不允许将这些数据调存到一起来进行分析. 譬如, 全国各大医院所积累的肺癌数据对于研究肺癌的诊治和药物筛选是重要的, 而各医院的数据并不愿意共享, 因此需要在物理上不汇聚各大医院临床数据的前提下来完成对肺癌数据的分析; 互联网的每个移动终端组成一个巨大的分布式网络, 一个集团公司下属的每一公司拥有自己的客户并拥有自身的数据 (从而能训练出一个自己公司的预测模型), 出于隐私或竞争缘由, 公司并不愿意分享自身的数据给集团公司或其他公司, 但集团公司却总是希望能使用下属全部公司的数据来整体预测和提升效能; 统计和审计全国范围内的经济数据也自然面临这样的情况, 各地方、各部门各自处理自己的数据, 然后按要求汇总以得到全国范围的经济数据分析. 对这种分布式数据开展整体分析, 或者说, 在分布式数据环境下运用机器学习方法是可能的. 正如 2016 年谷歌提出联邦学习时所解释的: 我们的最终目的是获得一个好的模型, 把这个模型比成一只羊, 数据比成草, 要想让羊吃到草, 本就需要到不同地方收集草. 但现在我们不能把数据就像草一样堆积起来, 那么我们可以用另一种办法, 让这只羊在草堆里走来走去, 使得羊在草不挪地儿的情况下同样长大, 这种做法就是联邦学习[65].

联邦学习的核心问题是回答: 让各节点开展什么样的分析, 要求各节点提交什么样的信息, 又允许它们之间怎样的交互? 在分布式统计领域, 已有各种可行方案 (特别是对回归问题). 最简单的方案是采用**简单平均估计** (Simply Averaged Estimation): 假定整体数据 Train $= \{(x_i, y_i)\}$ 分布存储在 m 个节点上, 第 i 个子节点上存有 n_i 个局部数据 D_i, 利用局部数据 D_i 可获得模型 $f_i(x), i = 1, 2, \cdots, m$, 则基于整体数据的模型定义为

$$f(x) = \sum_{i=1}^{m} \frac{n_i}{n} f_i(x)$$

已有大量统计学家证明这种简单平均估计是可行的和相合的, 但有效性限于分布节点数 m 不太大的情形. 这种限制是必然的, 因为只有每个节点存有足够多的

数据以能展现统计规律时, 简单平均起来的模型才能展现整体统计特性. 克服这一限制的办法是允许在分布处理过程中使用少量的交互 (称为通信, Communication), 即允许各节点与中心节点间不多次数的交互模型参数信息 (但不能交互原数据). 这样的方法被称为是**通信高效型估计** (Communication Efficient Estimation). 通信高效估计本质上是应用数学上的**分布式优化算法** (Distributive Optimization Algorithm) 来构造全局估计. 分布式优化算法已有很多, 例如: 简化牛顿法 (Simplified Newton Method)、随机梯度法 (SGD)、增广交替极小化方法 (ADMM) 等等. 加拿大渥太华徐晨团队最近证明: 对于核回归问题, 分布式 ADMM 估计可在至多 $\mathcal{O}(m)$ 步通信下, 达到与最优统计性能一致的整体估计. 他们的方法对节点数 m 没有限制, 可应用到真实的大数据情形 (即, 随着数据量的增加来增加处理器台数)[66].

联邦学习的一个明显缺陷是: 各节点的数据分析是被动的 (由中心节点安排), 不能支持非中心节点之外的用户自由分析分布式数据. 要克服这一缺陷, 或对外公布经加密过的数据, 或运用**带隐私保护的机器学习** (Privacy Protected ML). 博纳维茨 (Bonawitz) 等 [67] 提出使用基于安全聚合 (Secure Aggregation) 的联邦学习方法, 该方法可在无中心节点的网络环境下运行 (注意: 常规联邦学习需要一个中心节点以收集用户的局部模型, 并生成全局模型, 因此需要所有用户信任的中心节点). 此外, 模型参数通信仍有可能导致信息泄露, 因此, Shokri 等 [68] 提出一种保证**差分隐私** (Differential Privacy) 的梯度更新算法, 从而减少了每个样本的信息泄露. 然而, 所有这些研究还有许多需要改进的地方.

第 3 章　数据科学的内涵及演进

数据科学已经是一个十分火爆但定义却依然十分模糊的概念. 人人都在谈论, 但它到底是什么? 它具有什么样的内涵? 它与其他相关学科关联和区别在哪? 它有没有自己独有的方法论? 它的科学目标和主要研究方向又有哪些? 所有这些似乎还都没有一个确定的说法. 本章给出数据科学的定义, 并梳理推动数据科学形成的一些重大成就与历程.

3.1　数据科学的定义

在第 1 章中, 我们已经述及, 是大数据的兴起催生了数据科学作为被广泛谈论的一门新学科, 而数据科学承载了人们对大数据发展的所有期望 (无论是理论的、技术的还是应用的).

由于如此, 数据科学的一个社会学解释是 "有关大数据时代的科学, 它以揭示数据时代, 尤其是大数据时代新的挑战、机会、思维和模式为目的, 是由大数据时代新出现的理论、方法、模型、技术、平台、工具、应用和最佳实践所组成的一整套知识体系" [4]. 这一解释具有社会学意义, 但是是 "拼盘式" 的, 缺乏对数据科学应有内涵 (例如, 研究对象、科学目标、核心方法等) 的实质性描述.

关于数据科学的内涵, 一种流行的看法认为数据科学就是图灵奖得主格雷 (Gray) 所提出的**第四范式** (The Fourth Paradigm)[69], 即在 "实验观测" "理论推演" "计算仿真" 之后的 "数据驱动" 科学研究范式. 这是基于方法论视角对数据科学的理解, 其本质是将数据作为媒介, 用数据的方法进行科学发现. 运用数据可以进行科学发现, 但也能对现实世界特别是人类社会活动进行认知并予以操控, 所以, 这种理解可以更一般化地被演绎为: 数据科学是 "用数据的方法研究科学", 这里科学泛指 "对现实世界的认知与操控" [2]. 数据科学不能也不应该定位在解决各个领域要解决的科学问题, 笼统地讲 "数据科学用数据的方法研究科学" 也不严谨. 严谨的说法应该是 "数据科学探索用数据的方法研究不同科学的共有规律". 维基百科给出的定义和解释与这里的观点较一致, 它们定义:

> 数据科学是一门利用数据学习知识的学科, 其目标是通过从数据中提取出有价值的部分来生产数据产品. 它结合了诸多领域中的理论和技术, 包括应用数学、统计、图形识别、机器学习、数据可视化、数据仓库以及高效能计算. 它通过运用各种相关的数据来帮助非专业人士理解问题, 可以帮助我们如何正确地处理数据

并协助我们在生物学、社会科学、人类学等领域进行研究. 它结合了统计学、数据分析、机器学习及其相关方法, 旨在利用数据对实际现象进行 "理解和分析". 简单来讲, 数据科学是一门将数据变得有用的学科.

从科学发现的手段和方法论来看, 第四范式将数据科学从计算科学中分离出来, 带来了科研方式和思维方式的革命性改变. 借用谷歌公司研究部主任彼得·诺维格 (Peter Norvig) 的话来说, 所有的模型都是错误的, 进一步说, 没有模型你也可以成功 (All models are wrong, and increasingly you can succeed without them). 海量的数据使得我们可以在不依靠模型和假设的情况下, 就能对数据进行处理分析, 从而发现过去的科学方法发现不了的新模式、新知识甚至新规律. 人工智能围棋系统 AlphaGo 战胜人类选手、谷歌旗下 Waymo 无人车顺利上路等都是 "第四范式" 或者说是数据科学的成功应用案例. 所以, 从这个意义上, "数据科学是用数据的方法研究科学" 抓住了数据科学最重要的内涵.

然而, "用数据的方法研究科学 (或科学的一般规律)" 只是数据科学的一个内涵. 在各个科学领域通过数据方法发现规律、取得成果的同时, 另一个关键方面也逐渐为学者们所认识: 运用数据的方法必须遵循数据自身的规律. 除了数据有自然地映照原像物理世界的规律外, 数据本身是否还具有其独特的共性规律? 这个疑问和思考将数据科学的内涵从方法论的视角转换到**本体论** (Ontology) 的视角, 即将数据作为研究对象自身. 很显然, 这样的研究是基本的, 因为任何形式的数据处理和分析都是在赛博空间 (或称数据空间) 中进行的, 数据是信息空间中的元素, 信息空间的拓扑结构、运算法则, 乃至数据在空间中所形成的分布、空间形式等无一不直接决定和影响着对数据的分析处理结果. 这种 "用科学的方法研究数据, 探寻数据独立于其所刻画的本体之外的一般性规律" 也应是数据科学的重要内涵. 百度所给出的数据科学定义倾向这一观点, 它们认为:

> 数据科学和**数据学** (Dataology) 是关于数据的科学或者是研究数据的科学, 定义为研究探索赛博空间中数据界 (Data Nature) 奥秘的理论、方法和技术, 其研究对象是数据界中的数据. 与自然科学和社会科学不同, 数据学和数据科学的研究对象是赛博空间的数据, 是新的科学. 数据学和数据科学主要有两个内涵, 一个是研究数据本身, 研究数据的各种类型、状态、属性及变化形式和变化规律; 另一个是为自然科学和社会科学研究提供一种新的方法, 称为科学研究的数据方法, 其目的在于揭示自然界和人类行为的现象和规律.

除了上述对数据科学内涵的理解外, "数据科学的价值在于其所需技能的广度" "数据科学是多学科的综合" 也是普遍被接受的理解. 很多科学家以此特征解读数据科学, 例如, 鄂维南 (E. Weinan) 院士等在他们所著的《数据科学导引》[70] 中定义:

> 数据科学是一门涉及统计, 数据分析及其相关方法的科学, 它借用数据去 "理解和分析实际现象". 它是以统计学、数学、计算机为三大支撑性学科, 以生物、医学、环境科学、经济学、社会学、管理学为应用拓展性的学科.

而梅宏院士等在他们的《大数据导论》[71] 中认为:

> 数据科学是一门交叉学科, 是一门分析和挖掘数据并从中提取规律的学科, 包含了统计、机器学习、数据可视化、高性能计算等, 是 "使用科学方法从数据中提取知识的研究".

上述这些基于社会学的、基于学科内涵的、基于学科综合特征的数据科学定义都有一定科学性, 但也都有局限. 我们认为, 作为一个学科的定义, 它应该至少从研究对象、方法论与科学任务/科学目标三个维度去界定. 研究对象不宜过于宽泛 (无边界不能成为一个独立学科, 也无益于学科发展); 方法论不宜过于庞杂 (无独特性不能确立学科价值, 必然抹杀学科区别); 科学任务/科学目标不宜过于抽象 (过于抽象或宏大的任务/目标只能是几个学科的总称了). 另外, 作为定义, 它也应该是简明、准确、科学和发展的. 基于这样的认识, 我们提出数据科学的定义如下:

定义 3.1 (**数据科学**, Data Science) 数据科学是有关数据价值链实现过程的基础理论与方法学. 它运用建模、分析、计算和学习杂糅的方法研究从数据到信息、从信息到知识、从知识到决策的转换, 并实现对现实世界的认知与操控.

上述定义界定了数据科学的研究对象是 "数据价值链的实现", 方法论是 "建模、分析、计算和学习的杂糅", 科学任务是实现 "从数据到信息、从信息到知识、从知识到决策" 的三个转换, 而科学目标是 "实现对现实世界的认知与操控" (一个实现). 这一定义包容了 "用数据的方法研究科学" 和 "用科学的方法研究数据" 两个数据科学主体内涵, 反映了大数据时代的社会学期望. 更为重要的是, 强化了 "认知和操控现实世界" 的学科目标, 这与数字经济的本质吻合. 换言之, 我们也认为 "数据科学是为数字经济提供基础与技术支撑的科学".

对上述数据科学定义的进一步解释如下:

第一, 阐明数据科学 "以数据的价值链实现" 为研究对象相比于 "以数据为研究对象" 更加准确和更具目标性, 也更能凸现大数据作为研究对象的主体性. 数据科学当然是以数据为研究对象的, 但要实现价值链就必须是大数据 (参见 1.2 节). 按照第 2 章的定义, 数据价值链是指促进数据向知识转化并使其价值不断提升的过程. 换言之, 是实现 "从数据到信息、从信息到知识、从知识到决策" 的转换过程. 这一过程的主要环节包括: 数据采集/汇聚、数据存储/治理、数据处理/计算、数据分析和数据应用 (图 2.2). 这即界定了数据科学的科学任务和主要研究内容. 当然, 作为一个学科, 强调它的基础性是必然的, 价值链中对于数据价值实现有根本作用且更为基础的部分才应该作为数据科学的核心研究内容, 如数据融合、数据管理、数据处理、数据分析等等.

第二, 指明数据科学的 "三个转换、一个实现" 目标不仅限定了数据科学的主体内涵, 而且强化了数据科学对背景相关学科的强依赖性. "三个转换" 是数据科学的核心科学问题, 也是所有学科共同面临的重大基础问题, 这一描述正是 "数据科学用数据的方法研究不同科学的共有规律" 定位的体现. "一个实现" 是对数据科学目标的凝练, 它界定了学科发展的应用型导向. 数据从现实世界中来, 数据科学的结果也必然要回到现实世界中去. 要实现好这一轮回, 深入地了解和具备数据源领域相关知识显得特别重要, 所给出的定义隐含了数据科学对背景相关学科依赖性的强化, 从而保证了数据科学成为 "有源之水" "相依相存之需".

第三, 将数据科学的学科方法论概括为 "建模、分析、计算和学习的杂糅" 是方法论层面的创新, 它既肯定了数据科学的多学科相关性, 又避免了将数据科学简单定义为多个学科的总称. 数据科学最相关的知识来自三大基础领域: 数学/统计学、计算机科学/人工智能、背景相关学科. 因而, 其主体方法论是数学–统计–计算–人工智能的融通, 这是我们对数据科学的当前认识. 但事物是发展着的, 现在的数据科学与未来的数据科学有可能有非常大的不同, 一些现在还毫无关联的学科/领域或许在将来发现有着根本的联系. 所以, 我们认为, 用罗列多个学科的方法来界定数据科学是不可取的. 而代之以这种罗列, 我们提炼了这些学科对数据科学研究方法论层面的贡献, 即建模、分析、计算和学习. 至于为什么要使用 "**杂糅**" (Synergizing) 一词去将这些方法综合在一起, 我们会在下一章做更细微的说明, 但字面的解释是 "使这些方法相互协同, 以同步地增强整体效能".

总结起来说, 我们所给出的数据科学定义贯彻了简明、准确、科学、发展的原则, 揭示了数据科学是以数据价值链实现为研究对象、以实现 "三个转换、一个实现" 为主要研究内容、以支撑数字经济为科学目标的学科.

3.2   数据科学与其他学科的关联与区别

数据科学的典型特征是多学科交叉. 无论是科学基础、知识范畴、研究对象、方法论和应用场景, 数据科学都与众多的学科相关. 本节简要分析数据科学与数学、统计学、计算机科学、人工智能, 以及领域相关学科之间的关联与区别.

数据科学与数学: 数学是研究现实世界中数量关系与空间形式的科学, 是 "有关数字、图形、形式化与推理" 的学科. 根据三元世界理论 (参见 1.2 节), 数学算得上是最早、也是最为成熟地使用虚拟化方法来研究现实世界的学科. 数学中的**纯粹数学** (Pure Mathematics) 主要研究数学内部 (即由数字、形状所组成的数学空间) 的结构、关系、运算之规律, 而**应用数学** (Applied Mathematics) 研究如何应用纯数学的理论和方法, 并结合问题背景, 去解决现实世界中的问题.

这种分法颇像数据科学中 "用科学方法研究数据" 和 "用数据方法研究科学" 般的区分 (仿照此, 也似乎能把数据科学的前者称为**纯粹数据科学**, 而后者称为**应用数据科学**). 数据科学是以数据为研究对象的, 数据的整体构成虚拟空间, 应用虚拟空间方法解决现实世界问题是其价值所在. 对虚拟空间自身的研究可认为是纯粹数据科学, 而结合领域知识实现数据价值的研究则属于应用数据科学. 由于数据科学的起源和诱因都是应用驱动的, 本书不区分应用数据科学与纯粹数据科学, 而统称为数据科学. 不难理解, "数" 和 "形" 都是数据的抽象而特别的形式. 所以, 在一定意义上, 数学可以理解为是数据科学的一部分 (当然应该是被称作**元科学** (Meta-science) 的那一部分), 而数据科学是数学的发展与延伸. 然而, 显见的事实是, 数学研究已经达到了非常深入的程度, 而且其自身已有漫长而光辉的历史, 这种情形下强化数据科学是数学科学的延伸是无意义的. 然而, 我们指出: 数学与数据科学的区别是明显的, 前者只研究抽象数据 (以向量、矩阵、图等为形式), 而后者更聚焦实体数据 (如文本、图像、视频等), 无论如何, 数据科学的研究是以数学这样的元科学为基础的.

数据科学与统计学: 统计学是与数据科学最为贴近的学科. 如果把统计学学科视作数学学科的分支, **数理统计** (Mathematical Statistics) 则对应于类似纯数学的部分, 而像生物统计、社会经济统计、医学统计等与领域结合的统计属于**应用统计** (Applied Statistics), 对应应用数学部分. 统计学现今越来越作为独立学科发展, 这契合了当今数字化社会对统计学的发展需求. 按照传统定义, 统计学是 "研究数据的科学", 也是 "让数据变得有用" 的学科. 它的主体内涵是研究如何收集、分析、解释和描述数据 [72]. 由此可以看到, 统计学与数据科学在研究对象、研究目标、应用范式等方面几乎是完全一致的, 特别是机器学习的几乎所有方法都能在统计学里找到根源或对应物. 统计学的发展已形成了自身独有的 "以概率论为基础", 以 "数据 → 模型 → 分析 → 检验" 为流程的研究方法论, 更形成了 "大样本性质" "假设检验" 等鲜明的理论分析特色. 所以, 统计学是数据科学成功的一个典范, 也是数据科学发展的基础.

然而, 统计学并不是数据科学的全部, 它们之间的区别也十分明显. 第一, 统计学并不十分关注数据科学所聚焦研究的复杂类型数据 (像图像、文本、视频等非结构化数据) 及其相关联的应用; 第二, 统计学的研究更多仍是基于模型假设的, 仍属第三科学范式; 第三, 统计学较少关注与计算科学的深度融合, 很少产生像机器学习和人工智能中深度学习那样的广泛、实用、高效的解决问题算法; 第四, 也是最为重要的, 当面对数据科学所遭遇的挑战问题, 如复杂数据分析、真伪判定、大数据分析处理时, 统计学同样束手无策 [73]; 统计学所依赖的一些传统假设, 如iid 假设、低维假设等也都无法在真实大数据中得以满足. 因此, 作为数据科学中发展得最早、也已形成自身理论与方法体系的一部分, 统计学与数据数学一起面临挑战 (参见 5.1.2 节). 然而, 无论如何, 统计学是数据科学发展的一个原型, 它为数据科学研究提供了一套可行、独具特色的科学方法论.

数据科学与计算机科学: 计算机科学是数据科学的重要基础和工具. 计算机科学本身 "是有关计算工具的科学" (软硬件部分) 和 "有关算法的科学" (理论和应用部分). "有关计算工具的科学" 提供各学科开展计算研究所必需的计算机系统、编程语言、执行环境和软件平台, 是数据科学的必备工具; "有关算法的科学" 则为科学研究提供算法设计、算法分析、算法优化的原理与技术, 是数据科学的理论基础之一.

一般说, 算法和数据是两个垂直的研究对象, 因此计算机科学和数据科学本身也是垂直的两个研究领域. 数据科学更多地需要借助于 "计算工具和算法的科学" 来帮助、解决、实现 "数据的科学". 然而, 应该看到, 当计算机科学直面 "科学计算为主" 到 "数据处理为主" 转变时, 它与数据科学的关系便变得密不可分了. 一方面, 数据科学的大数据处理呼唤计算机科学提供 I/O 代价更小, 甚至存算一体的新型计算架构, 计算环境和计算服务; 另一方面, 数据科学的大数据算法设计与分析更期望计算机科学能提供全新的计算理论 (如可计算理论与算法复杂性理论 [74]) 支持. 在这一目标下, 计算机科学与数据科学便走到一起来了. 特别地, 当涉及有关大数据计算理论、大数据处理算法、大数据分析算法、大数据计算基础算法等**高性能大数据计算** (High-performance Computing with Big Data) 研究与应用时, 这两个学科就完全重合了.

数据科学与人工智能: 人工智能是有关 "模拟生物智能解决问题的理论、方法与技术" [75]. 广义地说, 人工智能包括生物智能生成机理 (脑科学)、智能的行为描述与度量 (认知科学)、智能的计算机模拟与应用等方面, 但本书限定人工智能指其中最后的一部分, 即 "人工智能是机器制造出来的智能". 为不致引起混淆, 我们有时也称这样限定的人工智能为**狭义人工智能**.

人工智能历经了符号推理 (1956—1976, 以基于手工知识的专家系统为代表)、统计学习 (1976—2006, 以神经网络、模糊逻辑等方法为代表) 和深度学习 (2006—, 以表示学习为特征) 三个发展阶段. 但无论哪个阶段, 人工智能都展现了一个鲜明的 **"感–知–用" 模式** (Perception-knowing-action Pattern). **感**, 即借助各种传感设备感知与问题相关的环境 (收集数据); **知**, 即利用算法对问题相关数据进行分析, 解译其中所蕴含的结构、模式与规律, 形成有利于问题解决的各种信息; **用**, 即将算法分析结果与问题背景知识结合, 形成问题解决方案并实施. 这种感–知–用模式的核心是数据, 即如何收集数据、如何分析数据、如何将数据转换成信息以及如何将信息转化成决策. 因此, 数据是实现智能的基础, 而实现智能的模式正是数据科学的模式. 所以, 我们认为: 狭义人工智能正是数据科学的主体内涵之一; 机器学习技术、统计学技术、大数据技术是人工智能的最核心技术, 而数学则是人工智能的核心基础.

数据科学与领域相关学科: 正如第 2 章所定义, 数据是物理世界、人类社会活动的数字化记录, 是以编码形式存在的信息载体. 数据科学通过对镜像反映现实世界的数据进行加工处理, 来实现对现实世界的认知和操控. 所以, 对数据科学而言, 刻画现实世界的领域相关学科是基础, 既是理解数据的依据, 研究问题的来源, 也是数据科学研究的归宿. 尽管一个缺乏领域知识的人想要用好数据科学成果是几乎不可能的, 但正如数学、物理等学科那样, 领域知识并不必要视作数据科学本身的核心部分. 然而, 对于从事数据科学的研究者来说, 深入掌握某一个或多个学科领域的知识常常是重要的. 领域相关学科应该更加自觉地运用数据科学方法, 而数据科学应该更加关注从领域相关学科中发现规律、寻找共性, 从而逐步实现从方法论到本体论的转变.

3.3 促进数据科学形成的重大进展

本节梳理与数据科学紧密关联的学科相关重大进展, 是这些进展加速了数据科学的出现、形成和发展. 这些进展构成了数据科学首先应该包含并持续发展的知识资产.

3.3.1 计算机科学相关的重大进展

通用计算机的发展或许并不像其他自然科学那样具有悠久历史, 它真正成为伟大的发明还只是 20 世纪的事. 但是从科学的角度回顾, 计算机科学却可以追溯到 2500 年前算盘的发明, 该工具在当今世界的一些地方仍然得到使用. 古老的算盘与现代计算机之间似乎存在巨大差异, 但是从计算原理上看, 两者都具有 "利用工具来展开重复性计算并得到比人脑更快的运算速度" 这一特性. 从计算机科学促进数据科学形成的角度, 计算机科学的发展, 可大致分为图灵机、信息论、冯·诺依曼体系、数据库、互联网以及计算与数据服务等几个历史阶段.

图灵机: 作为 20 世纪计算机发展的关键人物, 英国数学家阿兰·图灵于 1936 年提出 "**图灵机**" (Turing Machine) 模型. 该模型是一个能实现任何有限数学逻辑过程的数学逻辑机, 被描述为一个七元有序组. 图灵机虽然只是抽象的计算模型, 但它的诞生实现了用机器来模拟人类进行数学运算的梦想. 图灵机的诞生对后来计算科学的发展产生了巨大影响, 因此许多人认为阿兰·图灵是现代计算机的鼻祖. 他的贡献为后来通用计算机的创造和发展奠定了基础, 他所提出的**图灵测试** (Turing Test) 一直被用作判定一个机器或者系统的智能程度的标准.

信息论: 克劳德·香农被公认是 "信息论之父". 人们通常将香农于 1948 年 10 月发表于《贝尔系统技术学报》上的论文 "A Mathematical Theory of Communication" (《通信中的数学理论》) 作为现代信息论的开端. **信息论** (Information Theory) 用概率论与数理统计的方法研究信息、信息熵、通信系统、数据传输、密码学、数据压缩等. 信息论的知识范畴涵盖物理学、概率统计、通信理论、数学、经济学、计算机科学等. 在信息论中, 数据作为信息的表现形式或待传递信息的载体, 经过编码器、译码器等信号设备的处理以及信道的传输, 最终到达信息的接收者, 该过程正是之后冯·诺依曼体系下通用计算机的基础通信过程.

　　冯·诺依曼体系: 第二次世界大战时期是现代计算机技术发展的关键时期. 战争爆发前的 1938 年, 德国工程师康拉德·楚泽 (Konrad Zuse) 在他父母的起居室里建造了他的 Z1, 这是世界上第一台可编程的二进制计算机. 次年, 美国物理学家约翰·阿塔纳索夫 (John Atanasoff) 和他的助手建造了一种更为精密的二进制机器, 命名为阿塔纳索夫·贝瑞 (Atanasoff Berry) 计算机 (ABC). 1946 年, 宾夕法尼亚大学诞生的 ENIAC 计算机成为世界上第一台通用计算机. 冯·诺依曼参与了该台计算机的设计并提出了对后来计算机设计有决定性影响的**冯·诺依曼架构** (Von Neumann Architecture) (图 3.1): 计算装置由运算器、控制器、存储器、输入设备和输出设备五部分构成; 计算过程由程序控制自动完成; 存储器是线性编址, 按地址访问; 程序和数据统一地用二进制编码; 程序和数据统一存储在存储器中. 这样的计算机架构至今仍为计算机设计者所遵循.

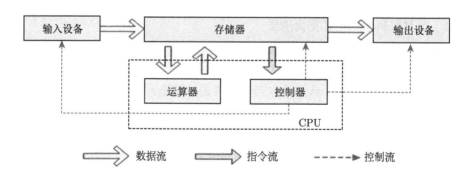

图 3.1　冯·诺依曼计算机体系结构

　　在之后的发展过程中, 计算机在冯·诺依曼体系下不断发展演变, 机器的体积不断缩小, 而存储和运算能力却不断增强. 按照计算机硬件结构的发展可以分为四个时代: 第一代电子管数字机 (1946—1958), 第二代晶体管数字机 (1958—1964), 第三代集成电路数字机 (1964—1970), 第四代大规模集成电路机 (1970 年以后). 在 1974 年, 英特尔 (Intel) 推出了 8080 微型处理器, 使得计算机走进个人家庭成为可能. 个人微型计算机逐步成为计算机架构的主流, 逐步发展为今天我们日常接触的计算机形态.

数据库: 1950 年, 雷明顿兰德公司 (Remington Rand Inc.) 在通用计算机 (Univac I) 上推出了一种每秒可以输入数百条记录的磁带驱动器, 从而引发了数据管理的革命. 数据库系统的萌芽出现于 20 世纪 60 年代. 当时计算机系统已经开始广泛地应用于数据管理, 传统的文件系统已经不能满足人们对数据存储和共享的应用需求. 能够统一管理和共享数据的**数据库管理系统** (Database Management System, DBMS) 应运而生. 数据模型是数据库系统的核心和基础, 各种 DBMS 软件都是基于某种数据模型的. 所以通常也按照数据模型的特点将传统数据库系统分成**网状数据库** (Network Database)、**层次数据库** (Hierarchical Database) 和**关系数据库** (Relational Database) 三类. 网状数据库和层次数据库可以解决数据的统一管理和共享问题, 但是在数据独立性和模型抽象方面有欠缺. 1970 年, 科德 (Codd) 博士在 *Communication of the ACM* 上发表了一篇名为 "A Relational Model of Data for Large Shared Data Banks" 的论文, 提出了数据管理的关系模型, 奠定了关系数据库的基础. 随后, 科德针对关系模型的不同抽象提出了关系数据库的范式理论. 数据库的产生及数据库范式的发展改变了以往计算机系统对数据存储和管理的方式, 使得不同的原始数据能够遵循一定的规范要求, 以结构化形式在不同计算机系统中存储和传递.

互联网: 起源于 1969 年美军的 ARPA (Advanced Research Projects Agency) 网. 在 ARPA (美国国防部研究计划署, DARPA 的前身) 的资助下, 美国将加利福尼亚大学洛杉矶分校 (UCLA) 和圣巴巴拉分校 (UCSB)、斯坦福大学和犹他州立大学的四台计算机连接起来, 形成了最早的计算机网络, 使得相互独立的计算机可以通过网络相互连接, 实现信息的共享. 1973 年, 施乐帕克研究中心的鲍勃梅特卡夫发明了**以太网** (Ethernet), 实现了计算机的局域互联. 进入 20 世纪 80 年代, 人们开始研究将计算机连接到更远距离的网络技术, 发明了**广域网** (Wide Area Network, WAN), 从而带来了计算机领域的科学革命. 20 世纪 90 年代, 随着 TCP/IP 等协议成为国际通用标准, 更广域、更多样化的超级计算机、工作站、个人计算机和终端实现了互联互通, 从而产生了我们现在所说的**互联网** (Internet). 互联网的诞生堪称大航海时代后人类又一次伟大的革命, 让人类突破了物理距离对信息传播和行为交互的限制. 信息传播的速度、广度、深度得到飞速发展, 信息空间与物理世界深度融合, 人类社会进入了互联网时代.

计算与数据的云端服务: 20 世纪末, 网格计算 (Grid Computing) 和云计算 (Cloud Computing) 技术逐步成为计算机领域的热点. 相关技术推动了计算、存储和数据服务的分布式、开放化部署和利用. 最终用户使用的计算、存储和数据服务并不完全来自局域的软硬件系统, 而是以一种无缝的方式通过互联网访问云端资源. 在云计算体系下, 一切基础资源均可虚拟化, 实现按需服务, 如: **基础设施即服务** (IaaS)、**平台即服务** (PaaS)、**软件即服务** (SaaS). 在这种模式下硬件资源和软件资源的位置并不重要, 而是通过网络实现计算和数据服务的云化. 云计算模式促进了大规模数据的计算、存储、分析以及多样性服务.

综观计算机科学的发展历史, 数据与计算作为计算机处理所关注的两大主体, 两者一直相互推动、共存发展. 更具体地, 数据规模、数据类型以及数据处理不断地驱动着计算机技术 (特别是计算机架构、网络通信、数据管理) 的发展, 而另一方面, 计算机技术 (特别是互联网、云计算、物联网) 的快速进步又大大促进了大数据价值链的实现. 在大数据需求驱动下, 计算机科学领域近年内又出现了边缘计算、流式计算等新型计算模式, 出现了 Hadoop, Spark, TensorFlow, PyTorch 等各种各样的大数据处理与分析软件平台. 计算机正逐步从以计算为中心向 "计算 + 数据 + 网络" 融合的新型架构转变, 促进了数据科学的形成和发展.

3.3.2 统计学相关的重大进展

德国统计学家斯勒兹曾说 "统计是动态的历史, 历史是静态的统计" [76], 此即说, 统计学的产生与发展是与生产的发展、社会的进步紧密相关的. 统计学最早可追溯到夏禹时代的《书经·禹贡篇》, 但 "统计学" (Statistics) 一词却始于 19 世纪中叶. 18 世纪末 19 世纪初, 勒让德 (Legendre) 和高斯 (Gauss) 在研究测地学和天体物理的数据分析中提出了最小二乘和误差的正态分布理论. 19 世纪中期, 高尔顿 (Galton) 在研究生物遗传规律的过程中发明了相关分析和回归分析. 19 世纪 60 年代, 比利时统计学家凯特勒 (Quetelet) 将国势学、政治算术、概率论的科学方法结合形成了近代应用数理统计学. 进入 20 世纪后, 皮尔逊 (Pearson)、戈塞特 (Gosset)、费希尔 (Fisher) 等统计学家提出并发展了假设检验、卡方分布、t 分布等理论. 由于他们的奠基性工作, 统计学理论和方法有了长足发展, 直到 20 世纪 40 年代中期, 数理统计学才发展成为一门完整的学科. 近 80 年来, 随着科学技术迅猛发展, 社会发生了巨大变化, 统计学进入了快速发展时期. 从统计学催生数据科学形成的角度, 归纳起来有以下几个方面.

传统统计学向计算统计学的发展: 用传统统计方法对具有复杂结构 (如: 数据缺失、潜变量、相依结构、有序分类数据、时空混合等) 的概率统计模型做统计推断, 通常都涉及复杂的计算问题. 为此, 统计学家相继提出了蒙特卡罗 (Monte Carlo, MC)、马尔可夫链蒙特卡罗 (Markov chain Monte Carlo, MCMC)、Gibbs 抽样、Metropolis-Hastings 算法、最大期望 (Expectation-Maximization, EM) 算法、自助 (Bootstrap) 法、刀切 (Jackknife) 法等.

为了解决统计推断中的数值积分问题, 基于抽样方法的问世促进了计算统计学的发展. 20 世纪 40 年代, 伴随着世界上第一台可编程通用计算机的问世, 美国在第二次世界大战中研制原子弹的 "曼哈顿计划" 时, 乌拉姆 (Ulam) 和冯·诺依曼基于统计抽样技术提出了蒙特卡罗方法, 以解决原子弹设计中有关易裂变物质的随机中子扩散数值计算问题和估计 Schrödinger 方程中的特征根问题 [77]. 蒙特卡罗方法的基本思想源于法国数学家蒲丰 (Buffon) 在 1777 年提出的著名的 "蒲丰投针问题" 的一项早期实验: 用投针实验方法求圆周率. 20 世纪 50 年代, 著名统计物理学家梅特罗波利斯 (Metropolis) 等提出了**马尔可夫链蒙特卡罗方法**, 该方法可通过数值模拟来求高维复杂积分. 广为使用的 MCMC 方法有: Gibbs 抽样和 Metropolis-Hastings 算法, 其中 Metropolis-Hastings 算法是由 Metropolis 等于 1953 年提出, 之后 Hastings 于 1970 年加以推广形成的. Gibbs 抽样方法是由斯图尔特·杰曼 (Geman) 和唐纳德·杰曼于 1984 年提出, 最初用于图像处理分析、人工智能和神经网络等大型复杂数据分析, 后经盖尔范德 (Gelfand) 和史密斯 (Smith) 于 1990 年引入贝叶斯模型研究以解决复杂的高维积分运算问题. 美国数学家登普斯特 (Dempster)、莱尔德 (Laird) 和鲁宾 (Rubin) 于 1977 年提出了求含有缺失数据或隐变量的概率模型极大似然估计的 EM 算法 [13], 可用于机器学习算法的参数求解. 1949 年, 屈努伊尔 (Quenouille) 提出了估计统计量偏差的刀切法 [78], 该方法类似于 Leave-one-out 的交叉验证法.

在统计推断中, 人们常常需要检验概率统计模型的假设是否合理, 这就涉及假设检验问题. 有时很难导出检验统计量在原假设条件下的精确分布或极限分布, 即无法通过数学推导的方式获得是否接受原假设的阈值. 费希尔于 20 世纪 30 年代提出了一种基于大量计算的置换检验 (Permutation 检验), 巴纳德 (Barnard) 于 1963 年提出了基于抽样的蒙特卡罗检验, 1979 年, 美国统计学家艾弗隆 (Efron) 提出了基于重抽样 (Resampling) 求检验统计量分位点的**自助法** (Bootstrap, 或自助重抽样法)[79].

在非参数统计推断中, 人们常常需要用数值方法来逼近未知函数. 勋柏格 (Schoenberg)[80] 于 1946 年利用 B 样条处理统计数据的光滑性, 开创了样条逼近的现代理论. 1996 年, 艾勒斯 (Eilers) 和马克斯 (Marx) 通过对 B 样条基函数的系数进行差分提出了惩罚样条 (即 P 样条)[81], 解决了高阶差分或高阶样条基函数的计算复杂度问题或估计的不可控问题. 美国约翰斯霍普金斯大学沃森 (Watson)[82] 和苏联数学家纳达拉雅 (Nadaraya)[83] 分别于 1964 年提出了用局部平均近似回归函数的著名的 Nadaraya-Watson 估计量. 1992 年, 范剑青提出用局部多项式近似回归函数 [84], 创新性论证了局部多项式比局部平均有更好的理论性质, 带动了非参数统计理论的发展. 在不假设概率统计模型分布的情况下, 1988 年, 美国统计学家欧文 (Owen)[85] 提出了求模型参数置信区间的经验似然方法, 它是一种非参数统计推断方法, 类似于 Bootstrap 抽样特性.

传统统计学向探索性数据分析的发展: 传统统计学几乎只注重推断, 即从样本得出关于总体的结论. 随着计算能力和数据分析软件可用性的提高, 探索性数据分析得到了快速发展, 许多新的概念被提出. 罗森布拉特 (Rosenblatt)[86] 和帕

赞 (Parzen)[87] 提出了估计密度函数的**核密度估计**方法. 巴特利特 (Bartlett) 于 1946 年提出了估计密度函数的**谱密度估计**方法 [88]. 英国统计学家皮尔逊于 20 世纪初提出了度量两个变量之间线性相关程度的 **Pearson 相关系数**. 斯皮尔曼 (Spearman) 于 20 世纪初提出了衡量两个变量的依赖程度的 **Spearman 相关系数** (又称为 Spearman 等级相关系数), 它是一个非参数指标. 费希尔于 1936 年借助于方差分析思想构建判别函数提出了**判别分析** (有时又称为分类, Classification), 该方法是在分类确定的情况下, 根据某一研究对象的各种特征值判别其类型归属问题的一种多元统计分析方法. 许多算法被提出来处理分类问题, 比如: 贝叶斯分类算法、支撑向量机 (Support Vector Machine)、K 近邻分类算法 [89] (K-th-Nearest-Neighbor Classifier)、最近压缩中心法 [90] (Nearest Shrunken Centroids)、Boosting 算法 [91]、AdaBoost 算法 [92] 等. **聚类分析**是指将研究对象分为相对同质群组的一种统计分析方法, 它是一种无监督学习方法, 常用的聚类算法有基于划分、网格、密度、模型和层次等聚类算法, 其中 K-均值 (K-means) 聚类是一种常用的基于划分的迭代聚类算法, 它是由麦奎因 (MacQueen) 于 1967 提出的.

　　生物信息学引起高维统计研究: 在微阵列 (Microarray) 或单核苷酸多态性 (Single Nucleotide Polymorphism, SNP) 等高通量数据的疾病分类和文档分类或图像识别的研究中, 常常需要分析处理高维数据. 处理高维数据的常用方法包括: 数据降维、投影. 常用的数据降维和投影方法有: 偏最小二乘、主成分分析、因子分析、投影追踪、特征选择. **偏最小二乘**源于 20 世纪 60 年代瑞典统计学家沃尔德 (Wold), 然后于 1983 年由他的儿子史凡特·沃尔德和阿尔巴诺 (Albano) 等发展, 分别将预测变量和观测变量投影到一个新空间以寻找一个线性回归模型, 而不是寻找响应变量和自变量之间最大方差的超平面 [93]. **主成分分析**由皮尔逊于 1901 年提出, 它通过保留低阶主成分 (即数据集中对应于方差贡献最大的主成分), 忽略高阶主成分实现数据降维. **因子分析**由英国心理学家斯皮尔曼于 1904 年提出, 它通过研究众多变量之间的内部依赖关系, 使用从变量群中提取的共性因子表示其数据结构的一种降维方法. 1974 年, 美国斯坦福大学弗里德曼 (Friedman) 和图基 (Tukey) 提出了处理和分析高维数据 (特别是, 非正态、非线性高维数据) 的**投影寻踪法** (Projection Pursuit Method)[94], 它通过将高维数据投影到低维子空间上寻找出能反映原高维数据结构或特征的投影以达到研究分析高维数据的目的. 它是一种稳健的、抗干扰的多元统计分析方法, 能很好地避免 "维数祸根" 问题, 广泛用于主成分分析、回归、聚类和判别分析.

　　特征选择是高维统计中的一个基本问题. 传统方法包括: 子集选择方法和系数压缩方法. 子集选择法的主要准则包括 AIC、BIC、Cp 以及交叉验证法等, 其中 **AIC** (Akaike Information Criterion) 是日本统计学家赤池 (Akaike) 于 1974 年基于最大似然方法提出来的 [95], 它建立在熵的概念基础上, 可以用来权衡所估计模型的复杂度和模型拟合的优良性; **BIC** (Bayesian Information Criterion) 是施瓦茨 (Schwarz) 从贝叶斯角度于 1978 年提出的 [96], 它与 AIC 相比, 加大了惩罚力度, 考虑了样本量, 样本量过多时可有效防止模型精度过高造成的模型复杂度过高; **Cp 准则** 是马洛斯 (Mallows) 于 1964 年基于普通最小二乘法从预测的角度提出的模型选择方法 [97]; **交叉验证法** (Cross Validation Method) 是美国统计学家古瑟 (Geisser) 于 1975 年基于交叉验证并结合最小平方误差提出来的一种在没有任何假定的情况下直接进行参数估计的变量选择方法 [98]. 逐步筛选法是在综合向前法和向后法的特点基础上提出的一种引进变量的同时又剔除变量的变量筛选方法. 子集选择法的缺点是当变量的维数很大时其计算量非常大且容易导致所谓的 NP-难问题. 系数压缩法包括岭回归和 LASSO 法, 其中岭回归 (Ridge Regression, 也称为 Tikhonov Regularization) 是一种专门用于共线性数据分析的有偏估计方法, 也是一种改良的最小二乘法, 它通过放弃最小二乘法的无偏性以损失部分信息、降低精度为代价获取回归系数更为符合实际、更可靠的回归分析方法, 是对设计病态问题进行回归分析时最常用的一种正则化方法. 岭回归由于使用 L_2 范数作为限制, 所以只能将估计的参数进行压缩, 但不能对变量进行筛选. 考普斯 (COPPS) 总统奖获得者蒂施莱尼 (Tibshirani) 于 1996 年提出了同时估计参数和选变量的 LASSO 法 [99], 它采用 L_1 正则化将一些特征的系数变小, 甚至使一些绝对值较小的系数直接变为 0, 以增强模型的泛化能力, 但该方法不具有 Oracle 性质. 邹辉和黑斯蒂 (Hastie) 于 2005 年综合 LASSO 和岭回归的思想提出了同时估计参数和选变量的弹性网络法 (Elastic Net Method). 邹辉于 2006 年通过改变 LASSO 法中系数的压缩力度提出了自适应 (Adaptive) LASSO 法, 该方法具有 Oracle 性质. 范剑青和李润泽于 2001 年综合 L_0 和 L_1 正则化思想提出了同时估计参数和选变量的 SCAD (Smoothly Clipped Absolute Deviation) 法 [100], 该方法不仅降低了模型的预测方差而且还缩小了参数估计的偏差. 徐宗本等 [101] 于 2010 年提出了压缩感知 $L_{1/2}$ 正则化理论, 解决了稀疏信号处理、神经网络系统、模拟进化计算中的一些重要基础问题.

压缩感知与稀疏性研究: 压缩感知 (Compressed Sensing, 又称为压缩采样 Compressive Sampling, 或**稀疏采样** Sparse Sampling), 是新一代信息获取技术的理论基础, 是一种寻找欠定线性系统的稀疏解的技术 [102]. 其理论源于如何克服传统的奈奎斯特 (Nyquist) 采样定理带来的数据冗余问题, 以实现通过较少采样重构原始信号的目的, 其核心思想是通过非凸优化方法将稀疏信号从很少的非自适应线性测量中重构出来. 这一思想最早可追溯到 18 世纪末, 1795 年, 法国数学家普罗尼 (Prony) 提出了用复指数函数的一个线性组合来描述等间隔采样数据的数学模型, 并给出了在噪声干扰下模型参数估计算法. 紧接着的一次理论飞跃发生在 20 世纪初, 在 1907 年到 1911 年期间, 卡拉西奥多里 (Caratheodory) 证明了: 任意 k 个正弦函数的正线性组合是由它在 $t = 0$ 时和任何其他 $2k$ 时间点的值所唯一确定的. 这就意味着当 k 很小且信号的可能频率范围很大时, 该方法的采样数要比传统的奈奎斯特采样数量少得多, 为实现稀疏信号的低采样重构提供了重要的推动力.

稀疏性 (Sparsity) 在信号处理、渐近理论、统计学习、模型选择等方面已被广泛研究. "稀疏性" 假设是压缩感知的一个重要基础, 即要求信号本身只有少数非零元素, 或者在某个变换下非零系数是稀疏的. 实现压缩的稀疏性约束主要基于 L_0 范数. 1965 年, 洛根 (Logan) 在其博士论文中首次发现在数据足够稀疏的情况下, 通过 L_1 范数最小化可以从欠采样样本中有效地恢复频率稀疏信号 [103]. 1992 年, 多诺霍 (Donoho) 和洛根 (Logan) 利用 L_1 范数研究了稀疏信号的重构问题, 该研究为压缩感知理论奠定了重要的基础 [104]. 2006 年, 坎德斯 (Candes)、龙伯格 (Romberg) 和陶哲轩提出了精确信号重构的稳健不确定准则 [105]. 同年, 多诺霍首次明确提出了压缩感知的概念和相关理论 [106]. 这两篇论文被认为是压缩感知理论建立的突破性工作. 压缩感知理论突破了以往采样频率必须大于两倍信号带宽的局限, 也证明了奈奎斯特—香农理论并不是唯一的最优采样理论, 实现了可压缩信号通过远低于信号带宽的频率实现精确重构, 将数据采集和数据压缩合二为一, 因而引起学术界和工业界的广泛关注. 现在, 压缩感知方法已经广泛应用于图像处理、地球科学、光学、微波成像、模式识别、无线通信、大气、地质等多个领域.

在超高维数据中, 由于多重共线性、稀疏性等原因, 仅在变量层面分析可能导致对变量之间潜在关系的忽略, 同时用系数压缩法分析也不可避免地遭遇计算量大、参数估计精度低以及算法不稳定等挑战. 因此, 分析这类数据应该首先考虑对其降维. 2008 年, 范剑青和吕 (Lv) 基于 Pearson 相关系数针对线性回归模型提出了对超高维数据进行变量筛选的 SIS (Sure Independence Screening) 法 [107]. 2011 年, 范剑青等基于 B 样条针对可加模型提出了筛选变量的非参数 SIS 方法 [108]. 2011 年, 朱利平等提出了不依赖于模型假设的筛选变量的 SIRS(Sure Independent Ranking Screening) 方法 [109]. 2012 年, 李润泽等基于距离相关系数提出了不依赖于模型假设的筛选变量的 SIS 方法 [110]. 2013 年, 何旭铭等基于边缘效应的样条近似提出了不依赖于模型假设的分位数自适应非线性独立筛查 (Quantile-adaptive-based Nonlinear Independence Screening) 方法 [111].

充分降维 (Sufficient Dimension Reduction, SDR) 是处理具有稀疏结构高维数据的一类重要方法. 1991 年, 李克昭 [112] 提出了估计中心降维子空间的 SIR (Sliced Inverse Regression) 方法, 但该方法不能穷尽子空间的所有基向量. 为了弥补 SIR 方法的不足, 1991 年, 库克 (Cook) 和韦斯伯格 (Weisberg) 提出了估计中心降维子空间的切片平均方差估计 (Sliced Average Variance Estimation)

法[113], 它实际是 SIR 方法的二阶形式. 2007 年, 李兵和王绍立提出了估计中心降维子空间的方向回归 (Directional Regression)[114].

大数据催生分布式统计推断研究: 大数据技术虽然包含存储、计算和分析等一系列庞杂的技术, 但分布式计算一直是其核心. 在大数据环境下, 由于数据规模巨大导致数据的采集、存储和处理的系统架构和计算框架由传统的单机多线程并行拓展到分布式多机并行, 相应的程序设计也从串行程序设计和 MPI 并行设计过渡到多粒度异构分布式并行, 由此引发了创建快速、稳健和有效的异源/异构分布式统计计算模式的研究, 以及确定大规模分布式统计计算中计算机个数、计算个体内信息输出准则的研究. 美国康奈尔大学阿南德库马尔 (Anandkumar) 博士在 2009 年提出了两种情形下 (一是通过马尔可夫随机场模型合并的空间相关测量的多跳路由和融合, 二是通过媒体访问控制 (MAC) 的设计以计算在多个访问信道上进行推理的有效统计量) 适用于分布式统计推断的可扩展算法 (通过分布式计算一个充分统计量)[115]; 美国加利福尼亚大学伯克利分校迈克尔·乔丹 (Michael I. Jordan) 于 2012 年 10 月 25 日在 "21 世纪的计算大会" 上的主题演讲 "Divide-and-Conquer and Statistical Inference for Big Data" 提出处理大数据的两种解决途径: 一是自底向上, 化整为零, 将算法里的分治原则更全面地运用到统计推断中去, 将大数据化为许多小数据来处理, 即大数据的 Bootstrap 法; 二是自顶向下, 通过凸松弛 (Convex Relaxation) (Hsieh) 实现计算效率和统计效率的权衡. Hsieh 等于 2003 年发展了分而治之算法[116], 巴拉尼 (Ballani) 和克雷斯纳 (Kressner)[117] 于 2014 年提出了层次矩阵算法, 特雷斯特 (Treister) 等于 2016 年提出了多水平算法框架[118]. 美国普林斯顿大学范剑青等于 2018 年研究了具有优良性质保持的分布式估计和统计推断[119]. 美国康涅狄格大学斯基法诺 (Schifano) 等于 2016 年提出了大数据环境下统计推断的在线更新方法[120]. 张等于 2013 年研究了基于大数据的分布式岭回归[121]. 美国宾州州立大学李润泽等于 2016 年提出了基于大数据的分布式的核回归推断[122]. 美国密歇根大学周宁和宋学坤于 2017 年给出了 MapReduce 大数据模型中带估计函数的可伸缩高效统计推断方法[123]. 北京大学陈松蹊等[124] 于 2018 年针对数据存储在不同位置的多个平台情形下提出了一种通用统计量 (包括海量数据环境中的 U-统计和 M-估计) 的分布式统计推断方法. 美国天普大学穆霍帕迪亚 (Mukhopadhyay) 等于 2019 年提出了面向大数据的非参数分布式学习体系结构[125].

3.3.3 人工智能相关的重大进展

人工智能历经了符号推理 (1956—1976)、统计学习 (1976—2006)、深度学习 (2006—) 三个阶段, 以及手工知识、统计学习、适应环境三股浪潮[126]. 我们在 2.4.3 节已经概述了人工智能后两个阶段的大部分进展, 本节主要概述 AI 第一阶段的一些重大进展以及后续影响.

AI 诞生于 1956 年麦卡锡 (McCarthy)、明斯基 (Minsky)、纽维尔 (Newell)、西蒙 (Simon) 等当时年轻的一批科学家在美国达特茅斯学院所组织的一次讨论会, 当时讨论的主题是如何用机器模拟人的智能, 并将其称为 "人工智能" (Artificial Intelligence, AI). 这不仅标志着 AI 学科的正式诞生, 而且提醒我们: AI 的初衷其实是指狭义人工智能的, 换言之, 特指 "用机器模拟人的智能并加以应用".

然而, 随着 AI 的发展, 人们并不满足于仅实现这样看似狭义的企图. 通用人工智能与专用人工智能概念便被提出 [127]. 所谓**通用人工智能** (General AI) 是指具备与人类同等智慧或超越人类, 能表现正常人类所具有的所有智能行为的人工智能, 而**专用人工智能** (Specified AI) 只处理特定问题, 不一定具有人类完整的认知能力, 甚至完全不要求具有人类的认知能力, 只要表现得看起来像有智慧就可以了. 当前关于 AI 研究和已取得的成就仍大多属于专用人工智能产品 (如机器人、无人机、DeepMind、AlphaGo 等), 通用人工智能已取得的成果甚少, 其研究仍举步维艰.

在人工智能的探索中, 人们很快发现并没有一个统一原理或范式能指导人工智能研究. 所以, 有关 AI 的研究及其实现途径从一开始就充满着争论. 例如, 是否应该从心理学层面还是从神经机制层面模拟智能? 智能行为能否用简单的原则 (如逻辑或优化) 来描述? 智能是否可以使用高级符号来表达 (如词和语法)? 是否需要用 "子符号" 来处理? 等等. 在这些争论中, 人工智能研究逐渐形成了三大流派.

符号主义学派又称逻辑学派. 这一部分人认为 "人的认知基元是符号, 认知过程即符号操作过程"; 人和计算机都是物理符号系统, 可以用计算机来模拟人的智能行为; 人工智能的核心是知识表示、知识推理和知识运用. 这一学派的代表人物是西蒙 (1975 年图灵奖、1978 年诺贝尔经济学奖获得者) 和纽维尔. 该学派衍生出了后来的机器证明、自动机、模糊逻辑、专家系统、知识库等人工智能研究领域.

联结主义学派又称计算学派或生理学派. 该学派认为人的思维基元是神经元, 而不是符号处理过程; 人脑不同于电脑原理; 智能应该通过神经网络及神经网络间的连接机制和学习算法来进行模拟; 应该从神经生理和认知科学的研究成果出发, 把人的智能归结为人脑高层活动的结果来认识. 该学派的代表人物是麦卡洛克 (McCulloch) 和皮茨 (Pitts). 该学派衍生出了人工神经网络、类脑计算等 AI 研究领域.

行为主义学派又称进化主义或控制论学派. 该学派认为智能取决于感知和行动, 主张以机器对环境作用后的响应或反馈为原型实现人工智能, 认为人工智能可以像人类智能一样通过进化、学习来逐渐提高和增强. 其代表人物为布鲁克斯

(Brooks). 该学派衍生出了演化计算、多智能体、强化学习等 AI 领域.

AI 三大流派的发展如图 3.2 所示.

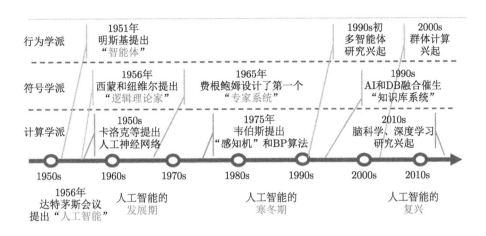

图 3.2　人工智能的三大流派及其发展

不同于第二和第三发展阶段大都以人工神经网络为实现载体 (属联结主义学派), 人工智能发展的早期阶段 (第一个阶段) 是符号主义学派盛行期, 一些重大的成就都是基于符号推理或手工知识的. 这个时期的一些重大进展包括以下内容.

定理证明 (Theorem Proving): 20 世纪 50 年代中期, 西蒙和纽维尔共同开发了世界上第一个人工智能程序——逻辑专家, 该程序能对数学定理自动证明, 并成功证明了《数学原理》中的 38 个定理. 1962 年, 他们进一步改进他们的程序, 并最终完成了对《数学原理》全书 52 个定理的机器证明. 这被认为是用计算机模拟人类智能的第一个成功的范例. 这一成功激励了大批后续研究, 例如, 四色定理是数学的一个著名猜想, 它自 1852 年提出后一直无人从理论上给出解答. 直到 1976 年 6 月, 哈肯 (Haken) 在伊利诺依用两台计算机, 用时 1200 个小时, 通过 100 亿次判断, 对其给出了一个计算机证明, 由此而轰动世界. 在这方面, 吴文俊院士在中国开辟了"数学机器化"方向并形成了"吴方法", 该方向的后续研究仍在继续.

问题求解器 (Problem Solver): 1957 年开始, 纽维尔等开始研究不依赖于具体领域的通用解题程序, 模仿人类进行问题求解, 第一个实现了"像人一样思考"的程序. 1971 年, 斯坦福大学的理查德·费克斯 (Richard Fix) 和尼尔斯·尼尔逊 (Nils Nelson) 共同开发了称为自动规划器的程序 STRIPS. STRIPS 的基本思想是, 只要将所有〈前提条件〉下的〈行动〉和〈结果〉事先描述好, 就可以完成相应的行动计划. 他们利用 STRIPS 结合搜索树制订了机器人的行动计划, 取得了很大成功.

专家系统 (Expert System): 将领域专家的知识人工整理出来, 使其成为能够输入计算机的一系列规则, 让计算机基于这些规则自动推理 (即对规则的 "含义" 进行分析), 去解决专门领域问题. 这样的技术被称为专家系统. 专家系统首先是针对专门应用的, 其次必须由人类定义知识结构, 机器负责推理和探索知识的细节. 所以专家系统是典型的 "手工知识 + 自动推理" 模式, 也是 "人机协同" 模式. 这个时期出现了大量优秀的专家系统. 例如, 1968 年, 由斯坦福大学费根鲍姆 (Feigenbaum) 等领导完成的世界第一个专家系统 DENDRAL, 用于推断化学分子结构; 由斯坦福大学肖特利菲 (Shortliffe) 等 20 世纪 70 年代历时 6 年完成的专家系统 MYCIN, 能够帮助医生对血液感染患者进行诊断和处置, 使正确处方的概率达到 69%. 专家系统至今仍被认为是一个相对成熟和可靠的 AI 技术. 例如, 在 1991 年海湾战争中, 美国就成功地使用专家系统来做后勤规划和运输日程安排.

上述这些符号主义 AI 成果有可解释性 (Interpretability) 等突出优点, 代表了计算机对人类 "推理能力" 模拟的重大成就. 但是, 受本体论 (知识的边界在哪, 可描述吗?)、框架问题 ("有用的" 知识的边界在哪?)、符号接地问题 (表示符号能否与对应的语义对应起来?) 等缠绕, 这类技术受到质疑. 再加之, 领域知识手工获取存在实际困难、计算机难处理知识间的矛盾和不一致性、维护庞大的知识库耗时耗力等难以克服的瓶颈, 专家系统不仅难开发, 而且也难用于解决复杂知识工程问题. 这是为什么从第二阶段开始, 以数据为基础、以学习为特征的联结主义作品——人工神经网络粉墨登场, 并逐渐雄霸天下了.

如果说, AI 发展的第一阶段是处于 "手工知识" 浪潮的话, 我们可以观测到, AI 发展的后两个阶段 (至少到第三个阶段中期) 处于 "统计学习" 浪潮时期. 在这个浪潮中, 解决一切问题不再基于逻辑而基于数据, 不再基于知识推理而基于模型计算; 在这个浪潮中, 学习成为模拟智能的主要方式, 学习能力成为智能模拟的主要对象. 此时, 机器学习是人工智能的代名词, 统计学是模型搭建与分析的最重要的基础工具. 这个浪潮中人工智能的最重大成就是支撑向量机、人工神经网络和深度学习. 万普尼克 (Vapnik) 和科尔特斯 (Cortez) 于 1995 年提出的支撑向量机 (SVM) 基于坚实的统计学基础 (即统计学习理论, Statistical Learning Theory), 开创了用核函数变换将原空间非线性问题化归到高维空间中的线性问题, 而又回到原空间计算的 "核技巧" 和有良好性能的通用 "分类器" "回归器". SVM 是当今使用最普遍和推广最多的机器学习算法之一. 人工神经网络 (ANN) 虽然有很长的研究历史, 但在 "统计学习" 浪潮中被广泛用作基本模型后, 才真正得以 "复苏". ANN 模仿人类脑神经回路, 将神经元细胞建模为计算单元, 将神经元层层联结或广泛互连来构成一个万能学习机器. ANN 能够使用 "误差反向传播" (BP) 技术依据给定数据集来训练. 换言之, 从训练数据中学习到其最优的联结参数. 这样训练过的 ANN 能高精度用于预测/预报新的数据. 深度学习是层数更多的人工神经网络方法. 浅层 ANN 通常很难有强的特征表示能力, 从而应用效果仍有赖于人为对数据特征的选择, 而与此不同的是, 深层网络有优异的特征表征能力, 从而深度学习能够被成功地应用而无须人为提取特征. 这种优异的自表示能力使得深度学习成为 AI 应用的新宠儿. 深度学习一直是 AI 第三阶段至今的研究核心, 成果极其丰富, 不在此详述, 可参见 2.4.3 节.

然而, 值得观察到的是, 同处 "统计学习" 浪潮下的 AI 第二阶段与第三阶段有着什么样的显著差别呢? 它们之间的一个明显差异是: 第二阶段使用浅层人工神经网络, 所以问题的特征表示仍需手工完成; 而到了第三阶段, 人们开始主要使用深度神经网络, 无须再要人工去完成特征选择了. 也正由于如此, ANN 在第二阶段尚能够应用统计学去分析 (因为浅层时, 模型相对简单, 例如, 一个隐层时 $y = N(x) = G(W^{\mathrm{T}}x + b)$), 而在第三阶段, 统计学便变得无能为力了, 因为深层 ANN (例如 k 层) 的模型为

$$y = N(x) = f_k(f_{k-1}(f_{k-2}(\cdots(f_1(x))\cdots)))$$

其中

$$f_i(x) = G_i\left(W_i^{\mathrm{T}}x + b_i\right), \quad i = 1, 2, \cdots, k$$

分析这样高度复杂的非线性模型, 至今仍是统计学, 乃至数学所面临的巨大挑战. 所以, AI 第二阶段与第三阶段的又一差别是: 前者有强的数学基础, 而后者仍无数学基础. 这是徐冠华院士发问 "人工智能如此之热, 有多少数学家加入其中了?" 之真实缘由. 当然, 在 AI 发展的第三阶段, 不仅仅只使用 ANN 模型, 各种各样的混合模型 (如 AlphaGo Zero、生成对抗、深度强化) 也被广泛使用; 不仅仅只通过有监督、无监督、半监督等, 各种各样不同的机器学习范式也被广泛采用 (如主动学习、自监督学习、迁移学习、持续学习等); 不仅仅只研究机器学习, 各种各样其他的智能模拟也被广泛研究 (如类脑智能、群体智能、混合增强智能等). 所有这些新的特征预示着正在形成 AI 新的浪潮.

新的一轮浪潮在哪? 按照杨学军院士的判断, 这一新的浪潮是 "适应环境" (Contextual Adaptation) 的浪潮 [128]. 这一新的浪潮应是在克服现有深度学习只适用封闭静态环境、鲁棒性差 (统计意义上表现优秀, 但存在个体性低级错误)、解释性不强和依赖应用大量训练数据 (如手写体字母识别就需要 50000 甚至 100000 的训练数据) 等缺陷基础上, 着力发展对开放动态环境可用、稳健、可解释、自适

应的 AI 技术. 美国 DARPA 2017 年启动的终身学习机器 (L2M) 项目正反映了
这种趋势.

终身学习机 (L2M) 涉及两个关键技术领域: 终身学习系统和终身学习自然原
则. 前者要求系统:

　　(1) 可以持续从过程经验中学习;

　　(2) 可以将所学知识应用于新情况;

　　(3) 可以不断扩展自身的能力并提高可靠性.

而后者期望:

　　(1) 关注生物智能的学习机制;

　　(2) 重点关注自然界生物如何学习并获得自适应能力;

　　(3) 研究上述生物学习原理及技术能否用于机器系统并实际应用.

　　这些大致反映了 "适应环境" 浪潮人们的主要关注点, 也应该是人工智能的下
一个突破口. 西安交通大学徐宗本院士带领团队所提出并开展的**机器学习自动化**
(Machine Learning Automation) 也是这一浪潮下的一个标志性项目. 不同于各大
公司推出的旨在方便用户挑选模型和参数的 AutoML, 该项目旨在解决当今机器
学习/深度学习的 "人工化" 和 "难用于开放动态环境" 等 6 个方面的问题, 因而
被称为 Auto^{6}ML 计划 [129].

　　机器学习自动化 (Auto^{6}ML) 希望解决机器学习当今存在的如下 6 个方面的
限制: (数据/样本层面) 依赖大量、高质量标注的样本, 而应用中只有少量 (小数
据), 或标注不全、不准的大样本 (乱数据); (模型/算法层面) 需要事先选定模型且
指定学习算法; (任务/环境层面) 任务必须确定, 一个任务一个模型/一个算法, 不
能自适应于开放环境下的动态任务. 因此, 有针对性的, Auto^{6}ML 希望达到如下 6
个 "自" 的目标:

　　(1) 数据/样本层面——数据自生成、数据自选择;

　　(2) 模型/算法层面——模型自构建、算法自设计;

　　(3) 任务/环境层面——任务自切换、环境自适应.

　　总起来说, 人工智能研究已经经历了 "手工知识" 和 "统计学习" 两次浪潮, 现
正进入 "适应环境" 浪潮. 第一次浪潮以符号推理/知识库运用为特征, 知识需要
人工提取, 对少数特定领域的知识推理能力强, 感知能力弱; 第二次浪潮以基于数
据/机器学习为特征, ANN 广泛使用, 知识自动获取, 对特定 (非结构化) 领域感
知和学习能力强, 但抽象和推理能力差; 第三次浪潮会以自主学习/适应环境为特
征, 不会仅仅是前两次浪潮能力的简单叠加, 将会具备持续自主学习能力, 抽象能
力也会大幅提升.

3.4 数据科学概念的形成与演进

数据科学概念萌芽于 20 世纪 60 年代, 成形于 90 年代至 21 世纪初, 但作为学科形成则在当今大数据时代. 其形成和演进的主要过程如下.

概念萌芽期 (1960—1990): "数据科学" 一词出现于 20 世纪 60 至 90 年代. 丹麦籍计算机科学家、图灵奖获得者诺尔 (Naur) 于 1966 年提出用 "**数据学**" (Dataology) 一词来定义 "关于数据处理的科学", 其研究对象是数码化的数据 [130]. 数据学概念的出现赋予了数据处理以科学地位, 是数据科学概念的渊源.

1974 年, 诺尔在著作《计算机方法的简明调研》(*Concise Survey of Computer Methods*) 的前言中正式提出了数据科学 (Data Science) 的概念. 他定义 "数据科学是处理数据的科学, 一旦数据与其代表事物的关系被建立起来, 将为其他领域与科学提供借鉴"[130]. 他认为 "数据科学是一门科学, 并且是为其他领域与科学提供方法论的科学". 他当时认为数据科学与数据学的区别是: 前者是用数据解决问题的科学 (The Science of Dealing with Data), 而后者侧重于数据处理及其在教育领域中的应用 (The Science of Data and of Data Processes and Its Place in Education). 之后大约 30 年数据科学研究者们都沿用此观点, 无重大改变.

多视角形成期 (1990—2010): 诺尔首次明确提出数据科学的概念之后, 数据科学研究经历了一段漫长的沉默期. 但不同学科相继使用了不同的术语, 并给出了各自学科的解读.

分类学 (Taxonomy) 视觉下, 数据科学被认为 "是数据分类研究的一种方法和工具" [131]. 国际分类协会联盟 1996 年在日本神户曾举行标题为 "数据科学、分类和相关方法" 的双年会, 并于 1998 年出版了同名的会议论文集 [131]. "数据科学" 这个术语首次被包含在会议标题里.

统计学 (Statistics) 视觉下, 数据科学被认为 "是统计学的扩展". 2001 年, 贝尔实验室的统计学家威廉·克利夫兰 (Cleveland) 在学术期刊 *International Statistical Review* 上发表题为 "数据科学: 拓展统计学技术领域的行动计划" ("Data Science: An Action Plan for Expanding the Technical Areas of the Field of Statistics") 的论文, 主张数据科学是统计学的一个重要研究方向 [132]. 他同时将数据科学具体化 "是统计学领域扩展到以数据为先进计算对象相结合的部分". 该观点表明, 数据科学的理论基础是统计学, 数据科学可以看作统计学在研究对象和分析方法上扩展的结果, 这使得数据科学再度受到统计学领域的关注. 他建议将统计学中与数据分析有关的技术层面 (区别于概率理论) 在六个技术领域扩展后形成一个新的、独立的学科: 数据科学. 这六个技术领域分别为: 多学科的联合研究、数据模型与分析方法、数据计算、数据科学教程、工具评估、理论. 这之后, 数据科学在统计学领域的延伸研究便集中在数据分析领域, 涉及的方法包括: 跨学科研究、数据建模及方法、数据处理、工具学习等.

计算机科学 (Computer Science) 视觉下, 数据科学有着非常不同的理解. 美国计算机科学家德鲁·康威 (Drew Conway) 于 2010 年提出了揭示数据科学的学科定位的维恩图, 认为数据科学是统计学、机器学习和领域知识相互交叉的新学科. 2013 年, 美国计算机科学家马特曼 (Mattmann)[133] 和 Dhar[134] 在《自然》(*Nature*) 和《美国计算机学会通讯》(*Communications of The ACM*) 上分别发表题为 "计算: 数据科学的愿景" ("Computing: A Vision for Data Science") 和 "数据科学与预测" ("Data Science and Prediction") 的论文, 从计算机科学与技术视角讨论了数据科学的内涵, 首次建议将数据科学纳入计算机科学与技术专业的研究范畴. 美国著名计算机科学家、图灵奖得主格雷 (Gray) 于 2007 年提出了科学研究的 "第四范式" 概念 [69]. 他将科学研究的范式分为四类: 实验范式、理论范式、仿真范式、数据密集型科学发现范式. 数据密集型科学发现范式即为第四范式, 本质上是指 "用数据 (而且是大数据) 方法研究科学" 的范式. 第三范式 "仿真" 等同于 "科学计算", 格雷的第四范式本质上是建议将数据科学从计算机科学中分离出来, 而单独作为大数据范式来研究和应用.

新学科确立期 (2010 至今): 21 世纪以来, 大数据推动数据科学迅速发展, 使得数据科学迅速成为一门普遍被接受的新兴学科. 这能从几个方面得到印证.

首先, 自 21 世纪以来, 有关数据科学的研究论文快速增长. 通过文献分析可以看到, 2012 年之后, 国内外涉及数据科学主题的文献数量有一个明显增加的趋势, 表明相关研究进入了一个新的发展阶段. 在 Web of Science (WOS) 核心数据库中, 以 Data Science 为标题的文献共有 2175 篇 (截止 2018 年底); 在 Springer 数据库中, 1994 年至 2018 年间, 以 Data Science 为主题的文献共有 4438415 条. 国内以数据科学为主题的研究出现较晚. 万方学术期刊数据库从 2012 年开始才出现以 "数据科学" 为标题的文献, 但发展速度很快, 至 2018 年以数据科学为主题的论文达到 2064 篇. 这些文献出现在大约 63 个学科, 1660 个分支学科中. 其中较多地集中在计算机科学、工程学、天文学、天体物理学、生态环境科学、信息科学、遥感、地质、物理、教育研究、数学等自然科学领域, 而这些领域恰好是大数据产生最多的领域. 这表明大数据成为数据科学的主要研究对象.

其次, 一系列重大事件和杂志创刊标志了数据科学作为一个独立学科. 达文波特 (Davenport) 和帕蒂尔 (Patil) 于 2012 年在哈佛商业评论上发表题为 "数据科学家: 21 世纪最性感的职业" ("Data Scientist: The Sexiest Job of the 21st Century")[135] 的文章, 提出 "数据科学家是信息与计算机科学家 · · · , 这些人对数据收集的成功和管理至关重要", "是开展大数据实践工作, 运用数据进行创造性探索与分析, 帮助他人有效使用数据和数据库的人员"; 2012 年, 大数据思维首次应用于美国总统大选, 成就奥巴马, 击败罗姆尼, 成功连任 [136]; 美国白宫于 2015 年首次设立数据科学家岗位, 并聘请帕蒂尔作为白宫第一任首席数据科学家 [137].

哥伦比亚大学于 1996 年正式出版发行 *Journal of Data Science* 杂志, 斯普林格 (Springer) 于 2013 年发行了 *International Journal on Data Science and Analytics*, 并于 2014 年创办了 *Annals of Data Science* 杂志; 2015 年, IEEE 学会创办了 *IEEE Transactions on Big Data*; 国际信息技术与量化管理学会 (IAITQM) 从 2012 年起设立以著名统计学家理查德·普莱斯 (Richard Price) 命名的 Price 数据科学奖 (两年颁奖一次, 一次一人).

最后, 国际著名咨询公司高德纳 (Gartner) 所发布的调查报告佐证了数据科学被普遍接受. 例如, 他们在 2014 年所发布的新技术成长曲线 (Gartner's 2014 Hype Cycle for Emerging Technologies)[138] 显示: 数据科学的发展于 2014 年 7 月已经接近创新与膨胀期的末端, 将在 2—5 年之内开始出现应用高峰期 (Plateau of Productivity). 同时, 高德纳的另一项研究展示数据科学相关技术正在走向成熟 [139], 如图 3.3 所示.

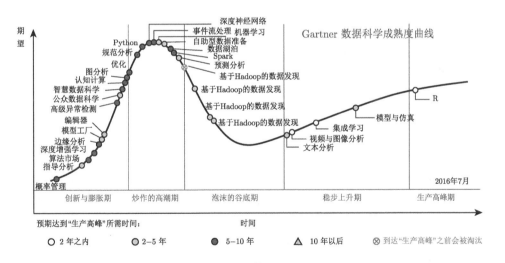

图 3.3 Gartner 数据科学成长曲线 (2016)

第 4 章　数据科学的方法论与发展趋势

　　一个学科的方法论是关于该学科领域认识和实践的一般途径, 是一种以解决问题为目标的理论体系或系统, 是学科之间相互标识的主要特征之一. 通过对学科常用方法及其性质、特征、内在联系和变化发展的研究, 抽象其本质要素和更为一般性的原则, 是学科认知的跃升, 也是学科发展之必须. 数据科学是数学、统计学、计算机科学、人工智能等多个学科的交叉. 那么, 它有没有自己独特的方法论? 它的方法论与其他相关学科的方法论又有什么样的联系与区别? 本章回答这些问题.

4.1　数据科学方法论

　　在第 3 章中, 我们已经将数据科学的方法论概括为 "建模、分析、计算和学习的杂糅". 通过分析, 我们也阐明了为什么统计学和狭义的人工智能都是数据科学的重要组成部分, 而且数学也与数据科学存在着某种意义上的包含与被包含关系. 这使得我们有可能通过对这些学科方法论模式的分析来提炼出数据科学的方法论.

　　目标决定路径、任务选择方法. 数据科学是以 "实现对现实世界的认知与操控" 为科学目标的, 而科学任务是在数据空间中完成 "从数据到信息、从信息到知识、从知识到决策" 的转换. 这在 3.1 节被概括为 "三个转换、一个实现", 其中 "三个转换" 是任务, "一个实现" 是目标. 达到目标的路径就是认知与操控的路径. 数据科学方法是完成 "三个转换、一个实现" 的科学思想、科学理论、技术手段和实践方法的总和, 其核心是对数据价值链中数据价值增值过程的科学化与技术化.

　　按照 2.2.2 节, 数据价值链是由 "数据采集/汇聚 → 数据存储/治理 → 数据处理/计算 → 数据分析 → 数据应用" 组成的一个数据价值增值过程. 如何科学化和技术化数据价值链上的每一个环节呢? 一些前提性的要求包括: 对数据背景有必要的认识; 采用科学的方式采集/收集数据; 对多源、多模态、不同结构的数据进行科学的整合/融合; 对数据的质量或安全性/隐私性进行把控; 选择最合适的、既保持物理属性又方便应用的数据表征方法; 选择最有利的方式存储数据; 对所存的数据能快速查询处理; 能从复杂数据中提取有用信息, 并进而转化为指导行动的知识和决策; 对数据分析算法、结果能给出理性评判; 懂得并遵循数据分析所处的空间规则; 知晓数据空间所允许或不允许的操作; 熟悉并会应用计算机处理大数据的工具和平台; 会设计大数据分析与处理算法; 懂得如何将数据分析/处理结果与现实世界相结合, 形成解决现实问题的决策; 等等. 实现这些要求是数据科学的基本任务与目标, 但一些最为核心和基础的科学化、技术化手段包括建模、分析、计算、学习等.

建模 (Modeling) 是把问题形式化, 特别是数学化的过程. 由于计算机是基于逻辑设计的, 一个问题只有形式化了才能够为计算机所处理; 由于数学揭示和表征现实世界数量关系、空间形式及其之间的演化规律, 也只有把一个问题形式化成一个数学问题, 才能有望对该问题获得最优解、近似解和对其性质有所了解.

在数据科学中, 描述数据需要建模, 例如, 概率论中用随机变量或者概率分布来描述; 数据集需要建模, 例如, 统计学用抽样机制来描述; 数据空间需要建模, 例如, 数学上用集合或概率空间去描述; 数据存储/记录需要建模, 例如, 计算机用"**模式**" (Schema) 来描述; 数据之间的关系需要建模, 例如, 统计学用分类或回归函数来表述; 数据之间的所有可能关系需要建模, 例如, 机器学习中用假设空间来表示. 所有这些对"数据"的建模可统称为**数据建模** (Data Modeling). 要对数据模型中的参数实现最优选择, 就需要将对应的参数选择问题描述成一个数学上的最优化问题 (正像在第 2 章中所看到的那样, 几乎所有的机器学习问题都最终建模成了不同形式的优化问题). 最优化模型一般建模的是某种选择的"最优性", 而通常会用"方程"去建模"不变性", 用随机或概率模型去建模"不确定性". 统计学中用大样本性质去评价准确性, 而用 P 值去刻画可靠性, 等等. 所有这些对"性质"的建模称为**数学建模** (Mathematical Modeling). 人工智能是解决数据科学问题的基本方法, 而这一方法的本源是来自对生物智能的模拟. 通过这种模拟生物智能的方式陈述和解决问题称为**仿生建模** (Bionic Modeling), 也是数据科学中常用的建模方式之一. 仿生建模的例子包括: 用人工神经网络模拟人的大脑信息处理机制, 用模糊系统模拟人的推理行为, 用演化计算模拟人的智能生成与演化, 用图像处理模拟人的视觉原理, 等等. 近年来所兴起的"类脑计算"研究自然也是仿生建模的最好例子与实践之一.

对数据科学而言, 建模就是对客观对象与处理方法的形式化.

分析 (Analysis) 是在数据空间中对完成"三个转换"操作的可行性、正确性、复杂性、效率等理论性质进行评判的过程.

这个过程常表现为对某个量的估计、对某个推理过程的展现、对某个结论的证明、对某个猜测的否定、对某个论断的示例等等. 分析的依据是遵循一定规则和逻辑规范, 这就是数学和逻辑学了. 数学建立了以"数"和"形"为基础的数据分析基础, 提供了在数学空间中分析问题的规范 (例如, 在函数空间 $L_2(\Omega)$ 中可以作内积运算并使用二项式公式 $\|f + g\|^2 = \|f\|^2 + 2\langle f, g \rangle + \|g\|^2$, 但在 $L_1(\Omega)$ 空间中就不能作内积运算且在其中二项式公式不成立; 在 $L_2(\Omega)$ 中, 范数是可以

微分的, 但在 $L_1(\Omega)$ 中就不能, 如此等等). 我们必须把有关 "数" 和 "形" 的形式化规范推广到更为复杂的数据上, 去建立对应数据空间的规则体系, 这是纯数据科学研究的主要任务. 例如, 数据科学需要回答诸如图像空间是多少维? 人脸数据在图像空间中形成了什么样的流形? DNA 序列空间长什么样, 呈现什么样的数学结构? 允许什么样的运算/操作? 等等. 数学语言、数学结构、数学理论、数学方法等都为我们提供了数据分析的基础和方法, 是元知识, 也是数据科学研究的基础.

对数据科学而言, 分析就是利用元知识进行推理.

计算 (Computation) 是用计算工具完成特定任务的过程, 是利用计算工具和算法求解问题的方法论.

采集/汇聚数据、存储/管理数据、搜索/查询/排序/推荐数据、挖掘/分析数据、基于数据去进行科学发现等等, 所有这些操作都是靠计算机完成的. 计算机是数据科学的基本工具. 无论对于研究还是对于应用, 这种工具性主要体现在必须事先或适时对计算工具 (单机、机群还是超级计算机?)、计算模式 (串行、并行或分布?)、编程语言或平台 (用 C, Java 还是 Python? 用 TensorFlow 还是 PyTorch?) 做出选择. 做出这种选择需要专业背景, 但对数据科学家而言, 听从专业指导并 "会使用" 常常是足够的. 但是, 不可替代的是, 数据科学家必须把主要精力投入到如何设计或使用算法上, 以让计算机 "算得出、算得准、算得快". 设计算法、分析算法是数据科学家最重要的任务, 也是数据科学中计算的最核心内涵. 本书第 5 章将会进一步指出: 对大数据而言, 无论是分析/处理核心算法还是支持计算的基础数学算法, 都面临着一些重大挑战. 所以, 计算是数据科学永恒的主题, 也是最基础的科学方法.

对数据科学而言, 算法是核心.

学习 (Learning) 是数据科学处理数据的独有方法论. 数学/统计学解决数据科学基础、建模问题, 计算机解决 "算得出、算得准、算得快" 问题, 而人工智能将帮助数据科学解决应用问题, 即完成 "一个实现" 的目标.

事实上, 信息需要从数据中挖掘, 知识需要从信息中萃取. 无论是挖掘还是萃取, 都离不开人的 "悟", 这就是智能了. 数据科学中的 "悟" 是基于数据的, 是通过学习这一 "精髓" 来实现的, 这就是人工智能. 人工智能尽管由各种各样的类智能技术、系统和方法构成, 但**数据智能** (Data Driven Intelligence) 或称机器学习是其核心. 从人工智能的历史发展看 (参见第 3 章), 第二次浪潮之后, 人工智能研究的主体也大都在数据智能方面. 所有这些研究都说明: 从数据中学习是实现 "三个转变" 的重要手段, 而结合领域应用是 "一个实现" 的根本途径.

人工智能与大数据技术常常难以区分. 我们认为: 如果一定要区别人工智能与大数据的话, 前者更强调与领域知识/技术的结合, 如与自然语言处理、计算机视觉、机器人、自动驾驶、竞技游戏等技术的结合, 更聚焦数据价值链的后端; 而后者更关注如何从现实世界中获取/汇聚数据, 更强调数据价值链的前端. 当然, 对于完成数据价值链中段的分析和处理, 无论是前者还是后者, 都视作其重要的组成部分. 这也说明, 将实现 "三个转换" 作为数据科学的学科任务是适宜的. 学习本质上就是通过 "感–知–用" 解决问题的途径, 就是 "用数据研究科学" 的第四研究范式.

对数据科学而言, 学习是数据赋能的工具.

除建模、分析、计算、学习之外, 各种其他科学化、技术化手段, 如理论、实验、模拟等, 也都会在数据科学中使用. 但最为核心的还是以应用建模、分析、计算、学习这些方法以及它们的综合为主. 这是我们将这四种科学化、技术化手段列为数据科学方法论要素的缘由. 由此可以看出, 数据科学将综合运用数学、统计学、计算机科学、人工智能方法, 因为这些方法之一或全部主要是由这些学科创造、使用、特征化和标准化的.

那么, 为什么不把数据科学方法论直接抽象成 "综合运用数学、统计学、计算机科学和人工智能方法", 而是 "建模、分析、计算、学习的杂糅" 呢? 在第 3 章, 我们已经解释了不采用罗列多个学科的方法来定义的理由. 至于为什么不用 "综合" "集成" 等词汇来将建模、分析、计算、学习这四种手段 "串" 起来, 而是用 "杂糅" (Synergizing) 呢? 这就是我们的一个基本观点. 我们认为: 数据科学的主体方法并不是建模、分析、计算、学习这些方法论的简单综合或集成, 而是这些方法经过相互借鉴、相互作用、相互渗透、相互融通之后所形成的, 兼具理论正确性和应用有效性的数据处理分析新工具和新方法. 这一新方法将各自的思维方式、表示体系、价值追求、核心方法等融合集成, 具有杂糅的特质. 杂糅的英文名词形式是 Synergy, 其解释为 "synergy is the creation of a whole that is greater than the simple sum of the parts", 不仅表征着各要素之间的 "物理作用", 更表征着各要素之间 "化学作用" 之后的效果, 即彼此同步增强之后的整体性能提升.

这种 "杂糅" 的数据科学方法论已经和正在展现强大的威力并不断开拓学科发展新气象. 譬如说, 统计学传统上是很少与计算模式相关联的学科, 也很少能真正处理数据量超过千万级 (更不用说 TB 级), 或者存储在不同物理地址而又不能集中到一起的分布式数据 (Distributive Data). 然而, 受数据科学处理大数据的促动, 近年来, 统计学的发展已经将自身建模、分析的特长与分布式并行计算架构深刻地结合了起来, 快速形成了一个被称为 "分布式统计" 的新领域 (类似人工智能中所谓的联邦学习). 这一新领域根据计算机的并行、分布式处理机制, 通过理论上分析如何才能正确地将全局模型划归到局部模型, 并以最少代价通过局部模型来聚合产生全局解, 形成了处理分布式大数据和 "分而治之" 处理海量数据的高效途径. 分布式统计兼具理论上的正确性和应用上的高效性, 是建模、分析、计算杂糅的结果. 不仅如此, 这种 "杂糅" 方法论为统计学进一步提出了 "如何通过抽样来将大数据分配到不同处理器以更优化地并行处理" 这样的新课题. 对此课题的关注激活了大数据再抽样研究, 也为计算机的大数据并行处理奠定了理论基础.

4.2　数据科学方法论与其他学科方法论的比较

数据科学综合运用数学、统计学、计算机科学、人工智能等学科方法, 但数据科学的方法论与这些学科的方法论既有着关联也有着一些明显的区别.

4.2.1　与数学方法论的关联与区别

数学中的纯粹数学和应用数学方法论有着一些差异, 但其核心部分是共同的: 以符号化方式、从数和形的角度描述世界, 以 "数量关系与空间形式" 抽象化所研究的问题, 以 "假设–求证" 的方式发现新法则, 以 "条件–结论" 的形式表达和记录结论, 以 "猜想" 记录不确定性结论和当前的认知, 以 "定义" 区别和界定对象, 以 "证明" 陈述和记录认知过程, 以命题/定理/猜测等形式陈述和记录知识, 等等. 所以, 数学有一套专属于自己的语言, 一套基于演绎与归纳推理的独特科学发现方法, 甚至也有一套自己的美学标准与价值观. 正由于如此, 数学的结论是抽象的、确定的、可信的, 是真理的描述; 数学的方法是量化的、通用的、公正的, 是科学的语言. 正是在这个意义上, 数学是 "元科学", 数学知识是 "元知识", 是一切科学和技术的基础.

纯粹数学常常被认为是数学的最核心部分 (所以, 有时也称为核心数学), 它由建立在不同公理体系基础上所形成的理论与方法体系所构成, 分代数、几何、分析、随机数学等主要分支. 纯粹数学通过演绎推理来建立自己的理论, 通过运用数形结合、类比、归纳、演绎、反证、转化、构造、化归、优化等各种各样的逻辑方法来实施推理. 纯粹数学的独有方法论是 "抽象化、公理化、演绎化", 所遵循的美学标准及价值观追求是 "简明" 和 "一般化". 与纯粹数学不同, 应用数学的主体方法论是 "建模、分析、计算以及它们的综合", 而美学标准和主流价值观是 "既解决了现实世界问题, 又丰富并发展了数学自身".

数据科学继承了数学严谨的逻辑体系和符号体系, 以符号化、抽象化的方式认知现实世界并研究其中的客观规律, 以使用数学这样的 "元知识" 作为起点和基础. 但是, 数据科学的方法论与数学, 特别是纯粹数学的方法论有着一些明显的不同:

第一, 数据科学研究 "现实数据", 而数学科学研究 "抽象数据". 数学是从 "数" 和 "形" 的角度描述现实世界的, 进而研究数、向量、图形这样的抽象化数据. 不同于数学, 数据科学研究以更直接的数字化方式所获得的描述现实世界的 "现实数据", 如监控设备所记录的现场视频, 生化测定的 DNA 序列, 互联网上的网页、日志, 等等. 数据科学以一种全新的数据世界观, 将世界上一切事物及客观对象的一切属性用数据形式进行测度, 这极大地扩展了经典数学中数和形的含义, 开拓了新的数学对象. 数学期望能将数学的结果整体推广到这一新的数学对象, 而数据科学希望借鉴数学的范式去研究数据空间, 能建立起属于自己的纯数据科学理论.

第二, 数据科学更加强调与背景相关学科的 "黏合度" (即 "领域紧密关联") 和解决问题的多学科综合. 正由于大大拓宽了研究对象和面对更加具体的 "三个转换、一个实现" 目标, 数据科学较之数学研究任务更具体、目标更明确, 从而研究方法也更具 "协同性" 和 "开放性". 例如, 对于数据科学而言, 智能化方法是必不可少的, 计算不仅要处理偏微分方程, 更多地还要处理复杂的优化; 建模不限于仅对过程、系统、机理这样的连续对象, 而更多地要对大数据这样的离散对象进行建模; 分析不仅使用连续数学方法, 更多地还要使用离散数学和统计学方法. 所以, 即使与应用数学相比, 数据科学的 "建模、分析、计算和学习的杂糅" 方法论与数学的方法论不同.

第三, 数学家常常以结论和方法的 "通用性、严谨性、完全性" 为追求. 在这样的价值观下, 解决问题的模型和算法通常都是足够一般或复杂的. 这使得很多数学方法/算法很难用于大数据分析处理. 相比之下, 数据科学家采用 "算法简单复用" 的方法论, 即尽量 "重复使用最简单的方法" 来解决问题, 例如深度学习使用多层具有相同结构、每一层具有相同功能的神经元, 来求解任意复杂的机器学习问题.

相比于数学方法论的成熟, 数据科学方法论仍处于成长和成形的过程中. 特别地, 纯粹数据科学尚未形成一般的基础理论, 更没有显现某种独特的认识论和方法论.

4.2.2 与统计学方法论的关联与区别

统计学是数据科学中相对成熟而且已经形成独特方法论的那一部分. 相比数据科学的 "建模、分析、计算和学习的杂糅" 方法论, 统计学方法论有一些独特性, 这些独特性展现了它与数据科学的显著不同.

第一, 在建模方面, 统计学独创了 "以随机变量为基础的分布函数建模法". 一个随机变量对应现实世界中的一个规律 (不同的规律组成大千世界), 同时对应一个概率分布; 服从同一规律 (分布) 的数据全体构成服从同一分布的数据总体; 一个总体的任意部分是从总体中按所给分布抽样所得到的结果 (图 4.1). 这样, 以随机变量的分布函数为桥梁, 统计学将现实世界中的规律与信息空间 (数据空间) 中的数据集联系了起来. 在这样的视角下, 由多个规律组成的一个现实世界问题就被数据化到了信息空间中的一个由混合分布决定的 "现实数据集", 而所有认知与操控就被建模成了与 "确定这个分布函数" 相关的问题. 这是统计学对数据建模的核心思想. 另一个统计学的核心思想是, 将数据集之间的关系描述为一个随机映射/函数, 而用假设空间 (参数化的一簇随机函数) 来限定所考虑的映射/函数. **统计学问题** (Statistics Problem) 大多是涉及从 "局部" 推断 "整体" 的问题, 因而可被理解为 "从映射在样本集上的取值来推断它在数据整体上的取值". 所有的统计学研究是围绕不同的数据分布假设和不同的假设空间形式来展开的. 对于最简单或许也是最常见的正态分布以及线性函数空间, 统计学已经建立起了完善的理论与方法体系.

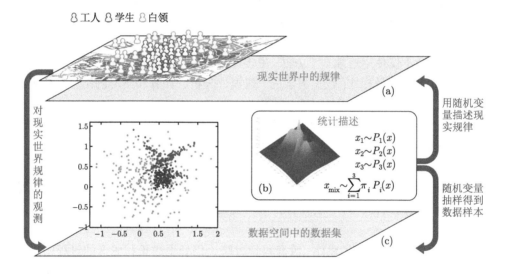

图 4.1　统计学中的随机变量、现实世界的规律与数据空间中的数据集相互对应

(a) 现实世界中的规律, 如图中所展现的城市三类人群出行规律; (b) 用随机变量的分布描述现实中的规律, 如图中用三个随机变量的分布来描述三类人群的出行规律, 用这三个随机变量之混合分布来描述人群出行的总体规律; (c) 数据空间中的数据集, 如图为三类人群的地理位置分布数据集, 它可视作按三个随机变量之混合分采样的结果

然而, 统计学的这种 "分布函数 + 假设空间" 建模方法论很难适用于数据科学 "现实数据 + 复杂映射关系" 问题. 事实上, 统计学能非常好地处理简单或单一分布类型数据, 以及定义在其上并不十分复杂的函数类型, 因而在处理 "结构化数据 + 线性/广义线性/简单非线性关系" 问题时非常成功. 但数据科学要面对的数据类型是更为真实和宽泛的图像、视频、音频、文本、网络日志等非结构化数

据, 甚至是这些不同类型数据的混合. 这样的 "现实数据" 具有多样性、异构性、领域相关性等复杂特征, 远超出统计学所讨论的范畴. 数据科学所使用的对这些 "现实数据" 的特别建模方法, 如用条件随机场来建模图像、用马氏过程建模语音、用图网络来建模文本等等都大不同于统计学的分布函数建模方法. 它们更强调从数据自身出发, 不对数据分布做假设, 从而更加符合既无明确抽样机制也极少可能存在稳定极限分布的实际. 另外, 数据科学使用像深度神经网络这样复杂的仿生结构来建模任意非线性映射, 使用知识库来建模非数值型数据上的复杂关系等, 这些更是统计建模方法所不能企及的了.

第二, 在分析方面, 统计学独创了 "以极限理论为基础的大样本分析方法". 由此, 形成了 "通过大样本分析来刻画泛化性/收敛性" "通过 P 值估计检验可靠性" "通过线性回归分析来选择协变量/数据特征" 等独特的统计分析方法. 但这些统计分析方法很难用于建立数据科学问题的分析理论, 例如, 建立深度学习的泛化性理论至今仍还是一个没有解决的问题 (详见 5.1.2 节). 数据科学一直把推广统计学分析理论作为奋斗目标, 但至今并未取得实质性进展. 然而, 数据科学综合运用概率论、逼近论、最优化、泛函分析等工具处理问题的方法是统计学并不常见的.

第三, 在计算方面, 数据科学较统计学更加强化与计算系统的深度融合. 数据科学一直有 "深度使用计算工具" 的传统, 不仅坚持 "依据实际数据, 选用合适的计算工具/模式/语言", 更专门研发针对大数据处理的各种编程语言和机器学习应用平台 (如 TensorFlow 和 PyTorch). 这些专用计算工具的普及极大地推动了数据科学的实用化. 在数据科学, 特别是机器学习的研究与应用中, 假设空间通常采用任意复杂的结构 (如深度网络、核函数), 学习问题建模为高度复杂的最优化问题, 从而需要使用更为技巧化的优化算法来进行求解. 相比之下, 统计学 "计算化" 的速度相对缓慢, 尽管历史上多次出现推动 "计算统计学" 的浪潮 (参见 3.3.2 节). 统计模型很少采用复杂的假设空间, 参数估计一般也只用十分经典的优化方法, 数值实验采用验证性的居多 (即人为设计一组数据, 来验证统计结论的正确性), 应用到 "现实数据" 的实例偏少. 即使应用, 数据集的规模也不会大到 "海量"、复杂的也并不 "异构". 这种情况下, 选用更先进、更专业的计算工具/平台不那么必须, 应用更专业、更技巧化的计算机算法也并无必要. 然而, 近些年来, 统计学将建模、分析方法与计算科学深度杂糅, 已经形成了分布式统计推断、大数据抽样、压缩感知等一些新方向和新技术. 这些新方向不仅代表着数据科学对统计学的影响, 也代表了统计学对数据科学的新贡献.

第四, 在价值观上, 传统统计学过于强调理论的最优性而胜于方法的有效性, 并没有支持产生对应用有重大影响的技术成果. 统计学的主流研究模式一直是 "由理论到方法、再由方法到应用", 与大部分应用学科所倡导的 "实用优先、问题驱动、理论跟随" 方法论形成对比. 一个好的算法、一项新的应用, 这些算不算得上是值得赞扬的成果? 这些在数据科学中本来十分明确的标准在统计学领域可能还没有形成共识. 究其缘由, 固守 "统计是数学分支" 的统计学家仍不在少数, 正如著名数据科学家布雷曼 (Blackman) 所评论的 [140]: 统计学界把统计学搞成了抽象数学, 这偏离了初衷 ······ 统计学与机器学习走得更近, 因为这一行是在处理有挑战的数据问题. 布雷曼的评论是中肯的, 对于引导统计学更准确的定位有积极意义. 另外, 统计学更加关注通过因果性分析来达到 "解释" 的目的, 而对于数据科学, 更加关注通过 "相关性分析" 来对未来作预测/预报. 这种 "预测/预报优先" 的数据科学价值观也明显不同于统计学 "解释性优先" 的价值观.

4.2.3　与计算机科学方法论的关联与区别

数据科学就其方法论而言, 与计算机科学中的计算理论、算法设计、算法分析、数据库、数据挖掘等分支紧密关联. 计算机科学计算理论的研究追随了纯粹数学的研究风格和方法论, 算法设计/分析则有鲜明的结构依赖特征, 换言之, 算法无论是设计还是分析都限定在特定计算结构下的任务执行, 这样的算法一般称为是**计算机算法** (Computer Algorithm), 以区别独立于计算架构的**数学算法** (Mathematic Algorithm), 即一个纯数学化的问题求解程序. 数据科学所涉及的算法既有计算机算法 (如排序、搜索、推荐等数据处理算法等), 也有数学算法 (如统计学、人工智能领域所涉及的通用数据分析算法). 一个数学算法能够根据计算结构进一步优化而变成一个计算机算法. 大部分计算平台上所集成的算法都是经过这种优化的数学算法. 由此可见, 数据科学所致力研发的计算平台正是数学与计算机科学深度杂糅的结果.

传统上, 计算机的可计算性与算法复杂性都是以 "机器是否能在多项式时间内完成计算任务" 来度量的. 这种以多项式时间度量可计算性与复杂性的标准却对大数据失去意义. 因为即使对于一个多项式复杂性的算法, 仅仅调入一次超大规模的数据也需要数天、数月甚至数年! 所以, 以大数据为主要研究对象的数据科学, 必须使用超低复杂性的算法, 例如, 具有亚线性或 Polylog 复杂性的算法. 由此看到, 数据科学的算法研究不同于计算机学科使用 "多项式复杂性标准", 而是使用 "超低复杂性为标准". 数据科学研究超低复杂性所使用的方法是传统计算机科学完全不曾有过的.

计算机科学的核心方法论是: 以结构化为基础, 强化直观, 注重启发式; 以实用性为核心, 坚持 "由方法到应用, 再到理论" 的技术路线. 这一方法论在数据管理, 特别是数据库研发中体现得尤为明显. 传统的数据库 (尤其是关系型数据库) 采用 "模式在先、数据在后" (Schema First, Data Later) 的建设模式, 即先定义模式, 然后严格按照模式要求存储和管理数据; 当需要调整模式时, 不仅需要重新定义数据结构, 而且还需要修改上层应用程序. 然而, 在大数据环境下, 无法沿用 "模式在先、数据在后" 的建设模式. 于是, 数据科学发展了 "数据在先, 模式在后 或无模式" (Data First, Schema Later or Never) 的数据库建设模式, 例如 NoSQL, 它采用非常简单的键值数据模型, 通过模式在后或无模式的方式确保数据管理系统的敏捷性. 数据科学采用的这种 "模式在后存储" 方法论明显不同于传统数据库的 "模式在先、数据在后" 方法论.

计算机科学的发展一直是 "以机器为中心的", 所有计算与数据传统上都统统被装载在一台计算机内. 这种模式虽然非常适宜于求解 "计算密集性" 问题 (如天气预报、核爆模拟、流体计算、电磁场计算等), 但难以高效能处理数据, 特别是大数据. 云计算技术和物联网技术的发展为大数据应用创造了便利, 计算机不再是稀缺资源而 "现实数据" 随时随地可以采集. 这种情形下, "以数据为中心" "计算贴近数据" 是最应该的选择. 数据科学采用了这样的 "计算贴近数据" 方法论 (如边缘计算), 此与传统的 "数据贴近计算" 不同.

总之, 数据科学继承了计算机科学用于数据存储、处理、计算的架构和模式, 继承了完成计算程序所需的编程语言和计算机算法, 但针对大数据背景下的 "三个转换、一个实现" 新任务, 产生了自己革新的数据表示、存储模式, 革新的数据处理、分析算法和更有重大影响的应用. 在这之中, 数据科学形成了 "建模、分析、计算和学习杂糅" 的方法论, 也形成了 "数据定义世界" 这样独特的数据观.

4.2.4 与人工智能方法论的关联与区别

人工智能, 特别是数据智能, 其本身是数据科学的一部分. 所以, 数据科学继承了人工智能的主要研究方法, 但在很多方面有所突破. 这些突破构成了数据科学与人工智能方法论上的一些差异.

一是数据科学更强化计算手段的深度融入. 研发人工智能的专用芯片和开源人工智能应用平台是典型的这种深度融入的例子. 计算机科学的成果形式一般表现为硬件或软件, 人工智能成果的主要表现形式则是算法, AI 芯片和专用软件可认为是这二者的合体. 数据科学的算法一般由模型诱导, 这样的模型既可以是统计模型、数学模型, 也可以是知识模型; 其设计不仅基于模型解的数学原理 (通常基于某种最优性原理而导出最优化问题), 也基于所选择使用的计算架构 (例如, 是采用分布式架构还是超算架构); 其分析要对其泛化性、收敛性、稳定性、复杂性等进行全面评价, 既要使用类似测试集和测试床进行的测试验证方法, 更要使用统计和数学的理论分析方法; 其应用要与同类方法作全面比较, 真正解决现实世界问题.

二是数据科学更注重结果与过程的理论正确性. 人工智能算法的相当多数是启发式的 (尤其是数据挖掘中的一些算法, 如 K-means 聚类、树搜索等), 它们的设计基于直观而不是模型, 从而很难展开理论分析. 人工智能算法通常是通过测试它们在某个测试集上的表现来评价的, 这种数据集测试方法也显然很难对算法的性能做出最客观的评价. 相比之下, 数据科学更注重于通过建模来抽象问题, 基于模型来设计算法, 基于理论分析来评价算法, 其中每个过程的合理性和正确性都由所运用的数学或统计学理论来保证. 这样, 数据科学更强调方法的理论基础, 从而兼具理论正确性和应用有效性.

综观以上对各相关学科方法论的关联分析, 我们看到, 数据科学是以数学、统计学、计算机科学、人工智能等学科知识为基础的. 它继承了这些学科适用于大数据研究的方法论部分, 创新了能高效处理大数据的新理论、新工具和新方法, 进而形成了 "建模、分析、计算和学习杂糅" 的独特方法论. 根据上述分析, 数据科学的方法论也能够用一些更为具体的科学化、技术化特征来诠释, 例如, 用本节前文所述及的

数据定义世界; 模式在后存储; 计算贴近数据;
算法简单复用; 预测/预报优先; 领域紧密关联;

等等来做更加显化的解释. 当然, 这里所列出的特征还仅仅是与其他学科形成区别的一部分, 没有包含与其他学科相同的部分.

4.3   数据科学的发展规律与趋势

数据科学是一个正在成长中的科学体系, 其稳定的发展规律还没有完全呈现, 但可以观察到一些明显的趋势. 本节概述这样的一些规律和趋势. 前几章已经说明: 数据科学具有明显的 "多学科融合、大数据依赖、应用面广泛" 等特征. 本节进一步说明: 数据科学整体上正呈现 "在多学科中成长 (立身), 在大数据中成名 (立信), 在强基础中成形 (立魂)" 的规律和趋势.

在多学科中成长 (立身).

数据科学本是数学、统计学、计算机科学、人工智能等学科内部发展的产物, 是其内部分支适应科学发展新态势、社会发展新需求而展开的主动探索与实践的结晶. 这样的本源性使得数据科学在不同学科中含有不同的目标定位、内涵理解, 甚至不同的称谓, 但经过多年的实践以后, 今天各学科对数据科学的认识已渐趋一致. 但是, 出于惯性与学科藩篱, "根植于自身学科发展" 在以后的相当长时期内仍将会是数据科学的主要存在形式.

统计学将会是最快接收数据科学并为之全力奋斗的学科. 这不仅是因为它在研究对象、研究方法、科学目标上与数据科学相统一, 更是因为数据科学为其发

展描绘了更加诱人、更加广阔的前景. 数据科学向统计学提出了更加现实、更具挑战的科学问题 (如建立大数据统计学, 参见 5.1.2 节), 提供了更加灵活、更加综合的研究工具 (如与计算架构相结合), 展现了更加实用、更加耀眼的应用实践 (如人脸识别、自动驾驶等). 另一方面, 统计学因其独有的 "随机变量表示法" "分布函数 + 假设空间建模法" "大样本分析法" 等, 为数据科学贡献了一个系统的、有理论基础的数据科学研究范型. 这一贡献使得统计学有望成为最可能为人所接受的数据科学源头学科, 因而成为数据科学的主体部分.

统计学一直被认为是主导和引导人们分析和利用数据的学科, 过去是, 现在也应该是. 基于这样的考虑, 统计学会更加自觉地拥抱大数据, 研究大数据的统计学问题; 会更加注重算法的价值, 主动地与计算机架构相结合; 会更加靠近机器学习, 试图为 AI 算法提供统计学的改良或理论依据. 统计学也会在价值观和研究方法上发生改变, 例如, 会更加自觉地接受好的算法和应用成果, 会更多地以 "现实数据" 为研究对象, 并将其作为方法测试的重要部分, 等等. 所有这些都是统计学领域可见的发展趋势.

计算机科学是最早从更宏大的视角定义数据科学并为之倾力的学科. 在他们看来, 数据科学就是科学发现的第四范式, 是 "数据定义世界" 的巨大变革; 受这一变革的影响, "以计算为中心" 的传统计算机应用模式必将为 "以数据为中心" 的模式所取代, 所以必须在计算架构、计算模式、编程语言、数据管理、应用平台等方面全方位地适应大数据. 基于这样的动机, 计算机科学界围绕数据化、数据管理、数据治理、数据分析学和专业中的数据科学 (像数据新闻、材料数据科学、工业大数据、电信运营大数据、互联网营销大数据等) 等开展研究, 已取得一批优秀的数据科学成果. 预期计算机科学界会继续这种热情, 开展一些更为深入和更加聚焦的研究. 一些可能的趋势包括:

(1) 计算架构从 "以计算为中心" 向 "以数据为中心" 转变, 从而带动体系结构、系统软件和编程模式的重构;

(2) 为支持大数据处理和人工智能算法的高效计算, 更多样的垂直优化专用硬件 (芯片、部件) 被采用, 支持异质化计算机系统结构流行;

(3) 为支持更大规模数据处理, 计算模式更加重视分布式、边缘计算和 "云–边–端" 协同;

(4) 与更多专业领域在数据价值链的后端环节深度融合, 形成 "数据在先, 模式在后" 的数据存储管理范式和多样化查询与应用开发接口;

(5) 大数据驱动的描述性分析、预测性分析和调控性分析等多种分析范式并存;

(6) 更倾向于采用简单模型和简单算法的集成复用来解决复杂问题的判定与预测. 探索大数据计算理论, 并设计超低复杂性的数据处理算法;

(7) 数据驱动的可视化分析与人机交互成为大数据开发的主要业务模式;

(8) 数据质量、数据共享、数据治理和数据安全隐私在标准、技术框架方面逐步成熟.

人工智能虽然是以大数据为基础的, 但通常并没有意识到它与数据科学的本质联系以及数据科学可能产生的正向反作用. 人工智能 (至少狭义的人工智能) 本质上就是数据科学的一部分, 但数据科学的 "重基础、重模型、重分析" 对人工智能的研究与发展反作用不可低估. 人工智能工作在数值价值链的最末端, 是 "摘桃子" 的地段, 其成果 "轰动效应强" "曝光率高", 再加之与任何一个领域都可以结合成为 "智能 +", 给人以 "威力无比" 的形象. 这种形象使得 AI 学科通常并不会主动拥抱数据价值链前端, 更不会把精力投放到更为基础的研究中. "希望从统计中获得更多基础和理论支撑, 期盼数学的证明, 其他都是我的事", 这样的认识在人工智能界并不鲜见. 但是, 随着政府对加强基础研究的引领, 以及社会对 AI 基础研究不足的批评, 人工智能领域会越来越投入精力来研究一些数据科学基础问题, 如大数据计算理论、大数据计算基础算法、深度学习机理、可解释性、形式化推理与深度学习的融合、机器证明的更广延伸等.

数学或许是最开放、最乐见数据科学崛起的学科. 数学是 "元科学", 它最早开辟了用形式化方法 (数据的一种更高抽象形式) 认知世界这一当今颇受追捧的认知方法论, 所以堪称是数字经济的鼻祖, 是不同于自然科学的学科 (图 1.1). 数据科学的本质理念与认知方法论显然与数学如出一辙, 而数据科学为数学研究提供了更加真实广阔的新的研究对象 (如数据空间、现实数据)、新研究问题 (如数据空间结构、深度学习机理)、新研究方法 (如机器学习、强化学习、分布计算). 所以, 非常自然地, 数学科学期望将自己已有的理论和方法推广到数据科学这种更为广泛的情形, 例如:

(1) 揭示数据空间的数学结构 (详见 5.1.1 节);

(2) 在特定数据空间上建立运算体系, 并研究其性质;

(3) 寻找更能准确且更方便计算分析的 "现实数据" 表示方法;

(4) 定义兼备数据开放与隐私保护的数学变换;

(5) 建立大数据的统计学 (详见 5.1.2 节);

(6) 研制大数据分析核心算法 (详见 5.2.7 节);

(7) 求解大数据计算的七个巨人问题 (7 Giants);

(8) 对深度学习机理做出数学解释 (详见 5.1.4 节);

(9) 基于约束最优传输理论来研究人工智能; 等.

开展这些基础问题的研究是数据科学在数学领域所显现的趋势.

上述各学科 "八仙过海、各显神通" 的研究会带来数据科学多学科冲击式发展, 将极大丰富数据科学的内涵和成果. 由此, 数据科学会变得越来越为各学科、科学界乃至全社会接受和期待.

在大数据中成名 (立信).

本书的第 1 章已强调过 "是大数据促进了数据科学的形成, 而数据科学承载着大数据的未来". 这一观点主要阐明了: 大数据是信息科技发展的自然产物, 是新的工业革命时期必须倚重的新型生产资料, 对中国而言, 更是具竞争优势的生产要素; 而另一方面, 数据科学能从 "奠定科技基础、形成应用核心技术、揭示价值实现途径" 等方面全面提供大数据价值实现的有效途径和方法学. 所以, 数据科学能否 "成名" 关键看它能否在大数据的应用中做出令人信服的贡献.

或许, 人工智能已经帮助我们实现了这样的目标: 机器已经在人脸识别的准确性上超过人类, 在围棋这样困难的竞技游戏中战胜了人类, 在自动驾驶安全性上超越了人类, 在自动阅读肺结节 CT 的水平上也超过了三甲医院的专业医生水平, 等等. 如果我们能够真切地认识并认可后述的这样的一些观点: "人工智能是通过大数据来实现的" "智能感知实现场景/环境到数据的转换是人工智能的第一步" "大数据分析与处理是实现人工智能的核心" "数据处理是人工智能的芯", 那么, 数据科学的确已经取得令人信服的成就. 但问题是, 让所有人接受这样的观点是勉强的, 我们还必须向社会展示数据科学自身独特的角色、独特的贡献和独有的价值. 展示这样的独特贡献和价值构成了数据科学当前及未来的追求. 在这样的追求探索中, 数据科学方能成名、立信.

这种努力下的数据科学正显现 "更加聚焦数据汇聚效应、更加聚焦大数据分析价值" 这样的数据价值链前、中端研究趋势. 数据汇聚实现价值, 数据共享放大价值. 基于这样的考虑, 多源异构数据融合、数据调用的互操作、与模式无关或非模式在先的数据库建造、数据开放与隐私保护兼备等大数据管理技术将受到更大关注. **区块链** (Block Chain) 是另一个热点, 它不仅提供了大数据的一种去中心化管理、点对点传输、安全可靠的存储应用方式, 而且也为价值传递、存储 (即所谓的 **"价值互联网"** (Value internet)) 提供了基础架构. 大数据分析处理技术一直是大数据技术的核心, 也是需要有坚实理论基础支撑的技术. 如前节所述, 研制超低计算复杂性的数据处理技术、攻克大数据计算的七个 **"巨人问题"** (7 Giants)、研制大数据分析处理核心算法等, 都是该方面的研究热点.

另外, 从 2016 年起, 我国大专院校陆续开设数据科学与大数据技术专业 (累计已有近 500 所大学开设, 注册在读学生已近数万). 这一新专业的开设为大数据技术的开发、提升与普及起到了重大推动作用, 而如何高质量办好这一专业, 如何源源不断向社会输送高质量的该专业人才, 是决定数据科学形象和声誉的重要方面.

在强基础中成形 (立魂).

一个学科的 "魂" 是它所具有的独特精神和研究方法论, 而这样的精神和方法论都是由这一领域的研究者、开发者和使用者在研究探索实践中所形成的, 是他们心智的结晶和智慧的创造. 这些创造形成了一个既具有普遍性, 又被实践检验为正确的理论与方法体系.

虽然说, 数学、统计学、计算机科学、人工智能等学科在各自的发展目标驱动下开展了大量数据科学研究, 并形成了一些理论、方法、技术、工具和实践成果. 但从不同专业视角解读数据科学, 存在观点、研究兴趣和研究发现的差异性, 甚至可能出现相互重叠或冲突的情况. 我们认为: 在这种背景下, 如何将分散在不同学科领域中的观点、方法和结论提炼成更为一致、更为准确、更为一般的理论和方法, 反过来为各学科提供新的研究基础, 是一个重要而迫切的课题, 而只有这样才能为数据科学立魂.

让我们用 "否定之否定" 方法来对一些学科所持有的某些观点、方法做些更为细微的剖析, 以此来说明建立这种学科共识的迫切性与必要性. 我们以问题的方式来展示几个例子.

(1) 数据范式是否比知识范式更有效?

在传统科学研究中, 由于数据的获得、存储和计算能力所限, 人们往往采取的是知识范式 ("知识 → 问题" 范式), 即直接用知识去解决问题 (第一阶段的人工智能正是如此). 大数据时代的到来为人们提供了另一种研究思路, 即采取 "数据 → 问题" 这样的数据范式. 数据范式的本质是在尚未将数据转换为知识的前提下, 直接用数据去解决现实世界中的问题. 与传统认识中的 "知识就是力量" 类似, 在大数据时代, 数据也似乎成了力量. "数据定义世界" 也正源于此认识 (否则就只能说 "数据映照世界" 了). 这是这种思维模式的变革, 构成了数据科学的根基. 问题是: "知识是经过组织和处理的数据或信息, 是能够传达理解、经验、积累和专业知识的, 能够被直接运用于解决问题" "数据是事物的属性, 而知识是人类的属性, 使人类倾向于以特定的方式行动". 要直接基于数据解决问题, 能回避 "数据 → 知识 → 问题" 这样的路径吗? 如能, 会更高效吗? 如不能, 什么才是可行、高效的路径? 这些都还是远没有回答的问题. 我们认为, 数据范式是解决问题的一种途径, 但并不意味着是比知识范式更为有效的途径; 只要有足够的知识, 知识范式是解决问题的优先选择, 而当知识不充分或者知识难以抽取时, 数据模式才是一种可能解决问题的选择. 无论如何, "数据 → 知识 → 问题" 是最基本的过程, 构成数据科学的基本任务.

(2) 第四范式与其他范式区别在哪?

按照图灵奖获得者格雷 (Gray) 的说法, 人类科学研究活动已经历过三种不同范式的演变: 以实验发现为特征的 "实验科学范式"、以模型和归纳为特征的 "理论科学范式" 和以模拟仿真为特征的 "计算科学范式", 目前正在转向 "数据密集型科学范式" (称为第四范式). 第四范式的主要特点是科学研究人员只需要从大数据中查找和挖掘所需要的信息和知识, 无须直接面对所研究的物理对象. "数据科学即第四范式", 这是很多人所持有的观点. 按照我们的分析 (参见第 3 章), 数据科学是以建模、分析、计算和学习的杂糅为方法论的, 所以数据科学似乎又是第二、三、四范式的综合. 于是一个令人费解的推论是: 二范式 + 三范式 + 四范式 = 四范式. 固然一个科学发现勿需限于一种范式, 也本可能正是各种范式的综合运用. 但第四范式除了强调 "以数据为中心" 的研究特征外, 科学方法论究竟贡献了什么? 要运用数据空间去认知和操控现实世界, 我们又对数据空间知之多少? 本应该特别重视的纯粹数据科学研究, 其基本科学问题在哪, 如何研究? 这一切还都是未知的. 我们认为, 更为有效的科学范式也许是 "数据科学范式".

(3) 更好的算法重要还是更多的数据重要?

数据科学的主要成果形式是数据产品, 而数据产品的 "芯" 是算法. 在传统学术研究中, 一个数据产品的智能性主要来自算法, 尤其是复杂的算法. 算法的复杂度一般随着智能化水平的增强而提升. 然而, 数据产品中的算法是作用在数据上的, 算法性能依赖于所作用的数据集. 这样, 算法和数据, 哪个更重要? 这引发了一场 "更多数据还是更好模型的讨论" (More Data or Better Model Debate)[142]. 经过这场大讨论, 人们似乎得到了一个结论: "更多数据 + 简单算法 = 最好的模型" (More Data + Simple Algorithm = The Best Model), 这里 "模型" 其实是指 "问题解决方案". 这一结论真的可信吗? 一个更多的数据 (更大的数据集) 自然需要一个更为复杂的模型去建模, 从而导致一个更为复杂的算法 (否则就得不到一个连已有经验都不能很好总结的模型). 所以, 一个合理的结论应该是: 在给定数据集下选择一个尽可能简单的模型, 这常常是最好的问题解决方案. 如果研讨所得出的结论是用以回答 "算法和数据哪个更重要", 并且得出了 "数据或数据量比算法更重要" 结论的话, 这将导致一个非常错误的理解——当数据足够多时, 即使用最简单的算法也能得到很好的结果. 这显然是一个误导, 否认了算法设计或选择的重要性. 事实上, 问题、数据/数据量、算法 (模型) 之间是紧密关联的, 它们之间或许存在着非常复杂的非线性关系, 这种非线性关系又是什么呢? 无从知晓!

(4) 因果分析与相关性分析哪个更重要?

理论完美主义者认为只有掌握了因果关系才能正确认识和有效利用客观现象. 由于如此, 因果关系分析一直是传统统计学的主要任务和目标, 被用作 "解释性" 的标准工具. 大数据环境的复杂性使得探究因果关系常常变得 "遥不可及", 从而相关性分析变得更加实际. 对于 "预测性" 应用而言, 相关性分析常常是足够的且勿需严格的因果解释, 这催生了大数据时代 "相关性分析比因果性分析更重要", "预测未来比解释过去更重要" 的一些价值判断. 更有一些学者称颂 "数据分析的重点从因果分析转向了相关性分析, 标志着数据分析指导思想的根本性变化——从理论完美主义转向了现实实用主义", "预测性分析和解释性分析分离是数据科学家和领域专家之间协同工作的很好实现方式". 于是乎, 数据科学中出现了预测性分析和解释性分析应该分离的倾向.

然而, 值得注意, 相关性只是一个定性而非定量的度量, 即使知道某两个要素之间有相关性, 它并不揭示这两个要素之间有怎样的确定性关系, 因而预测也很难做到精准. 很多时候, 真正的预测分析, 并不能简单地建立在相关关系的基础之上. 许多科学结论、政策评价都依赖于因果分析而并非相关性分析, 数据科学应该能够帮助我们证明哪些是我们所需要的因果关系, 这是数据科学的魅力所在. 另一方面, 相关性分析的一个主要用途是帮助筛查问题的相关因素 (协变量), 而实现这一目的通常用 "变量选择" 方法来完成, 而变量选择方法主要是使用因果关系模型的, 或者说, 仍是通过因果分析来实现的. 所以, 更精准的预测性分析是能够而且也是应该通过因果分析来实现的. 这意味着, 过分强调相关性分析而轻视因果分析, 或反之都是愚蠢的. 对预测性应用而言, 因果分析或许比相关性分析更有优势. 我们认为, 忽视因果关系是大数据法则的一种缺陷, 而不是特征.

(5) 大数据应用中查询能代替推断吗?

在当今大数据时代, 通过 "查询" (Inquiry) 解决问题是一个十分普遍而且常常有效的方法. 数据量的 "大" 使得这种直接的解决问题方式具有直观的合理性. 譬如说, 一个医院搭建好了一个由大量病例 (含临床症状、各种生化检测指标、生理数据、影像数据、诊断结果 (病名)、处方、治疗方法、治疗过程、治愈情况等) 组成的数据库, 则对于任一个新来患者 A, 只要按照数据库中所列出的检查事项让其做完检查, 然后输入 A 的这些检查结果到数据库, 该数据库便能按照一定的相似性准则快速输出一个与 A 具有最相近的检查结果的病例. 这个病例所对应的诊断结果和治疗方案便可以作为患者 A 的诊断结果和治疗方案 (也可供医生参考). 现在, 这种直观有效的解决问题方式已变得十分普遍 (由于大数据技术的发展), 已经成功地应用到故障诊断、信息推荐等. 于是乎, "大数据 + 查询" 是解决问题之道, "推断" (Inference) 已不再那么重要, 这样的观点甚为流行. 推断是基于理性的判断, 即预测, 它或基于知识或基于 "数据 + 模型 + 算法", 但预测需要应用像深度学习这样复杂的人工智能算法, 而查询算法则要简单易行得多, 所以有如上的主张是可以理解的, 但应不应该成为结论? 查询真能替代推断吗? 如果真能代替, 意味着数据库中的病例已足够广泛到囊括所有已知的病种及其变体, 这又怎么可能! 即使这个数据库具备这种广泛性, 它也绝无可能囊括突变的疾病. 所以无论如何, 推断 (医生的角色) 是永恒的. 这是预测作为数据科学主要内涵之一而应予以重点研究的缘由.

(6) 大数据能看成样本总体吗?

大数据的数量之大常常给人以错觉: 既然数据量足够大, 何不视它为统计上的一个总体 (Population)? 视为一个总体所带来的益处是 "所有可能发生的事情都在其中了", 它本身就构成一个完整的概率空间. 在统计学中, 服从同一规律 (用一个随机变量描述) 的数据全体被称为一个总体, 而任何数据集 (假定服从同一规律), 无论多大, 都只是从这个总体中按所给分布随机抽样出的样本 (Sample). 将总体与样本混淆起来是危险的, 总体是 "真实" 和 "全部" 的描述, 而样本是带有某种不确定性的结果. 将其视为相同则意味着首先要承认数据是客观的. 数据本是现实世界运转留下的痕迹. 而这些痕迹如何被记录和展示出来, 取决于我们采用什么样的数据收集和样本采集方法. 假如你是数据科学家, 那么作为一个观察者, 你要做的事就是将具象的世界转化为抽象的数据, 这个过程是主观的. 所以, 现实的数据永远都不一定是 "真实" 的, 必然具有某种不确定性. 我们认为, "样本等于总体" 这个假设是大数据时代人们面临的最大问题. 其次, 认可 "样本等于总体" 还意味着对样本的直接使用具有了当然的合理性. 其实, 大数据是 "原油" 而不是 "汽油", 不能被直接拿来使用. 就像股票市场, 即使把所有的数据都公布出来, 不懂的人依然不知道数据代表的信息. 大数据告知信息但不解释信息. 大数据时代, 统计学依然是数据分析的灵魂. 正如加州大学伯克利分校迈克尔·乔丹教授指出的: 没有系统的数据科学作为指导的大数据研究, 就如同不利用工程科学的知识来建造桥梁, 很多桥梁可能会坍塌, 并带来严重的后果.

像以上 (1)—(6) 这样 "看似容易其实很难, 乍看是一个答案但深思之后是另一答案" 的问题在数据科学当前流行的书籍、论文、报告中着实还有不少. 可以肯定的是, 所有这些迷惑性问题都是涉及数据科学基础的重大问题, 只有把这些问题从科学上搞明白了, 才算是为数据科学 "立了魂". 终归, 我们需要的是一个严密的数据科学, 而不是一个似是而非的数据学科.

第 5 章　数据科学的重大科学技术问题

一个科学的形成是人类认知自然、认知社会并推动其进步的产物. 它的魅力和价值不仅在于为人们解决某一领域的问题提供科学原则和通用方法, 更重要的在于, 它满足人们不断增长的认知渴望和生产发展需求. 这些渴望和需求实时反映在一个学科必须面对亟待解决的各种各样科学、技术和社会学问题中. 本章辨识数据科学当前发展阶段亟待解决的一些重大科学技术问题, 相关的社会学问题将在后两章讨论.

5.1　四大科学任务

数据科学在各个领域都已经取得非凡成就, 特别是在大数据的科学认识与利用、统计学分析方法、数据驱动的存储计算、机器学习与人工智能的应用实践等方面. 但是, 从根本上说, 所有这些成就更多归因于统计学、计算机科学、机器学习等这样一些相关学科的突破, 与数据科学的本质依存度与关联性仍嫌不够. 数据科学家们希望, 数据科学能以它独特的视角和方法, 开拓形成更加重大的科学新理论、认知新方法、应用新技术, 能在推动科技进步、解决重大现实世界问题中彰显独特价值.

为了实现这一目标, 数据科学必须 "仰望星空", 思考它在整个科学体系下的定位、优势与发展, 也必须 "脚踏实地", 解决数据科学当前发展中亟待解决的各种各样的科学技术问题. 本章基于 "脚踏实地" 的考虑, 辨析在当前发展阶段, 数据科学亟待解决的一些重大科学技术基础问题.

5.1.1　探索数据空间的结构与特性

信息空间 (数据空间) 是由数字化现实世界所形成的数据全体, 也可称为数据界 (Data Nature). 它是平行于现实世界而被认为是三元世界中虚拟的那一个世界 (参见图 1.1, 其他两个世界分别为人类社会和物理世界). 人类社会是由人构成的, 物理世界是由原子构成的, 而虚拟世界 (数据空间) 是由数据所构成的. 数据空间也是数据科学研究对象之全体.

从这个意义上, 数据空间本应是数据科学最基本的研究对象. 但由于其基础性, 现今的数据科学研究基本上都聚焦在将其作为知识发现的工具, 而并没有把数据空间自身作为最主要的研究对象 (尽管已有数据学的提法). 数据空间研究对于数据科学而言具有基本的重要性. 正如一个在公司工作的人对公司的空间布局、组织机构、人事制度、成员特征等应该有所了解那样, 数据科学的从业者, 特别是研究者, 理应对数据空间所具有的特征、结构、特性了如指掌.

譬如说, 数据科学面临的首要任务之一是, 如何对那些自然产生的图像、视频、文本、网页等异构大数据进行存储处理. 这些数据称为是非结构化的, 是由于它们并不能用关系数据库这样传统的记录方式去记录. 我们知道, 每一类 (或每一个) 数据都有着它自己特定的记录方式, 如彩色图像用 R-G-B 三个像素矩阵来表示, 可见它并不是完全无结构的 (无结构就无记录!), 所谓非结构化本质上不是说它们无结构, 而是它们的结构不统一、不规整或者相异 (如图像可能具有不同的分辨率, 也可以是从不同谱段采集的, 既有图像又有文本, 等等). 要储存这样的非结构化数据并便于处理, 唯一可能途径是将这些非结构化数据进一步形式化, 或称 "结构化", 即在某种更加统一、更加抽象的数学结构下, 重新表达所有这些类型数据, 并基于这样的形式化去存储和处理. 这样的过程即非结构化数据的结构化. 只要有存储, 就必然要结构化、形式化. 所以, 存储和处理大数据的核心是如何对数据进行结构化和形式化. 形式化的本质是寻求数据的数学表示, 而结构化的关键是设置一个最小的公共维度, 使其在这个维度下, 所有类型数据在数学化空间中都能得到表达 (当然, 对每一类而言, 可能会有冗余). 要找到这样的最小公共维度, 显然依赖对每一类型数据, 知晓这类数据的最小表示长度. 以图像为例, 我们自然希望知道: 图像怎样才能够最简约地表示? 图像放到一起能互相表示吗? 图像空间有维数吗? 如有, 是多少? 等等. 把不同分辨率的图像放到一起可构成一个类似函数空间的无限维空间, 这个空间内的图像可以认为是超高分辨率或无穷分辨率的 "抽象图像", 这一空间不仅为存储不同分辨率图像提供框架, 也为理解图像分辨率的极限行为提供理论基础. 问题是: 这样的无穷维图像空间有什么特别性质? 它对超高分辨率图像处理会带来什么新的洞察? 澄清这样的图像空间 (类似地, 文本空间等) 整体性质, 显然是彻底解决非结构化数据存储的出路所在. 在这样的探索中, 产生新的、更为有效的数据处理技术是自然不过的事.

像上述这样需要对数据空间的某些子空间 (如图像空间) 性质展开探究之外, 对各种数据子空间的数学结构与性质展开研究是期望的. 严格地说, 当我们使用数据空间、图像空间、文本空间这样的术语时, 这里 "空间" 往往仅指 "集合", 并没有指它们已经构成数学意义上的 "空间", 因为在其中我们并没有赋予它们特定的 "运算" 和 "拓扑". 一个熟知的事实是, 当一个对象集合被赋予某种数学结构 (运算 + 拓扑) 后可成为数学意义下的空间; 一个数学意义下的空间内部元素可以按照特定规律去运算, 也能够使用一些特定工具去分析. 所以, 对一类对象 (如图像), 只有把它放在对应的数学空间中去考察, 才能有望得到规范化、严格化的分析, 从而获得更为本质的认知. 于是, 一个自然的问题是: 对常见的这些数据空间,能不能赋予某种数学结构使它们成为数学上的空间呢? 如能, 它们又会成为什么样的数学空间? 是内积空间、赋范空间, 还是拓扑空间 (请注意, 不同的数学空间提供的分析工具是有差别的)? 应该赋予什么样的数学结构才最自然、最合理、最有利于数据分析? 让我们仍以图像空间为例说得更具体一些: 我们能不能通过赋以缩放、卷积、平移 + 旋转等操作或运算, 并选取图像差异性的一种度量, 如欧氏距离、KL 散度、Wasserstein 距离等, 使图像空间成为数学意义下的空间? 如能, 怎样的选择和搭配才能使所建立起来的空间更有利于图像分析?

　　所有这样的探究可以针对数据空间本身, 可以针对数据空间的子空间, 也可以针对其中的某个特定子集. 一个这样可能的例子是, 将文本赋以某种语义限制而组成文本空间中的一个子集 (可认为是文本空间与语义空间的某个交集). 研究这个子集, 在这个子集上赋予特定数学结构, 在这个所形成的数学空间中分析文本. 这一做法有可能帮助解决 "分析结果的滥用" 问题, 换言之, 能为分析结果的解释提供必要的指引. 任何数据本身所含有的信息是有边界的, 它决定了数据分析解释的范围, 模型只是数据信息的精练, 不能向外延伸数据的信息. 此为这一考虑的逻辑依据.

　　我们也期望看到, 除数学空间这样的分析工具外, 数据空间的代数结构也能得到研究. 研究数据空间中数据的复杂性和不确性, 尤其是有关它们的度量、演化与利用, 应该是重要的问题. 数据空间研究的根本目的是, 为大数据分析寻找新的突破口, 为更加有效的数据分析与处理提供新框架、新工具、新方法和新技术. 只要是有利于这一目标的任何研究都应受到鼓励和加强.

　　如何开展数据空间研究呢? 我们认为, 纯粹数学提供了重要的起点与模式参考. 作为以 "数" 和 "形" 这种特别形式的数据为研究对象的学科, 数学已经深入而广泛地研究了各种数学空间, 建立了堪称奠定所有科学基础的数学语言、数学原理和数学方法. 将成熟的这一套数学理论和方法推广到不限于以 "数" 和 "形" 为形式的数据, 既是数学家的责任, 也是所有科学界的愿望, 更是数据科学的重大任务.

5.1.2　建立大数据统计学

　　统计学一直被认为是主导和引导人们分析和利用数据的学科. 传统上, 它根据问题需要, 先通过抽样调查获得数据, 然后对数据进行建模、分析获得结论, 最后对结论进行检验. 所以, 传统统计学是以抽样调查数据为研究对象的, 遵循了 "先问题, 后数据" 的模式和 "数据 → 模型 → 分析 → 检验" 的统计学流程. 大数据时代 "拥有大数据是自然特征、解读大数据是永恒任务", 呼唤了 "先数据, 后问题" 的新模式. 这一新模式从根本上改变了统计学的研究对象: 过去研究基于人工设计而获得的有限、固定、不可扩充的结构化数据, 而现时需要研究基于现代信息技术与工具自动记录、大大超出了传统记录与存储能力的非结构化大数据.

这一根本性改变将推动统计学向数据科学的急剧变革. 在这一变革中, 有一些带有方向性又容易引起 "迷失" 的基础问题亟待澄清.

(1) **统计的流程问题**: 对于研究 "从现实世界到数据, 再由数据到现实世界" 这样 "流程" 性很强的学科来说, 流程、方法和理论是科学内涵不可分割的部分. 问题是: 随着研究对象的改变, 统计学流程也需要改变吗? 如果需要改变, 什么才是适用于解读大数据的应有流程? 例如, 可否将统计学流程中的 "事后检验" 改变成 "事先预测"?

(2) **统计的角色问题**: 统计学是通过 "概率" 和 "相关" 来认知世界的. 我们认知世界的方式真的正确吗? 如果这一点没法确认, 那大数据会不会带来一场认知革命 (即所谓的大数据革命)? 既然大数据可以大到接近总体, 靠查询就可以解决问题, 还需要统计吗? 当样本的规模接近总体时, 还需要在样本上去分析吗? 如果需要, 有什么不同? 如果不需要, 又如何直接在总体上进行统计分析?

(3) **统计的中心任务**: 大数据革命的推动者 (如库克耶 (Cukier) 和迈尔·舍恩伯格 (Mayer-Schönberger) 的 "The Rise of Big Data"[143], 克里斯·安德森 (Chris Anderson) 的 "The End of Theory: The Data Deluge Makes the Scientific Method Obsolete")[144] 所宣称的基本观点是: "重视结论, 放弃探究产生结果的原因""因为数据是如此巨大, 没有必要去寻找原因. 也不用担心采样出错, 所有的数据都在这""数据即信息, 不需要模型, 了解相关性就够了". 因果分析真的不需要了吗? 相关性分析真能够代替因果分析吗?

对上述三个基础问题, 近年来在认识论层面讨论甚多, 但从科学层面上研究却很少. 我们认可 "在大数据环境下, 解决问题的统计学流程可以不改""数据分析的很多根本性问题和小数据时代并没有本质区别"[143,144]. 但我们认为, 即使在原有流程框架下, 大数据对统计学也构成了全面的挑战, 建立更为广泛而有效的统计学新理论和新方法, 应对大数据挑战, 是数据科学当下急迫的任务.

(4) **大数据建模与表示问题**: 复杂性和不确定性是大数据的最显著特征, 如何度量、描述并使用好复杂性与不确定性是数据科学的基本问题, 亟待有新的工具和方法论[71,145,146]. 在大数据中, 复杂性主要表现在数据的复杂时空结构、来源的多样性、快速时空演变等特性上, 而不确定性通常由数据获取方式的主观性、过程的不可操控性、存储方式的多样性等引起. 统计学使用随机变量与混合分布去建模数据, 但推断过程难以解析化; 数据库使用 "模式" 去描述数据, 但只适用于结构化数据的组织; 人工智能使用像深度神经网络这样高度复杂的函数去建模, 但带来推断的不可解释性. 不同的建模方法显然有不同的优势与劣势, 能否将这些方法混合起来对复杂大数据进行建模? 如能, 如何混合? "巧用简单模型、局部拼接整体、逻辑与非逻辑混合、内核 + 边界、图网络" 等都是值得尝试的路径. 所有建模都必须在表示的广泛性和统计推断的易实现性或可解释性之间取得平衡，这是所有方法的瓶颈．建模问题的本质是数据表示问题，如何获得异构数据的紧凑表示仍是一个亟待解决的问题．

(5) **大数据重采样问题**：从统计学观点看，大数据是一个大样本或高维变量的数据集合．大数据是客观收集的数据，数据先于分析．而要真正处理海量的大数据，将"大化小"仍是必走之路．统计学擅长于根据问题收集数据 (小数据)，精于通过对小数据的分析来推断整体 (大数据)，即"以小见大"．所以，如何发挥统计学的学科特长，发展从大数据中抽样出能代表整体多样性的"小数据"，而通过对小数据"以小见大"式的分析来实现"以大见大"的目的？这是一个重要而现实的问题．在这一研究中，如何用尽可能少的样本更精确地保持总体特征、如何安全删除那些不重要的数据、如何应对结构化到非结构化的转变、在数据流环境下又如何实时抽样等，都是必须要解决的问题．我们认为，大数据重采样应该遵循"目的驱动"原则，即适应不同目的的重采样可追求不同的"保持性"目标．例如，对大数据化简和可视化应用，可基于"代表性"原则采样；而对目标识别应用，可基于保关键特征的"选择性"采样．然而，如何刻画目的相关的特征？这些特征在大数据集中又如何能被识别？这些都是十分基本的问题．对传统统计而言，数据收集发生在变量确定之后，而大数据情形，变量已是确定在先，所以对大数据变量之间的相关性做深度解析常常是重要的．大数据重采样不仅对于大数据的简化、可视化、分析处理有重要性，而且对于大数据的分布并行计算也十分有用，例如，它可以用来保证不同节点均衡处理数据．

(6) **大数据分析问题**：大数据分析是数据科学赋予统计学的新任务，是实现大数据"三个转换"的关键．在统计学流程中，分析可细化为"问题 → 模型 → 估计 → 校正"的过程．问题指分析的目的，例如，是预测性分析还是相关性分析，是分类还是回归等；模型指对目的的建模以及结合目的与数据建模以后所形成的对问题的形式化描述；形式化描述通常都是高度参数化的，必须要运用数据对这些参数做出量的估计；最后，对所估参数的精准度、一致性等作评估，并根据评估进一步修正模型或估计．数据分析本质上与统计学流程中的每一个环节相关．相比于传统的统计分析，大数据分析面临前所未有的挑战．按照美国科学院全国研究理事会发表的报告[147]，大数据所带来的挑战主要包括：处理高度分布的数据资源；追踪、核实数据来源；处理样本偏倚 (Bias) 和异质性；处理不同格式和不同结构的数据；开发并行、分布、可扩展算法；实现数据的完整性、安全性、一体化和共享；支持实时的分析和决策等．

大数据分析的这些挑战，不仅涉及大数据分析，也涉及大数据处理、管理甚至治理方面，都是值得长期关注并聚焦研究的重大问题．我们认为，对大数据分析而言，主要挑战还是来自数据的复杂性和处理数据的环境改变上．大数据复杂性的几个典型情形包括: 分布式存储的数据、非独立同分布的数据、高维小样本数据、异构异质数据、随时间快速变化的数据等. 大数据处理环境包括超算环境、分布式环境、云计算环境、流处理环境等. 针对这些特殊类型、特定环境去开展大数据分析的探索与实践是当前最应该鼓励的. 应该承认, 许多传统的统计方法应用到大数据情形, 其巨大的计算量和存储要求都使其变得无能为力了.

(7) **大数据假设检验问题**: 假设检验是统计学对数据科学最重要的贡献之一, 它开辟了对数据分析模型、结果的可靠性、有效性等进行理论分析和判定的尝试. 对大数据而言, 这样的检验是基本的, 否则, "大数据带来大欺骗" 的风险可能存在. 然而, 对大数据假设检验的研究尚未得到充分关注. 问题的困难在于: 什么才是一个判定有效性、可靠性的相对完备的逻辑体系? "第一类错误" 和 "第二类错误" 都不足以完全判定的原因可能源于人们对 "对" 和 "错" 的二元判定论, 那么类似于模糊逻辑的判定是否更可用? 基于小概率事件的 P 值检验近年来受到广泛质疑, 那么代替它的又应该是什么? 避免使用 "显著" 或 "不显著" 来进行检验 (如使用置信区间)、对同一个数据使用多种方法综合检验等, 都是值得探讨的新途径.

大数据对统计学的挑战是全方位的, 远不止上述这些. 但或许, 最为重要的还是, 统计学界如何理解、感知和应对这些挑战? 统计学家如何挑战自我、能更加勇敢地拥抱其他学科、坚定地朝着数据科学方向阔步向前? 我们相信, 大数据时代统计学是充满期待的学科, 仍将会是继续主导和引导人们分析和利用大数据资源的学科.

5.1.3　革新存储计算技术

大数据的一些显著特征包括规模大、种类多、变化快、价值密度稀疏等 (即通常所说的 Volume, Variety, Velocity, Value "4V" 特征). 这些特征使得计算机在处理大数据获取、存储、计算、分析及决策等数据价值链的各个环节中面临挑战. 尤其是, 随着规模和速度的快速增长, 大数据的特性和效应从量变走向质变, 使得大数据存储计算面临基础理论和技术体系上的革命. 近年来, 面对挑战, 计算机科学界在计算科学的基础理论和技术革新方面已经付出了极大努力, 取得了一些重要进展, 但一些重大的基础科学问题仍未解决. 这些基础问题又反过来制约了大数据存储、处理与计算技术的发展. 总体看, 我们认为, 在大数据快速发展和应用的驱动下, 计算机科学中的计算理论、硬件架构、系统软件以及应用模式均面临巨大挑战.

1. 计算理论问题

可计算性与计算复杂性是计算机科学的基础问题, 它度量一个问题是否能用特定计算工具来完成计算, 也决定对一个可计算问题如何设计好计算机求解算法[71,146]. 计算复杂性理论将可计算问题根据其本身的复杂性来进行难度分类, 这里复杂性通常包括时间复杂性、空间复杂性和问题能被近似求解的程度等. 一个能在多项式时间内可解的问题被称为 P 问题, 一个不能在多项式时间内求解的问题称为 NP 难问题, 其他类问题 (不确定能否在多项式时间内可解) 称为 NP 问题. NP 难问题意味着无法在可接受时间内获得这一问题的精确解, 从而只能寻求该类问题的近似解 (例如旅行商问题). 然而, 在大数据场景下, 数据自身规模往往会以指数级增长而导致算力增长超不过数据增长. 而且, 即使对一些静态数据, 当其规模大到一定程度之后, 简单的数据调入/调出也已远远淹没了计算处理的代价. 在这样的情况下, 即使传统的多项式可解问题 (P 问题) 也很难在有限算力、有限存储情况下得到真实解, 从而在小数据环境下的一个可解问题在大数据环境下未必可解. 此时, 我们必须关注传统计算理论中不考虑数据规模增长规律的计算复杂性理论是否依然有效的问题, 也必须关注数据存储、调入/调出方式与计算紧密关联情形下的综合计算复杂性问题. 在综合考虑计算、存储、通信复杂性的大数据环境下, 一个什么样的问题才是真正可解的或近似可解的? 什么样的问题在引入数据增长率, 或综合复杂性变量后, 不再是可计算或近似可计算的? 给定一个计算环境, 如何设计低复杂性的计算机算法? 所有这些问题需要在新的计算复杂性框架下加以考虑.

除了计算复杂性, 数据科学还需要探索数据空间自身的复杂性以及数据驱动下的模型复杂性[71], 这两个问题都与大数据计算处理紧密相关. 在特定精度下, 解决一个问题到底需要多大规模的数据和需要多大的算力? 数据科学不能一味依靠增加数据量或模型的参数规模来换取模型能力的微弱提升. 数据量的增大会带来多大程度模型性能的提升? 这样的提升有没有尽头或者边界? 这是数据科学应该回答的另一个问题. 从计算理论角度, 给出数据规模和模型性能的依赖关系 (上下界) 以及模型复杂性和模型性能之间的依赖关系 (上下界), 将为后续的研究和应用奠定基础.

从另一个视角看, 冯·诺依曼计算机其实是对图灵等价问题求解的一类有效的计算架构设计, 现有的计算复杂性理论是冯氏计算机在处理计算优化时的理论基石. 而在海量数据环境下, 人机结合的群智计算、量子计算、类脑计算等新型计算范式可能对问题求解提供了完全不同的解法. 那么, 在这些新型计算范式下, 大数据的可计算性理论和计算复杂性理论如何建立?

2. 大数据存储计算的硬件基础架构问题

早期的数据处理模式是以程序指令为核心的, 数据作为程序的输入, 按照程序逻辑输出结果, 程序指令和数据都需要载入内存, 然后读取到 CPU 中以进行计算处理. 这是典型的以计算为中心的处理架构. 随着计算机处理问题的规模变得庞大复杂, 多核并行计算架构以及以数据为中心的分布式计算架构被相继提出并得到快速发展. 这些新的架构主要是通过并行化和分布式的方式来加速计算的, 其本质上仍是以计算为中心, 数据围绕计算跑. 在大数据应用中, 数据处理是核心, 处理器内核、计算机结构以及分布式架构等都需要做出相应的改变. 其中最重要的改变应是 "以计算为中心" 转变到 "以数据为中心". 这种存储计算架构的改变正在和必将引起以下三方面的基础性变革:

计算机处理器从 "存算分离" 到 "存算一体". 传统的冯·诺依曼架构如果需要频繁加载数据到中央处理器 (CPU) 上, 会出现数据处理延迟增加以及内存墙 (Memory Wall) 问题, 而随着影响器件工艺和硬件架构发展的摩尔定律减缓, 以及多样性数据处理需求和数据的规模越来越大, 这一问题显得尤为突出. 因此, 存算一体的存储计算架构受到广泛关注. 其核心思路是直接将数据保留在内存中计算, 降低数据分析处理的时延. 实现 "存算一体" 的新型计算架构有两种模式: 基于现有内存架构的 "存内计算", 利用现有内存或者新型内存 (如 HMC(Hybrid Memory Cube)) 中的计算逻辑, 实现部分简单处理流程; 基于忆阻器等新型器件的 "存算一体", 即借助特殊器件实现存与算的完全统一. 存算一体是突破传统内存墙问题的有效思路之一, 但是存在很多尚未解决的基础理论问题. 例如, 存储与计算是两种完全不同的算子, 能否有合理的联合优化模型? 存算一体的尺度选择与边界在哪里? 器件在物理特性和工艺上如何做到无缝衔接? 存算一体对编程模式带来什么样的改变?

领域专用体系结构与新型软硬件开源. 自 20 世纪 60 年代, IBM 360 机器问世, 计算机体系结构就基本定型. 近年来随着大数据和人工智能的快速发展, 计算机体系结构面临新的挑战. 这些挑战包括: 影响集成电路规模的摩尔定律减缓、影响芯片能耗的丹纳德缩放 (Dennard Scaling) 定律不再有效、越来越复杂的体系结构面临突出的安全问题、多样化的数据处理和超大规模的算法模型与通用计算机架构之间的性能冲突难以调和等. 所有这些既是对现有计算机体系架构的挑战又是体系结构变革的新机遇. 当前, 面向上层大数据和智能应用的领域专用体系结构越来越被重视. 主流的思路是通过上层应用的计算特征来定制架构从而获得更高的处理性能. 例如支持深度学习的神经网络加速器 (NPU)、支持图形计算的图形处理器 (GPU)、支持大规模数据存储转发的可编程网关 (PLC) 等等. 由于各类垂直优化的芯片设计应用, 开放的指令集以及软硬件开源成为业内发展的新需求和新挑战. 加州伯克利的两位图灵奖得主约翰·轩尼诗 (John L. Hennessy) 和大卫·帕特森 (David A. Patterson) 在 2017 年获奖时呼吁加强对领域专用的软硬件协同设计、增强安全性、开放的指令集以及敏捷芯片开发等相关工作的投入. 所有这些发展, 需要在新型的计算机体系结构的基础理论与体系架构方面取得突破.

"云计算"与"云–边–端协同计算"并存. 为了适应数据规模的扩张, 以云架构为代表的分布式计算主要将大数据迁移到数据中心, 在大规模虚拟化技术支撑下实现分布式数据存储和计算加速. 而随着物联网技术的发展, 智能设备、传感器产生了大量的数据, 终端设备处理能力大幅提升, 同时大数据计算场景需要兼顾数据计算的速度以及数据的隐私保护. 在这一发展趋势下, 保持部分数据不迁移的"云–边–端协同计算"模式成为解决问题的新路径. 然而, 给定一个大数据计算问题, 如何实现最优的"云–边–端"协同? 如何分解复杂的计算任务、如何最优调度异质计算资源、如何实现对数据划分和模型抽象不一致下的任务求解? 所有这些问题都值得深入探索.

3. 大数据软件系统的重构

随着数据的持续爆发式增长, 集中式计算和存储设备带来的昂贵费用问题日益凸显, 建立在以分布式资源为基础的大规模数据存储处理已成为主流模式, 并形成了以 Hadoop 分布式文件系统 (HDFS) 和 MapReduce 任务处理框架为代表的分布式大数据系统软件 (如 Hadoop). 为了提高资源利用率, 建立统一的设备资源管理模型, 进一步形成了以 Yarn 和 Mesos 为代表的资源管理调度平台. 大数据的广泛应用, 推动了分布式大数据平台和系统软件技术的快速更新, 包括 Hadoop, Spark, Storm, Flink 等这些离线或在线分布式大数据计算平台框架的开源, 带动了大数据管理、资源虚拟化、资源调度、消息传输、大数据分析等开源软件的繁荣与发展. 与此同时, 大数据软件存在理论缺失、标准不一、层级混乱、性能参差不齐等问题. 大数据系统软件尤其需要在基础理论和标准架构上重构, 包括:

大数据系统软件的理论与架构重构. 大数据系统软件目前没有一个标准的定义. 我们认为其逻辑上的功能与一般意义上的单机操作系统类似, 即面向底层资源的虚拟化和支撑业务应用的可编程. 而在分布式大数据计算环境下, 底层资源的大规模、分布式、异质化、场景极其复杂, 与此同时上层大数据业务应用包罗万象、种类繁多. 正是这些复杂因素导致大数据系统软件生态复杂, 技术标准极不统一, 能力模型更是大相径庭. 要想持续推动大数据价值链增值, 需要突破大数据系统软件的基础理论, 重构大数据软件系统的基础架构. 其中, 需要重点研究的问题包括:

(i) 大规模分布式存储、计算、通信资源应该在哪个层面进行虚拟化? 如何建立统一的层次化系统架构以保证整体效能最优?

(ii) 在"云–边–端"差异极大的情况下, 如何设定分布式系统软件的底层硬件适配与上层编程支撑的接口标准?

(iii) 在计算流程层面, 如何同时支持分布式内存计算、流式计算、大图计算、大数据迭代运算等多种计算模式?

(iv) 对各种极端化新型加速器和新型存储器在内的异构硬件资源, 如何统一抽象、自主配置、动态迁移, 并透明支持复杂任务求解?

(v) 在大数据负载极不均衡的情况下, 如何支持分布式平台资源的动态最优调度?

(vi) 如何保证分布式软件系统运行逻辑的正确性和运行结果的安全可信?

大数据分析软件的分布化. 在系统架构分布式、大规模数据空间情况下, 大数据分析处理的工作流程要适应分布式重构. 目前 TensorFlow, PyTorch 等分布式机器学习框架可以初步支持分布式大数据学习, 然而分布式大数据分析软件要解决异步分布式算法的正确性和可扩展性问题. 异构情况下问题包括数据分布、模型分布和多任务协同分布, 其面临的主要挑战包括: 在数据分布层面, 如何在任务和模型多样情况下进行结果可信的数据划分与汇聚? 在模型分布层面, 如何确保多个模型抽象和不同质量模型在最终汇聚推断时, 结果的正确性与可扩展性? 在多任务协同方面, 还没有一个分布式工作流模型来支撑大数据建模、分析、计算和学习一体化杂糅.

分布式数据管理的 CAP 约束弱化. CAP 理论是由艾瑞克·布鲁尔 (Eric Brewer) 提出的分布式系统设计基本原则. 在分布式数据管理的设计和部署中, 存在三个核心的特性约束: 一致性 (Consistency)、可用性 (Availability) 和分区容错性 (Partition Tolerance). 传统的集中式数据管理系统, 无论是在数据存储、查询还是事务处理层面, 系统均能同时满足这三个特性约束 (即强 CAP 约束). 而在大数据环境下, 数据规模快速增长, 现有的分布式部署往往无法同时满足这三项约束. 在数据来源多样、结构异质化的情况下, 强 CAP 约束基本上是不可行的, 因此, 如何在 CAP 约束弱化的情况下, 保证分布式存储处理系统的结果一致性、事务处理的原子性和正确性以及规模的可扩展性, 是大数据分布式存储管理的重大挑战. 目前还没有有效的理论模型.

4. 数据驱动的应用模式变革

传统的数据分析应用模式比较单一, 通常基于统计或机器学习方法, 在一定规模业务数据的基础上学习判定模型, 然后基于模型来推断解决实际问题. 在大数据时代, 各领域的全类别数据规模化、泛在化, 并且通过互联网可以便捷获取. 这使得一些判定问题可以直接通过数据的查询以端到端的方式获得答案, 这也是人们所说的科学研究的 "第四范式" 的典型模式之一. 大数据作为关键资源, 推动了信息技术领域应用模式的变革, 包括直接基于数据查询的问题求解以及数据驱动的模型学习与推断这两种应用模式, 均得到大力发展, 但也面临着理论和技术上的挑战.

首先, 基于数据查询模式的问题求解, 除了搜索能力强大, 还可以对大数据进行相关性分析, 发现已有模式与规律. 然而, 这种问题求解正确性的前提是领域相关的大数据足够完整, 并且数据可获取, 数据质量有保证. 就算这些条件全部具备, 数据查询模式也只是对已发生现象的搜索定位, 不能发现新知识、应对新情况. 正如 IBM 的 Watson 系统可以与人类专家在知识问答游戏中同台竞争并取胜, 但是不能像人类专家一样去研究问题并发现新知识. 数据查询模式面临的主要科学挑战包括: 不同的数据规模以及数据分布对结果的精度会产生什么影响? 通过查询获得的结果可信度有多高, 如何判定? 相关性与因果性如何界定? 有多大程度支持预测类分析, 需要什么样的条件约束? 等等.

大数据驱动的模型学习与模型推断是另一种主流应用模式. 尤其是在各类设备的算力得到大幅提升的今天, 大数据加深度神经网络模型在很多领域已形成了规模化应用, 成效显著. 在取得工业化成就的同时, 模型推断同样面临诸多理论缺失与科学问题挑战. 如模型学习依赖大量训练样本, 如何保证模型在小样本情况下的泛化能力? 模型的结果如何做到更鲁棒, 以抵抗攻击和欺骗? 如何回答模型推断结果的可信性与可解释性? 在大规模环境下, 如何构建一个分布式全局有效的模型? 如何利用局部模型支持全局可信的模型推断? 模型推断的效率与精度之间如何平衡? 所有这些问题都有待深入探索.

5.1.4　夯实人工智能基础

人工智能是实现数据价值链并彰显数据价值的代表性技术. 在第二、三次浪潮推动下, 人工智能技术得到迅猛发展, 并已取得举世瞩目的成就. 这些成就诱发了资本市场的无限追捧, 迅即掀起了全球的人工智能热潮. 人工智能工作者未必愿意意识到在这一热潮中数据科学的特别价值, 但几乎所有人都明白 "这其实是大数据红利和计算能力提升所释放的结果". 一些深谋远虑的科学家担心 "市场化泡沫"、忧虑 "尚无基础的人工智能到底能走多远? " 所有这些都体现了建立人工智能基础的重要性和紧迫性.

本节从数据科学观点出发, 提出如下亟待解决的五大人工智能基础科学问题[148].

1. 大数据分析的统计学基础

该问题在 5.1.2 节已有阐述, 这里只更加强调与数学基础相关的部分. 本书 2.4 节已述及, 人工智能是以 "感–知–用" 为范式解决问题的, 它深刻地以大数据为基础. 纵观近年来全球 AI 与大数据的研究和应用, 许多面向国家重大需求和重要科学前沿研究中的大数据问题都呈现统计学基础的瓶颈.

熟知, 统计学是建立在概率论, 特别是像大数定律、中心极限定理、正态分布理论等这样一些基本数学原理基础上的学科. 这些基本原理大都是在独立同分布 (iid) 样本和观测变量个数 p 远少于数据量 n (即统计学常说的 $p \ll n$) 的假设下被证明的. iid 假设意味着样本须来自同一总体而且样本独立抽样, $p \ll n$ 假设 "问题本身并不复杂而且积累的经验 (观测) 不少"(用线性方程组来说, 相当于 "方程的个数已大于未知量个数"). 这两条假设是如此基本和影响深远, 以至于统计学中的许多原理也以此为规约. 例如, 一个观测模型的误差与系统内部变量无关, 或者说误差和结构不相关 (外生性假设), 这是统计学一直以来的公设. 很显然, 所有这些假设在大数据情形下都常常不满足, 甚至会被彻底破坏. 例如, 自然记录/收集的数据既不可能仅来自同一总体, 也不可能保证彼此相互独立; 像图像这样具有任意高分辨率 (像素个数 p) 的数据, 任何图像集合 (个数为 n) 都不可能满足 $p \ll n$, 而已有大量研究说明, 当 $p \ll n$ 破坏之后, 就必然会出现 "伪相关" 和 "内生性"(Incidental Endogeneity) 等伴生问题[149].

在一个尚无科学基础支撑下得出的大数据分析结论很难说是可靠的, 可能也常常是错误的 (例如, 谷歌在 2014 年对流感大数据的分析预测, 见 [150]). 要将大数据分析建立在可靠的理论基础之上, 我们需要在各种非 iid、非 $p \ll n$ 条件下去重建大数定律、中心极限定理等基本的统计学理论.

2. 大数据计算的基础算法

人工智能的核心是算法, 算法的中心在机器学习, 或者, 更严格地说, 是大数据机器学习. 无论是数据处理的查询、比对、排序、化简等, 还是数据分析的聚类、分类、回归、降维、相关分析等, 都是通过合适的计算机算法来实现的. 这些算法在 AI 中被称为核心算法. 核心算法的核心步骤通常要求在大数据环境下去解一些基本的数学问题, 求这些数学问题的算法称为大数据计算基础算法. 当前, 人工智能应用的主要障碍之一是, 对真正的大数据, 大部分已知的核心算法和基础算法均失效 (要么不能用, 要么算不出满意结果), 例如, 还没有一个好的算法能对超过 TB 级的数据进行聚类 (参见 5.2.9 节).

这样的大数据算法缺乏之根本原因在于传统计算理论, 以及基于传统计算理论的算法设计与分析方法学在大数据环境下失效. 对任何一个大数据分析和处理问题, 设计出一个超低复杂性的算法都不是简单的事. 正因为如此, 美国科学院全国研究理事会在其发表的报告[147] 中, 将在大数据环境下求解如下 7 个数学问题的问题称为 "7 个巨人问题", 并认为是重大的挑战. 这 7 个问题包括:

(i) 基本统计 (Basic Statistics);

(ii) 广义 N-体问题 (Generalized N-body Problem);

(iii) 图计算 (Graph-theoretic Computation);

(iv) 线代数计算 (Linear algebraic Computation);

(v) 最优化 (Optimization);

(vi) 积分 (Integration);

(vii) 对齐问题 (Alignment Problem).

而他们所列出的大数据环境包括:

(i) 流环境, 数据以 "流" 的方式给出;

(ii) 磁盘环境, 数据存储在计算外设的磁盘上;

(iii) 分布式环境, 数据存储在不同机器或边缘端;

(iv) 多线程环境, 数据在多处理器和共享 RAM 的环境中存储.

值得注意的是, 在通常的单机环境下, 以上所列的 7 个问题都有非常成熟的算法 (可在常用的数学算法库中调用). 由此可体会到, 大数据所带来的冲击是如此之基础和普遍.

3. 深度学习的数学原理

新近一轮的人工智能热潮是以广泛采用深度神经网络这样的 "大模型" 为基础的. 训练这样过参数化的大模型自然要用大数据并使用 "大算力", 所以, 大模型、大数据和大算力被认为是新一轮人工智能的核心驱动力. 深度学习已经取得了巨大成功. 这种巨大成功一方面极大提升了深度学习作为普适 AI 技术被广泛采用的主导地位, 而另一方面, 也唤起人们对深度学习本质局限性和 "后深度学习时代" 的思考. 任何一种方法、一项技术, 都不可能是无所不能的, 它会有其独特的优势也会有其致命的弱点. 由于应用的普遍性, 深度学习的独特优势与致命弱点几乎都已经暴露无遗了. 例如它的独特优势是, 对任意复杂数据都有很强的建模能力, 只要训练样本足够, 就一定可学习、可应用, 从而能提供一种普适的 AI 解决问题范式. 但它的致命缺陷是, 网络结构设计艺术性多于科学性 (设计难), 结果不具有可解释性 (解释难), 依赖用大数据样本训练, 易受欺骗, 等等. 应该说, 人们通常正是基于这样的公共认知去选择 "追捧" 或 "批判" 深度学习的. 然而, 为什么深度学习就具有这些独特的优势, 别的方法就不具备吗? 为什么它有这些致命缺陷, 这些缺陷就不能被克服吗? 理性而严格地回答这些问题, 对于全面认识深度学习和思考后深度学习时代 AI 的发展, 都是核心而紧迫的问题.

定量刻画深度学习的构–效关系是首要的数学原理问题. 假设

$$y = N(x) = f_k(f_{k-1}(f_{k-2}(\cdots(f_1(x))\cdots))))$$

$$f_i(x) = G_i(W_i^{\mathrm{T}}x + b_i), \quad i = 1, 2, \cdots, k, \quad W_i \in \mathbb{R}^{l \times p}$$

是一个深度神经网络, 它的性能 (如泛化性) 自然应是深度 k、宽度 l、每层神经元的非线性传输函数 G_i 等结构参数的函数. 然而, 如何定量描述, 或定性地刻画这一函数关系 (即构–效关系) 呢? 写出这样的函数可能是艰难的, 但估计它们的性能与结构之间的某种 "可控性" 是可能的. 例如, 让 $\mathcal{E}$ 是一个泛化性度量, N^* 是

理想结构, 则形如

$$L(k, l, G) \leqslant \mathcal{E}(N) - \mathcal{E}(N^*) \leqslant B(k, l, G)$$

的不等式估计了深度网络 N 泛化性能的上、下界. 近年来已有关于深度学习泛化上界的研究, 但还只限于对其中某些单一参数 (如深度) 的影响估计. 更加全面的评估, 特别是有关深度学习泛化下界、本质界的估计尚未见到. 所有这样的研究十分基本, 它不仅能帮助人们认识深度学习机理、评价其性能、改进其结构, 更是设计深度学习网络的理论依据, 是推动深度学习应用从 "艺术" 走向 "科学" 的重要步骤.

建立有确定数学意义的信息深度表示理论是另一个基本数学原理问题. 深度学习的深 "层" 结构代表着它是从深度 "复合" 的意义上来对函数作逼近的, 这使得对深度学习的解释性变得困难. 回想, 数学上的泰勒级数展开、傅里叶级数展开等, 都为我们提供了非常清晰可解释的函数逼近方式 (例如, 前者以 "逼近阶" 提高的方式, 后者以 "频率" 增加的方式渐近于被逼近函数), 而这些展开是 "叠加" 式的. 所以, 要解释深度网络表示机理, 搭建函数的 "叠加" 式逼近与 "复合" 式逼近之间的桥梁是重要的. 假定 f_k 是对函数 f 的第 k 次近似, ε_k 是对 $f - f_k$ 的某种误差度量, 则

$$f \simeq f_{k+1} = f_k + \varepsilon_k = f_0 + \varepsilon_0 + \varepsilon_1 + \cdots + \varepsilon_k$$

提供了对 f 的一个 "叠加" 式逼近. 根据神经网络的万有逼近定理, 存在线性函数 $L_k(x)$ 和非线性函数 $N_k(x) = G(Wx + b)$ 使它们的复合任意逼近 $f_k + \varepsilon_k$, 即

$$L_k N_k \simeq f_k + \varepsilon_k$$

$$L_{k+1} N_{k+1} \simeq L_k N_k + \varepsilon_{k+1}$$

如果我们期望 $L_{k+1} N_{k+1}$ 具有 "复合" 的性质, 即 $L_{k+1} N_{k+1} L_k N_k = L_k N_k + \varepsilon_{k+1}$, 从而它有望通过调整 L_{k+1} 和 N_{k+1} 来实现

$$(L_{k+1} N_{k+1} - I) L_k N_k = \varepsilon_{k+1}$$

这一等式提供了审视深度学习的一个新视角. 一方面, 当深度网络已被训练, 我们可以将上式 ε_k 作为定义, 而通过对 ε_k 的分析来阐明每一层 (块) 的作用 (例如是否单调下降); 另一方面, 可以将 ε_k 设置为优化目标, 对应每一层期望能抽取到的特征 (及由此带来的表示精度变化), 而通过分层目标来指导网络训练. 如此能带来一个有确定数学意义, 并能明确解释的深度学习架构吗? 这一架构与近年来兴起的残差网 (Residual Net) 有关联性, 但又明显不同.

学习过程的收敛性也是深度学习的一个亟待解决的问题. 深度结构的复杂性 (尤其是各种神经元的非线性性) 使得训练一个深度网络是一个高度非线性、非凸的优化问题, 而大数据训练集又使得优化算法的选择离不开随机梯度的使用, 所有这些都使得证明深度学习的收敛性并不容易. 近年来出现了一些通过连续动力系统方法来证明深度学习收敛性的尝试, 但很显然, 深度学习训练算法是离散动力系统, 运用连续动力系统方法只能刻画学习率渐近于零时训练算法的收敛性, 实际的深度学习训练算法收敛性还远远没有解决.

深度学习的稳健性也值得深入研究, 它用于揭示当训练集有小的变化时, 网络学习结果是否也会有小的变化. 这一研究对于认识和防止深度学习的欺骗性有重大意义.

4. 非常规约束下的最优传输问题

人工智能中的诸多问题都是以数据传输 (Data Transportation) 或者说数据打通为基础的. 例如, 机器翻译需要把两种语言打通、把语音与文字打通, 机器视觉需要把图像与文字打通, 辅助残疾机器人需要把脑电信号与视觉场景信息打通, 等等. 事实上, 人的认知能力是靠看、听、闻、触等多种感知方式所获得的 "数据" 融合实现的, 其中所表现的也正是 "把异构的多类数据/信息在某个层面上打通" 这种智能.

数据传输可以形式化为这样的问题: 假定有一种结构的数据集 μ_0 和另一种结构的数据集 μ_1, 我们需要在某个约束下将 μ_0 "传输" 到 μ_1. 让我们用 $\mathcal{F}(\mu_0, \mu_1; \mathcal{P})$ 表示将 μ_0 "传输" 到 μ_1 且满足约束 $\mathcal{P}$ 的所有可能方式, 则在数学上, 可视 μ_0 和 μ_1 为两个测度, $\mathcal{P}$ 为约束, 可用变换 $T: \mu_0 \to \mu_1$ 来实现 "传输". 于是, 数据传输可建模为如下最优传输问题 (Optimal Transportation Problem, OTP): 寻找 T^* 使满足

$$T^* = \operatorname*{argmin}_{T \in \mathcal{F}(\mu_0, \mu_1; \mathcal{P})} \int C(x, T(x)) \mathrm{d}\mu_0$$

这里 $C(x, T(x))$ 表示将 x "传输" 到 $T(x)$ 所付出的代价. 当 $C(x, T(x))$ 取为欧氏度量, 即 x 与 $T(x)$ 之间的欧氏距离, 且 $\mathcal{P}$ 取为 "保质量" 时, 数学上对此已有广泛而深入的研究 (例如见 [151]), 且已形成一套完整的理论和一些有效的实现算法.

然而, 人工智能的很多应用要求 $\mathcal{P}$ 不是 "保质量", 而是要保其他性质. 例如, 机器翻译要保语义, 医学 CT 转换成 MRI 要保解剖结构, 从一个网络传输信息至另一个网络要保信息熵, 等等. 对这些非常规约束下的最优传输问题, 无论是数学理论, 还是求解方法都还没有得到研究. 此是人工智能的核心基础问题之一. 很显然, 数据之间之所以需要 "打通", 或者能够 "打通", 根本原因是它们之间存在某

些 "共有特征" 或者说存在 "不变量", 如语言翻译之间的语义、CT 转换成 MRI 之间的 "同一人体" 等. "保不变量" 应是数据传输的最本质约束, 含不变量的特征空间是数据传输的可靠 "中间站". 然而, 什么才是一个问题的不变量呢? 一个不变量 (例如, 语义) 在不同结构空间中 (例如, 中文语言空间、英文语言空间) 又是如何被表达的? 所给出的两个数据集 μ_0 和 μ_1 各自含有的特征与不变量交集有多大? 如何能够实现 "保不变量" 意义下的最优传输? 所有这些是数据转换、打通的基础, 也是迁移学习的最根本问题.

5. 学习方法论的学习和函数空间上的学习理论

人工智能正迎来以 "适应环境" 为特征的第三次浪潮. 适应环境的核心要求之一是: 机器能够对 "人是如何认识世界的" 这种认识论进行模拟. 在数据智能的框架下, 此即要求对 "人是如何学习的" 这种学习方法论能进行建模与模拟, 这是人工智能迈向自主人工智能的必经之路. 我们认为, 学习方法论的模拟可以在不同层次上去实现, 例如, 可通过学习解决一族强相关问题的公共方法论去解决另一个强相关问题; 通过学习解决一族强相关问题的公共方法论去解决另一个弱相关问题; 通过学习解决一族弱相关问题的公共方法论去解决另一个不相关问题; 等等. 目前已开始有在第一层次和第二层次上的探索 (如 Learning to Learn, Learning to Teach 等[152,153]), 但还都集中在非常低的层次上.

目前, 特别需要将学习方法论的学习提升到理论层次. 推动这一提升的关键一步, 是将学习方法论的学习置入一个合适的数学框架. 假定要解决的问题属于问题类 $\mathcal{F}$, 希望达到的性能是 $\mathcal{P}$; 我们希望通过学习解决 $\mathcal{F}$ 中一个子类 $\mathcal{F}_0$ 问题的公共方法论去解决 $\mathcal{F}$ 中的任何一个问题; 假定 $\mathcal{A}$ 是以这种方式解决问题的一个算法. 这种描述提供了学习方法论学习的一个形式化描述, 但还远未构成数学框架, 亟须回答:

(i) 如何设计融入学习方法论的问题求解算法 $\mathcal{A}$? (算法构造问题)

(ii) 如何选择供学习的强/弱相关问题集 $\mathcal{F}_0$? (训练集问题)

(iii) 如何刻画从 $\mathcal{F}_0$ 学到的方法论可用于解决更大范围 $\mathcal{F}$ 中的问题? (泛化性问题) 等这样一些理论和实践问题 (图 5.1).

一个显然而基本的问题是: 问题、问题集如何描述呢? 我们认为, 一个问题可以描述为无限维空间中的一个函数 $P(x)$. 换言之, 它是由无限多可能的参数来决定的陈述. 例如, 优化问题集 $\mathcal{F}$ 是由凸性、光滑性、非线性等无穷多个性质不同的优化问题所组成的. 深度网络训练问题集 $\mathcal{F}$ 由训练集、网络拓扑、损失度量等特征不同的网络训练问题构成. 这样一来, 上述问题就成为函数空间中的学习问题了. 对应于传统学习理论考察的是数据、训练集和对数据的泛化, 函数空间上的学习理论研究问题、训练问题集和对问题的泛化.

函数空间的学习理论是一个尚未得到开垦的领域.

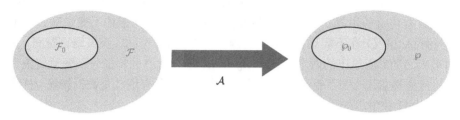

图 5.1　函数空间上的学习理论

5.2　十大技术方向

除了 5.1 节所阐述的重大基础科学问题, 数据科学也面临大量亟待解决的方法和技术问题. 对这些问题的探索已经形成一些前沿的研究领域. 例如, 在数据感知层面的物联网技术, 数据共享层面的互操作技术, 数据流通层面的大数据安全技术, 数据存储管理层面的新型数据库技术, 数据计算层面的分布式协同技术, 数据分析层面的大数据基础算法和大数据智能技术, 数据应用层面的区块链技术, 数据展现层面的可视化与人机交互技术, 等等. 本节阐述这些重要领域及其中的关键科技问题.

5.2.1　物联网技术

物联网 (Internet of Things) 技术在大数据价值链中处于数据与感知层面. "物联网" 的概念由国际电信联盟 (ITU) 在 2005 年的信息社会世界峰会 (WSIS) 上正式提出. ITU 称无所不在的物联网通信时代即将来临, 世界上所有的物体都可以通过互联网主动进行信息交换. 本质上说, 物联网就是 "物–物相连的互联网", 是在互联网基础上延伸及扩展到物端与物端之间进行信息交换与通信的网络. 继计算机与互联网之后, 人们期待物联网技术能够带来 "万物互联" 和信息泛在的第三次信息化浪潮.

物联网不仅为现实世界的数字化 (大数据的获取) 提供了更为广阔的手段, 也为大数据的应用带来了更广泛的需求和巨大的产业发展空间 (例如智慧城市、智能制造、智慧医疗、智慧健康、智慧农业、智慧金融等), 可以说大数据和物联网的结合充满了无限机会和可能. 因此, 发展物联网对于促进数字经济发展和推动社会进步有重要现实意义.

当前, 物联网的基础理论和应用实践研究方兴未艾. 美国的 "智慧地球" 计划, 欧盟的十四点行动计划, 日本的 "I-Japan" 发展计划等都将物联网作为国家重要发展战略. 物联网标准也受到了广泛关注, 国际电信联盟电信标准组织 (ITU-T)

在泛在网络, 国际标准化组织及国际电工委员会 (ISO/IEC) 在传感器网络, 欧洲电信标准化协会 (ETSI) 在物联网, 美国电气与电子工程师协会 (IEEE) 在近距离无线网络, 第三代合作伙伴计划 (3GPP) 在机器与机器 (M2M) 网络等方面, 纷纷启动了相关标准研究, 国际竞争异常激烈[154].

国内企业和科研机构也高度关注物联网方面的技术研发与实践, 已在无线智能传感器网络通信、微型传感器、传感器终端机等方面取得重要进展. 目前我国已形成从材料、器件、技术、系统到网络的完整产业链. 国际上, 我国与美国、德国等国家一起, 成为物联网国际标准制定的主导国之一. 在国家重大科技专项与国家重点研发计划的支持下, 国内新一代宽带无线通信、光子和微电子器件与集成系统、传感网、物联网体系架构及其演进等技术的研发取得突出进展. 然而, 我国在物联网领域并非走在国际最前端, 特别在技术层面, 传感器和射频器件等技术尚没有做到完全自主可控[155].

未来物联网研究需要重点突破: ① 标准问题. 世界各国存在不同的物联网标准和协议, 互不兼容; 不同设备制造商、不同平台之间协议标准不一致. 物联网的非标准化问题是阻碍市场发展的重要因素, 统一的技术标准才能使物联网在行业内、行业间实现从点到面、从分散到集中的互联互通. ② 安全问题. 当海量数据通过物联网进行传输时, 信息安全问题日益凸显. 因此, 采用适当的信息安全保障机制, 提供安全可控的管理和服务能力, 显得极为重要. ③ 感知技术. 作为感知现实世界的重要工具, 传感器是自然科学技术与信息技术的紧密结合, 需求多样化、技术差异大、成本和能耗是瓶颈. 尽管目前研发技术在全面展开, 但面对物联网的爆发性应用, 技术和产品研发还远远不够. 对于复杂场景与物理属性的精准感知仍存在技术挑战. ④ 存储调度. 物联网带来的数据量增长是指数级的, 如何既要让这些数据实时可用, 又要保证长时间可回溯, 这些对物联网通信、存储和调度技术提出了巨大的挑战[156]. ⑤ 复杂网络行为. 物联网与现实世界相互嵌入, 构成了具有大数据形态的复杂巨系统, 其感知单元的角色及对整体网络的影响、网络整体行为与演变等都是值得深入研究的基础问题.

5.2.2 大数据互操作技术

大数据汇聚与共享是大数据价值实现的前提. 然而, 由于不同领域、机构、学科和不同业务所产生和使用的大数据类型千差万别、格式不一致、平台不统一、质量不均衡、概念与模型不一致, 因此, 要实现数据的汇聚和共享就迫切需要**大数据互操作** (Big Data Inter-operating) 技术. 这是实现大数据价值链的必需.

互操作或**互操作性** (Interoperability), 维基百科将其笼统定义为 "不同系统和组织机构之间相互合作、协同工作的能力". IEEE 从信息角度对互操作性给出了比较具体的定义, 即认为是 "两个或多个系统或组成部分之间交换信息以及对所交换信息加以使用的能力"[157]. 我们认为, 在大数据作为关键资源和重要资产的认识下, 大数据的互操作还须考虑保障数据的权属关系. 因此, 我们将大数据的互操作定义为: 在多个大数据系统之间交换数据并充分利用所交换数据的能力, 是保障数据权属前提下实现大数据开放共享与价值利用的范式.

大数据互操作技术受到业界极大关注. 美国国家标准与技术研究院 (NIST)、欧盟技术委员会、全球空间数据基础建设协会、美国安全数据研究组织等均投入大量经费致力于大数据互操作实践研究, 并提出了一些卓有成效的大数据互操作基本框架与实践方案. 2016 年 5 月, NIST 提出了一个通用型大数据互操作框架[158](NIST Big Data Interoperability Framework, NBDIF), 并于 2019 年 11 月发布了最新版 NBDIF v3.0[159]. 该框架的核心是面向大数据价值链的不同角色, 定义一个由标准接口互联、不绑定特定技术和厂商实现、模块可替换可互操作的大数据参考架构 (NIST Big Data Reference Architecture). 该框架旨在指导开发人员部署可以使用任何类型的计算平台来分析数据的软件工具. 遵循这套框架, 可以将大数据分析人员的工作从一个平台转移到另一个平台, 并在不重新调整计算环境的情况下使用更先进的算法. 科学数据互操作问题是推动科研合作和科学数据共享的基础问题, 也是科学数据基础设施建设面临的主要挑战. 为了实现全球科学数据基础设施建设的战略愿景, 欧盟在第七框架协议下设立了 GRDI(Global Research Data Infrastructures) 项目. 该项目主要包含构建科学数据共享与融合的互操作框架、制定科学数据互操作的共同标准、为科学数据附加详细的溯源信息以及建设关于科学数据互操作的基础设施等四个方面. 除了科学研究领域, 健康医疗也是最迫切需要实现大数据互操作的领域之一. 美国的医学研究机构 West Health 与其他研究机构共同合作, 探讨和研究如何让不同医疗系统中的重要医学数据实现互操作, 以开拓更前沿、精湛的医疗技术、政策和设施, 使人们能够以低廉的价格享受到高品质的医疗服务[160].

目前, 国内相关单位开展了大数据互操作方面的研究, 并在一些应用中取得了实效. 北京大学梅宏院士团队提出了 " '云–端' 融合的资源反射机制及高效互操作技术"[161], 目的是打破信息孤岛, 实现业务数据和功能与第三方系统的高效互操作. 该技术通过发现信息系统内部的 "云–端" 融合资源反射回路, 提出人机协作的互操作接口自动化生成方法, 将信息系统的用户行为视为互操作的情境实例, 构造互操作接口及其实现技术. 相关技术在政府不同业务部门和信息系统之间得到了较大规模应用. 总体上, 大数据互操作研究已得到工业界和学术界的高度重视, 并已投入力量开展研究, 但目前通用、普遍、共性的大数据互操作标准框架与实现技术尚未出现, 一些基础研究工作亟待开展.

未来研究需要重点关注: ① 大数据互操作标准协议. 大数据系统与业务的多样性, 使得大数据的格式、结构、语义、规模等千差万别. 因此, 需要制定标准协议对数据格式、通信协议、软件接口以及互操作方法与技术实现等要素进行规范, 同时还要制定互操作的框架规范. 除了跨机构、跨行业、跨部门制定标准涉及的管理复杂难题, 互操作标准还面临统一业务知识体系的挑战. ② 低质高频高噪大数据环境下的互操作技术. 在工业制造、在线服务等业务场景下, 大数据快速生成, 而且数据采集的噪声与误差频发. 在政务等场景下, 不同来源大数据存在不完整、不精确、不一致、更新不及时等问题. 所有这些问题对大数据互操作带来了实际应用的巨大挑战. 需要研究可提升数据质量的互操作算子, 支持跨平台交互. ③ 软件定义的大数据交换与协同互操作技术. 大数据业务场景复杂, 为了提升跨部门、跨层级软件系统间数据流和控制流交互的流畅性、业务协同的实时性、数据融合的高效性, 数据交换与互操作技术需要突破业务案例定制的局限性. 因而不同信息系统之间黑箱式数据交换与互操作技术需要虚拟化, 需要研究突破基于云模式、数据沙箱等模式下的软件运行实时交互、重组和演化的互操作技术. ④ 权属保持和标签化的数据互操作技术. 数据作为 "原油" 特性, 有重要的原始价值. 跨部门数据交互与互操作框架要提供可扩展数据权属保持以及数据安全利用的能力支撑. 如何在大数据价值链环节实现高价值利用同时保持数据权属和数据安全, 这在技术层面上有很大的挑战.

5.2.3　大数据安全技术

数据安全防护、数据确权、隐私保护等安全技术是大数据流通应用的基础保障. 受数据分布的泛在化、数据体量庞大、数据类型多样以及大数据处理时效性等因素的影响, 传统的数据安全保护技术不能完全适用于大数据情形.

大数据安全技术既涉及国家数据空间主权、业务系统安全, 又关系到个体隐私防护, 是一项复杂的理论和技术体系, 涉及面非常广泛. 一般而言, 大数据安全技术包括以数据为主体的安全技术和信息安全领域的大数据技术, 这里重点关注大数据环境下数据安全技术. 保护大数据安全可以从数据安全的几个基本特性出发, 即保密性 (Confidentiality)、完整性 (Integrity)、可用性 (Usability) 和可控性 (Controllability).

保密性主要涉及数据加密、访问控制与隐私保护等方面的安全技术. 数据加密是对数据本身进行保护的主要手段. 随着数据量的激增, 对加密算法的效率和质量提出了新的要求, 于是出现了属性加密[163]、代理重加密、同态加密[164] 等新的加密方式. 这些新的加密方式在加密性能和保密性管理方面比较适合大数据处理. 访问控制是在数据外围架起的安全围墙, 它使得数据对非授权用户不可见. 而数据保密性的另一个重要问题是用户的隐私保护, 即如何在大数据应用的过程中保护用户隐私和防止敏感信息泄露. 为了保护个人隐私, 尤其是针对当前互联网公司利用大数据侵犯个人隐私的行为, 欧盟于 2018 年 5 月出台了《通用数据保护条例》(General Data Protection Regulation, GDPR), 被视为数据治理的里程碑事件. 像 k-匿名化、分布近似、差分隐私、同态加密等技术在隐私保护方面被采纳. 在隐私保护的实践中, 数据脱敏也是一种常见的技术手段. 根据数据脱敏方式不同, 数据脱敏方法可分为静态数据脱敏和动态数据脱敏 [165].

完整性是在大数据应用中尤为关注的问题, 因为用户将数据存储至云端后, 等于将数据的控制权和管理权交给了服务提供商. 数据是否被篡改、破坏、能否持久保存等都是用户关注的问题. 完整性一般通过完整性校验来完成, 常用的完整性校验协议主要分为两类, 一类是用于验证数据完整性的 PDP(Provable Data Possession) 协议[167], 另一类是用于恢复数据的 POR(Proof of Retrievability) 协议 [168], 一般由第三方来完成. 总体来看, POR 协议因为具备可恢复数据的能力, 所以比 PDP 协议具有更高的实用性.

可用性, 也称有效性, 指数据可被授权实体按要求访问、正常使用或在非正常情况下能恢复使用的特性. 在系统运行时正确存取所需数据, 而当系统遭受意外攻击或破坏时, 可以迅速恢复并能投入使用. 可以说, 可用性在大数据时代对数据服务提供商来说是一种必备的安全性能. 实现可用性最常用的方式是分布式容灾备份, 从物理上保证数据不易丢失并能持续提供访问服务. 除此之外, 还可以对数据本身通过冗余编码和纠错码等技术使其具备在部分数据损坏时可以修复的能力.

可控性, 也称可信性, 是指数据从产生、加工到存储、访问, 再到传输和应用全生命周期内都处于合法所有者或使用者的有效掌控之下[169]. 可控性的需求在大数据时代也显得尤为重要, 比如所使用的样本数据是否真实, 存储在云端的个人数据是否受用户控制以及个人隐私数据如何在网络空间流转和使用, 用户已经删除的数据是否还留在云端等, 都是用户比较关注的安全问题. 可控性的实现是一个跨学科的命题, 不是单一的技术手段能解决的. 比如可信计算解决的就是数据在计算和存储阶段的可信问题.

我国目前已就大数据安全进行了一系列决策部署, 特别是《"十三五" 国家信息化规划》提出了实施大数据安全保障工程. 然而, 大数据安全是一个大命题, 要真正实现大数据安全, 需要多种技术和相关政策法规的有机融合, 尤其是针对个人数据采集、应用混乱和监管不力问题, 需要相关主管单位出台大数据应用发展规范, 规范数据采集行为, 规范数据流通与共享行为, 落实数据安全保障的相关制度, 加快完善数据立法, 构建有机法律体系, 推动大数据业务有序开展.

现有的数据安全技术面临一系列挑战, 未来应加强如下一些技术研究, 如: ① 业务适配的高效数据加密——原有的数据加密方法不适用于海量数据, 需要结合大数据业务应用场景对效率和质量的需求提出针对性的加密方案, 在同态加密等现有技术基础上, 进一步提高计算效率; ② 细粒度多层次访问控制——随着大数据在不同领域应用推广和不同系统中的流转, 需要建立一种细粒度、可协同的多层次访问控制框架, 同时需要对访问控制模型进行安全形式化证明; ③ 高性能隐私保护——已有隐私保护技术普遍存在计算开销大、存储开销大、缺乏评价标准等问题, 大部分还处于理论研究阶段, 尚无法在工程实践中广泛应用, 需要突破高性能隐私保护技术; ④ 分布式远程数据操作的可信可控计算——在大数据环境中, 如何实现真正的数据操作可信可控, 也是未来大数据安全研究的重点; ⑤ 多源汇聚计算的机密性保障——跨组织数据合作的广泛开展触发了多源汇聚计算的机密性保障需求, 在多源计算中的机密性保护、非结构化数据库安全防护、数据安全预警以及数据发生泄露事件的应急响应和追踪溯源等方面还比较薄弱; ⑥ 大数据安全评测——构建第三方安全检测评估体系是保障大数据安全的必要手段, 需要从平台防护、数据保护、隐私保护等方面促进大数据安全保障能力的全面提升.

5.2.4 大数据存储技术

大数据存储是为保存、管理和查询大数据而专门设计的存储基础设施, 是大数据的重要载体, 一般以某种组织格式 (结构) 和布局 (索引) 来存储大数据, 使得上层应用程序和服务能够快速方便地访问和使用.

因为大量需求驱动, 近年来大数据存储技术是大数据方向发展最快的技术之一. 按照所保存的大数据结构形态的不同, 可以将大数据存储系统分为: 用于存储结构化大数据的数据库系统 (例如关系数据库、键值数据库等); 用于存储半结构化大数据的 JS 对象简谱 (Java Script Object Natation, JSON) 系统和 XML 系统; 用于存储非结构化大数据的文件系统等. 无论哪类存储系统, 面对大数据往往都采取如下共性技术: 以分布式方式处理大规模数据; 以异构化、分散式存储来应对数据来源和种类的多样性; 以强化横向可扩展性来应对数据的增长性. 另外, 为了实现大数据的利用, 大数据存储系统往往需要与大数据分析引擎共同优化设计.

随着计算机系统体系结构从以计算为中心逐步向以数据为中心发展, 相应地对存储系统在容量、性能、可用性、扩展性和成本等方面均提出了更高要求. 大数据环境下的存储架构与技术面临的挑战包括: ① 在不损失大数据价值的同时, 如何降低数据存储容量需求, 大数据的价值密度稀疏且分布不均匀甚至无分布使得很难找到普遍适用的大数据高密度无损压缩算法; ② 在不降低计算并行度的同时, 如何提高数据访问的局部性, 现有的大数据存储将数据写入和数据分析阶段分开单独优化, 很难同时实现计算的并行性和数据访问的局部性; ③ 在兼顾大数据存储快速更新时, 如何实现精准查询和快速访问, 大数据的快速抵达要求快速的数据写入, 而支持快速查询的索引结构却无法实时全局更新; ④ 如何以尽量低的存储空间开销和性能损失为代价, 实现大数据存储的高可用性, 容错和纠错是解决可用性的关键, 但是往往需要额外的存储空间和计算代价, 在大数据规模下这些瓶颈性问题尤其突出; ⑤ 如何使大数据存储能够按需灵活地横向扩展, 并实现容量和性能的同步伸缩, ⑥ 多访问特征、多存储模态和多硬件型号情况下如何设计构建软硬件协同的高效大数据存储系统.

　　针对上述问题, 当前的一些重要进展包括: ① 大数据的约简存储, 追求用尽可能少的代价存储尽可能多的数据. 研究发现, 应用系统所保存的数据 60% 是冗余的, 因而重复数据删除技术受到了越来越多关注. 例如针对慢数据约简的基于块的重复数据删除技术; 针对流式数据重复删除的哈希与指纹索引技术; 针对大图计算的图数据聚合存储技术等. ② 在存算融合的大数据存储方面, 为了存储计算一体化优化, 提高整体数据利用效率, 一些非易失存储器技术的发明推动了存算一体的大数据架构的发展. 但是, 存算一体系统目前还没有特别通用的架构与算法供普遍使用. ③ 兼顾更新与查询的大数据存储, 大数据存与取具有高并发特征, 需要在频繁的数据更新操作的同时, 实现数据的精准查询与快速访问. 不同结构的存储在存取性能兼顾方面采取的技术不同, 例如在键值存储系统中往往使用以 LSM 树 (Log-structure Merge Tree) 为代表的结构来兼顾数据写入和数据检索的性能. ④ 大数据存储的容错技术, 当前磁盘的容量和带宽发展不均衡, 导致传统存储阵列在磁盘出错后的重构时间过长, 带来较高的数据丢失风险和长时间的 I/O 性能下降. 研究者们提出了一种资源全局共享的存储阵列架构, 将普通 I/O 和重构负载均匀分布到整个磁盘池上, 从而提升数据恢复的效率. ⑤ 大数据存储系统的可扩展性, 大数据存储横向扩展的技术挑战在于如何实现 I/O 性能随着存储规模同步扩展, 并保证在线扩展过程中的数据一致性. 研究者发现了存储阵列扩展过程中的可乱序窗口特性, 解决了扩展过程中的数据依赖性问题. 当前主流的分布式存储系统 HDFS, Ceph 等, 普遍都提供了系统规模改变后的数据再平衡功能, 但是它们普遍承受着扩展性能差的痛苦.

　　除了上述技术继续得到关注和发展, 未来大数据存储技术的研究还需要重点关注: ① 机器学习技术指导存储系统优化. 优化存储系统以加速大数据分析、人工智能算法的执行, 已经有大量工作. 未来, 研究者将会探索如何应用机器学习算法来提高存储系统的运行效率, 降低人工运维大数据存储系统的工作量. ② 领域专用的大数据压缩与紧凑计算. 降低大数据的大小能够减少大数据的存储空间需求并加速大数据计算, 而通用的压缩算法已近极致. 未来, 研究者可以探索领域专用的大数据压缩与紧凑计算方法, 利用某一类大数据计算的具体特征来指导大数据的压缩, 并对压缩数据进行高效分析. ③ 纠删码存储原生的大数据生态系统. 已有的 Hadoop 等大数据框架基于数据多副本存储形式开发, 具有计算和存储资源需求量大的不足. 未来, 研究者将会探索纠删码存储原生的大数据计算框架, 在降低存储开销、保证数据分析服务高可用的同时, 大幅减少大数据分析所需的计算资源. ④ 低尾部延迟的大数据存储方法. 近年来存储系统平均访问延迟已经有了明显下降, 而长尾延迟成了剥夺用户良好体验的关键杀手. 未来, 研究者可重点研究低尾部延迟的大数据存储方法, 在降低平均 I/O 延迟的基础上, 减少存储延迟的波动幅度.

5.2.5 分布式协同计算技术

主流云计算往往是资源集中式的云端计算模式, 这种模式比较适合于处理计算资源需求大、实时性要求不高的计算任务. 然而随着 5G 通信、物联网和大数据智能等技术的发展应用, 大量的计算会不仅仅局限在大型化云计算中心, 而要求将其分散部署到由 "云–边–端" 构成的一体化分布式资源环境上[170]. 基于该场景的大规模分布式协同计算 (Distributed Cooperative Computing) 模式, 在数据汇聚分发、数据计算处理和数据分析应用上, 与传统的数据中心计算模式有着本质的区别.

大数据计算通常会消耗大量的存储资源和计算资源, 传统集中式超级计算机在性能上无法适应数据规模的持续快速增长, 且超级计算机的成本过高, 难以实现大规模产业化应用到互联网等行业. 一个直接做法是将大规模数据处理和复杂问题求解分而治之, 计算架构必然就从集中式向分布式发展. 近年来, 为了快速处理大规模数据, 业内围绕数据吞吐量、处理延迟以及数据敏感性三大问题, 分别提出了基于数据中心的分布式计算模式、边缘计算模式和 "云–边–端" 协同计算模式, 面向不同场景, 从不同维度对数据处理任务进行优化.

基于数据中心的分布式计算最早是由谷歌公司提出的 MapReduce 计算框架[171], 其主要思路是将一个复杂的任务分解成若干个 Map 任务与 Reduce 任务, 在利用多核并行加速处理数据的同时, 提供了高容错性. MapReduce 在谷歌成功应用后, 也成为目前众多大数据处理系统的理论基础和实践依据. MapReduce 的理论基础是只要符合统计查询模型 (Statistical Query Model)[172] 的算法都可以被写成一种求和模式, 而该求和模式可以很轻松地被 MapReduce 框架来表达. 作为 MapReduce 的一种实现, 开源系统 Hadoop 用分布式文件系统 (HDFS) 加 MapReduce 分布式计算框架处理大规模数据. 在 Hadoop 核心基础上, 业内进一步发展了扩展的分布式存储管理、资源协调调度等技术, 从而形成了著名的 Hadoop 技术生态圈. 为了进一步提高系统的性能, 降低因为磁盘访问导致性能下降问题, 业界提出了基于内存处理的分布式计算架构, 其代表性系统为 Spark[173]. Spark 是对 MapReduce 的继承与扩展, 提供了更多的算子, 使程序的编写更为简单. Spark 抽象出弹性分布式数据集 (RDD), 使常用数据常驻内存, 提高了系统的性能. 针对大数据分析任务中数据、模型和参数巨大, 尤其是在大规模深度学习场景下, 参数往往达到十亿以上, 为了提高模型学习的效率, 人们又提出了参数服务器架构 (Parameter Server Architecture)[174]. 它通过将整个集群的机器分成专用于存储与更新参数的服务器和专用于提供模型更新的计算器, 可以灵活实现各种并行模型 (例如, 同步并行、异步并行及过期同步并行), 并且可以对某些算法提供专门的优化, 大大提高了模型求解的速度. 参数服务器架构广泛使用在深度学习计算框架中. 其中用户量最大的两大开源大数据平台分别是谷歌基于 DistBelief 研发的第二代人工智能学习系统 TensorFlow 和 Facebook 人工智能研究小组主导开发的 PyTorch.

　　边缘计算模式的提出, 是为了更好地利用分散在互联网边缘的计算和存储资源. 一般而言, 边缘计算[175] 具有更短的响应时间、更好的地理位置感知、更佳的外界隔离以及更优的数据内容分发. 目前边缘计算还处于发展的早期, 还没有形成清晰的范畴和概念. 相比于数据中心计算, 边缘计算不同之处主要体现在分布式框架、底层处理设备、运行模式以及服务类型等方面. 在边缘计算处理设备方面, 计算能力受限是一个主要需要面对的问题[176]. 在运行处理模式方面, 边缘计算同样需要和中心节点交互运行, 比如云计算中心. 与此同时, 边缘计算需要在边缘设备上处理和分析数据、存储数据以及协调多个终端设备. 由于执行边缘计算的设备分布在各个不同地域, 边缘计算具有大规模以及跨地域等特点[177]. 在服务类型方面, 针对边缘计算带来近数据处理 (Near-data Processing) 的两种代表性应用类型, 包括面向低延迟的交互式任务和面向高吞吐量的处理任务. 当前, 越来越多延迟敏感的任务都在边缘设备上部署.

　　"云–边–端" 协同计算模式的发展是随着物联网、移动互联和智能终端技术应用而逐步形成的. 在 "云–边–端" 场景下, 分布式协同计算模式赋予每个分散的终端设备更大的处理能力, 每个参与计算的终端设备单元可以自行分析处理数据, 同时这些设备相互协作, 更新彼此处理的信息. 因此, "云–边–端" 协同计算为更好解决数据处理延迟敏感、数据吞吐量大和用户隐私等问题提供了可能. 例如, 近两年工业界关注的联邦学习就是一种典型的 "云–边–端" 协同计算应用案例. 在联邦学习处理过程中[65], 智能终端利用本地的训练数据训练本地模型, 上传本地的模型更新到云端, 云端处理采用模型平均算法 FedAvg 更新全局模型, 在终端设备网络通信带宽受限的场景下执行模型训练, 然后下发到各个终端设备上. 为了减少网络通信数据数量和频次, 联邦学习要有针对性地对模型分布和数据压缩算法展开研究.

　　总之, 分布式协同计算是一个面向 "云–边–端" 场景的新型计算模式, 也是新的研究热点. 在大数据场景下, 目前可重点关注: ① 异构计算资源下的适配自主化问题. 随着芯片技术的不断发展, 越来越多的设备中都嵌入了高性能处理或者智能化芯片, 例如智能手机、智能手表、智能安防设备等. 这些终端产品绝大多数时间是处于闲置状态的, 且设备异构性和地理移动分布的差异大, 同时其网络通信状态不稳定, 数据传输带宽低, 计算能力参差不齐, 存储空间大小不一. 存在如此差异的计算环境下, 如何解决资源自主适配并高效利用是需要亟待突破的技术难点. ② "云–边–端" 协同的决策延迟问题. 物联网模式下, 所有数据都需要从终端设备传输到数据中心进行统一处理, 并返回处理结果, 这导致严重的决策延迟. 而单个终端设备由于能力有限, 无法处理大规模数据和复杂任务. 在 "云–边–端" 协同计算模式下, 如何设计临近终端设备之间协同计算和平衡 "云–边–端" 资源调度是一个特别需要解决的挑战性问题. ③ 异质数据分布下的一致性问题. 大数据是所属用户的关键资源和重要资产, 尤其是用户的私有数据, 例如输入记录、浏览记录、行程轨迹, 这些数据既涉及安全、利益, 又涉及隐私. 如何在不侵犯隐私和不泄露安全的情况下, 充分有效利用异质分布的私有数据, 是一个巨大的挑战. 我们前面提到的隐私保护技术、联邦学习技术以及后面提到的区块链技术等均与这一问题有一定的关系, 但真正解决这一问题还没有统一的理论基础支撑, 实践上也没有通用实行的好办法.

5.2.6 新型数据库技术

传统的面向结构化数据表达的关系数据库难以胜任大数据组织管理. 近年来, 为应对数据规模增长而提出的分布式数据库技术, 将机器学习与数据库技术结合来解决非规则复杂场景下的数据库系统性能优化问题, 成为数据库技术发展的热点. 另外, 对特定大数据应用场景, 结合数据类型和数据分布特点而设计的新型数据库技术也逐渐涌现, 如分布式数据库、人工智能原生数据库、内存数据库、流数据库、图数据库、时空数据库、众包数据库等. 以下分别对其简述.

分布式数据库 (Distributed Database) 是工业界和学术界为应对数据大规模增长而采取的主要技术手段. 在分布式数据库设计中, 对结构上的关系型数据库 (SQL) 和非关系型数据库 (NoSQL)、功能上的分析型数据库 (OLAP) 与事务型数据库 (OLTP), 其面临的挑战不同, 因而所采用的技术路线也差别很大. 面对不断增长的大规模数据处理, 无论哪一种分布式数据库, 在实现上均要满足数据一致性、高可用性和可扩展性. 另外, 支持 ACID (原子性 Atomicity、一致性 Consistency、隔离性 Isolation、持久性 Durability)、事务特性和高并发事务处理一直是分布式数据库设计的难点. 针对这些挑战, 现有的分布式数据库技术大致可分为三类: ① 关系数据库的分布式设计——将成熟的关系数据库如 Oracle, MySQL 等在分布式集群或云平台上进行小规模扩展, 或者重新设计关系数据库模型, 实现原生式分布式管理. 例如, 亚马逊于 2017 年推出的高吞吐量云原生 (Cloud-native) 的关系数据库系统——Aurora[180], 在性能和可用性上可媲美传统商业数据库, 又具有开源数据库的可修改、低成本等优点. 而阿里巴巴的 AliSQL 利用了分布式一致性协议 (Raft) 来保障多节点状态切换的可靠性和原子性, 具有很强的创新性. ② NoSQL 数据库技术——直接放弃关系数据库模型和 ACID 事务特性, 选择具有灵活数据模型以及高可用性和最终一致性的 NoSQL 数据管理. NoSQL 数据库代表性地有 Facebook 开发的 Cassandra, 它基于分布式哈希表架构, 可扩展性和可用性高. 新浪网开源的 MemcacheDB, 采用分布式键值持久化存储和异步主辅复制机制, 具备事务恢复能力、持久化能力和分布式复制能力, 适合超高性能读写速度和持久化保存的应用场景[181]. ③ NewSQL 数据库技术——NewSQL 数据库提供与 NoSQL 数据库相同的可扩展性, 并同时能支持满足 ACID 特性的事务. 2012 年, 谷歌开发了第一款支持数据分布的新型 NewSQL 数据库系统——Spanner[182], 它内部支持多维一致性数据管理, 外部支持分布式事务处理. 2013年, 在 Spanner 基础上, 谷歌提出用于广告业务的存储系统——F1. F1 实现了丰富的关系型数据库的特点, 包括严格遵从 schema、强力的并行 SQL 查询引擎、通用事务、变更与通知的追踪和索引. 在国内, 腾讯的云分布式数据库系统 (Distributed Cloud Database, DCDB) 可以为用户提供完整的分布式数据库解决方案. 据称微信支付等大规模分布式业务都使用了 DCDB. 而阿里巴巴和蚂蚁金服自主研发了应用于金融核心业务的分布式 NewSQL 数据库——OceanBase.

人工智能原生数据库 (AI-native Database): 2015 年, Ré 等[178] 最早提出将机器学习与数据库系统结合的思路, 并展开对数据库领域结合机器学习技术的激烈讨论. 以此为契机, 数据库界开始了构建机器学习驱动的数据库系统探索[179]. 在机器学习技术应用于数据库的实践中, 2017 年, Oracle 公司发布了自治式数据库 (Autonomous Database) 系统技术, 能够根据负载自动调优并合理分配资源, 通过应用机器学习算法和自动化技术, 在复杂的联机事务处理和数据仓储管理中, 消除运营复杂性、人为错误和人工管理, 实现 "无人驾驶" 式的数据管理. 2019 年, 谷歌联合麻省理工学院、布朗大学共同推出了新型数据库系统——SageDB[183]. 他们认为学习模型可以渗透到数据库系统的各个方面, 其中大部分数据库系统的核心组件都可以被基于机器学习的组件取代, 例如索引结构、排序算法, 甚至是查询执行引擎. SageDB 构建了一个能感知数据负载分布的模型, 并自动为数据库每个组件选择合适的算法和数据特征[184]. 2019 年, 华为发布了首款人工智能原生 (AI-native) 数据库——GaussDB, 将人工智能技术融入分布式数据库的全生命周期, 实现自运维、自管理、自调优、故障自诊断和自愈等功能. 在华为云上, GaussDB 为金融、互联网、物流、教育、汽车等行业客户提供高性能的云上数据仓库服务.

内存数据库 (Memory Database): 该类数据库是大数据时代典型的一类数据管理系统. 内存数据库将主要数据全部存放在内存中, 所有的数据访问控制都在内存中进行, 一般的随机访问时间可以以纳秒计. 因而, 内存数据库主要用在对性能要求极高的环境中[185]. 典型的内存数据库 Redis 基于键值对, 支持丰富的数据结构, 包括 set, list, hash, string 等. SQLite 是一款轻量级的内存数据库, 依赖较少的外部包, 具有良好的独立性. SQLite 将整个数据库作为一个单独的、可跨平台使用的文件存储在主机中. 它采用了在写入数据时将整个数据库文件加锁的简单设计. 尽管写操作只能串行进行, 但 SQLite 的读操作可以多任务同时进行[186]. ClickHouse 由 "俄罗斯 Google" 的 Yandex 开发而来. 2016 年, 开源是计算引擎里的一个后起之秀, 在内存数据库领域号称是最快的. ClickHouse 使用向量计算, 数据不仅由列存储, 而且由向量处理 (一部分列), 可以实现高 CPU 性能, 此外它还支持采样和近似计算, 可以进行并行和分布式查询处理.

流数据库 (Stream Database): 为了处理实时增长的大规模复杂数据, 流数据的管理和相关系统的研究一直是热点. 斯坦福大学研发的多功能流数据库系统 STREAM[187] 聚焦数据流计算时的内存管理以及近似查询. 伯克利大学开发的自适应流数据库系统 TelegraphCQ[188] 可以支持不同场景的数据流应用. 美国威斯康星大学麦迪逊分校针对动态 XML 内容的流数据库系统 NiagaraCQ[189], 由搜索引擎、查询引擎和触发管理分别进行 XML 数据的抽取、查询和监控. AT&T 实验室和卡内基梅隆大学面向网络数据流监控的分布式流数据库系统 Gigascope[190], 能够支撑网络流量分析、入侵检测、路由配置分析等, 也能够进行网络搜索、性能监控等.

图数据库 (Graph Database): 现实世界与数据空间的复杂关联, 使得图关系数据广泛存在. 典型的如社交网络、语义网等大数据. 针对这些规模巨大的图数据, 设计高效的图数据管理系统成为重要的研究热点. 美国 Neo Technology 公司开发了一款被广泛使用的开源图数据库系统——Neo4J[191]. Neo4J 支持满足 ACID 特性的事务操作. 它还具有很好的可用性、很高的可扩展性, 并且支持高效率遍历查询. 斯坦福大学开发的图数据库系统 Empty-headed[192] 首先将图上的计算任务转化成边的连接操作, 然后利用现有多路连接技术找出最优的多路连接查询执行计划. Empty-headed 提出了自己的描述性查询语言, 整合了联合查询、聚集操作和迭代运算, 支持常见的子图匹配、PageRank、最短路径等计算. 随着语义网的发展, 越来越多的数据被表示成资源描述框架 (Resource Description Framework, RDF). 在 RDF 模型下, 对象及其关系被表示成一个图. 针对 RDF 知识图谱, 代表性的图数据库系统有北京大学的 gStore[193] 等. 中国科学院计算技术研究所研制的 SQLGraph[194] 在图数据库查询管理方面性能优越, 应用到了多个大规模场景中.

时空数据库 (Tempal-Spatial Database): 时空数据具有多维度、多类型、动态变化快等特点, 传统关系型数据库往往不能很好地处理此类数据. 根据时空数据特点划分, 时空数据库大致包括空间数据库、时态数据库和移动对象数据库, 分别处理点、线、区域等二维数据, 管理数据的事件属性和管理位置随时间连续变化的空间对象. 在空间数据库方面, 有基于 Hadoop 的 SpatialHadoop[195] 和 Hadoop-

GIS[196]，以及基于 Spark 的 Simba[197]．Simba 对 SparkSQL 进行了扩展，能够有效支持并发查询．在时态数据库方面，有基于 PostgreSQL 的 OceanRT[198]．在移动对象数据库方面，有针对轨迹数据处理的引擎 Hermes[199]、支持多种轨迹数据挖掘操作及可视化系统 MoveMine[200]、基于内存的分布式系统 SharkDB[201] 和 DITA[202]、轨迹数据在线分析系统 T-Warehouse[203]、大规模轨迹数据管理和分析平台 UlTraMan[204]．此外，哈根大学的 SECONDO[205] 是一个开源可扩充性数据库系统，可对空间、时态和移动对象数据有效管理且支持并行处理．

众包数据库 (Crowdsourcing Database)：提供了一种通过群体智慧求解问题的新模式．近年来，随着对众包数据管理机制和基于众包策略的数据处理技术的研究日益深入，依据上述成果的众包数据库系统也被设计和开发出来．加州大学伯克利分校和苏黎世联邦理工学院的 CrowdDB[206] 通过引入众包机制，使得数据库系统能够完成一些本来无法完成的查询操作，如针对未知或不完整信息的查询、涉及主观比较的查询等．斯坦福大学的 Deco[207] 与 CrowdDB 类似，同样提供了基于 SQL 的查询语言，允许用户通过该语言在系统中存储的关系数据和通过众包获取的数据进行各类查询．麻省理工学院的 Qurk[208] 系统支持用户定义函数 (User-defined functions, UDFs)．为了方便用户使用 UDFs，Qurk 提供了预定义的众包任务模板，可以生成支持过滤和排序等众包任务的众包界面．清华大学等的 CDB[209] 使用基于图的模型进行查询优化，能够提供细粒度的元组级别优化．

当前，大数据在全行业全领域渗透，推动了各类新型数据库技术与系统快速发展与工业化应用，但是总体上数据库的基础模型与理论范式没有相对应地发展起来，面向大数据的数据库理论远远滞后于技术的进步．未来新型数据库技术需要重点关注：① 发展新型数据库理论范式．当前关系数据库范式提出已经 50 年了，在规范结构、减少冗余、优化操作、保持一致性等方面提出了非常完美的理论规范．但是在结构异质化、分布多样化、业务差异化的大数据场景下，已有范式完全被颠覆，数据结构与模型无法统一，亟待建立新型的数据库理论范式．② 推进自治数据库的发展．数据库自治的核心是实现数据库管理自动化．虽然目前有少量工作尝试利用机器学习技术实现自动化，但依然不够成熟，不成体系．未来发展自治数据库技术可以从自动管理、自动调优与自动组装三个方面展开．③ 支持多元异构数据的统一存储和管理．在大数据环境下，数据的管理和分析面对的是多样的数据源、数据结构和数据维度，如关系型数据、时空数据、流数据、音视频数据等．如何利用这些多元异构数据的关联、交叉和融合，使大数据的价值最大化，是当前新型数据库研究的一大挑战．④ 基于学习的数据库组织模式．当前数据库往往不能学习所管理数据的数据分布，不能针对数据分布的差异进行智能化的存储管理．未来需要充分结合机器学习手段，实现数据库组织模式的自主化和智能化．

5.2.7 大数据基础算法

大数据基础算法主要解决大数据分析与处理技术底层依赖的相关数学模型的计算与分析问题, 它是大数据技术与应用的基础算法与理论支撑, 是数学与计算科学深度融合的一个领域.

正如 5.1.4 节中所解释的, 这一方向的研究始终围绕如何解 "7 个巨人问题" 这一中心. 从传统算法中筛选、改造使其能够在大数据环境下运行, 是这类研究的起点. 虽然已有很多尝试并且在一些大数据平台中出现, 但对于大数据环境的解读可以非常不同, 对这些修正算法的适应性尚难做出更准确的判断. 然而, 结合数据背景的统计计算和机器学习算法, 近年来已取得一系列重要进展. 例如, 对于纯粹的 "大规模" 即海量数据环境, 已有基于数据分解和 ADMM 技术的并行回归算法 (线性方程组算法)、深度神经网络训练的 Adam 算法 (最优化算法)[210]; 对于纯粹的高维变量即小数据环境, 已有基于稀疏建模的正则化算法 (统计推断算法)[211]; 对于流数据环境, 已有一些基于均值计算的基本统计量算法 [212] 和在线机器学习算法 [120]; 对于分布存储环境, 已有多种通信高效型分布式统计参数估计算法 [124]; 对于复杂性各异的大数据环境, 已有课程学习、自步学习和元学习算法; 等等.

独立于数据背景, 即独立于统计模型或机器学习问题, 来研究像 "7 个巨人问题" 这样的数学模型问题具有一般性, 但也更加困难. 一个自然的逻辑是: 应该通过抽象数据背景问题的一些共性特征, 将一般问题分门别类研究. 这方面已有的探索包括:对于可分目标函数优化问题的各种分布式交替方向乘子法 (Alternating Direction Method of Multipliers, ADMM) 算法 [213], 对于高阶矩阵计算问题的随机矩阵类方法等 [214]. 设计大数据基础算法常常需要一些特别的构想, 例如, 将相似性理解为长期演化的结果, 通过模拟生物视觉过程并运用生物物理中的韦伯定律离散化 [215], 近来提出了一个具有线性复杂性的大数据层次聚类算法, 该算法首次实现了对 TB 级数据的聚类并实际应用到多个真实大数据场景中.

基于大数据应用背景来准确把握 "7 个巨人问题" 是大数据基础算法研究的关键. 统计计算除了基本的统计量计算外, 真正的挑战来自非 iid 和非 $p \ll n$ 下的统计推断, 可选择其中的一些算法作为突破口; 广义 N-体问题的挑战来自 N, 例如, 聚类问题要求使用 N 个数据的相似性矩阵

$$(s(x_i, x_j))_{1 \leqslant i,j \leqslant N}$$

核回归要求使用数据集 $\mathcal{D} = \{x_i\}_{1 \leqslant i \leqslant N}$ 的核矩阵

$$(K(x_i, x_j))_{1 \leqslant i,j \leqslant N}$$

而当 N 较大时, 存储和计算这样的 N-体矩阵变得不可行, 必须要有特别的应对策略. 像 K-means 和 K-近邻那些分别压缩 N-体矩阵到 K 行或保持每行只有 K 个非零元素, 这样的稀疏化是最简单的策略, 采用某种更加智能化的稀疏化或压缩策略是期望的; 图计算问题的大数据挑战是多重的, 一方面, 将图作为描述数据相关性的工具, 图分析如何成为数据相关性分析的一个工具? 另一方面, 将图数据作为计算对象 (如网络数据分析), 如何依据部分子图, 或以流的方式给出的不同子图信息, 来对全图相关量做出估计? 线性代数计算是一个非常传统的问题, 可针对线性方程组求解、矩阵求逆和 SVD 分解等基本问题, 在矩阵行、列增/减的背景下研究其快速校正方法; 最优化问题的一些子类, 例如, 深度神经网络训练, 已经得到充分研究, 可将人工智能技术作为切入点更深入地融于各种优化算法. 积分问题的挑战主要来自高维和不规则的积分区域, 建议可结合偏微分方程 AI 求解方法的抽样需求来展开研究.

大数据基础算法研究本质上受大数据计算理论的限制 (见 5.1.3 节); 人们期望在超低复杂性 (例如至少在线性复杂性及以下) 水平上寻找解决问题的算法. 然而, 当我们准备放弃 "多项式复杂的算法是一个好算法" 这样的传统观念时, 猛然发现: 未来的路在何方?

5.2.8 数据智能技术

数据智能技术即是基于数据的人工智能技术. 更具体些说, 是将大数据机器学习与应用场景深度融合解决问题的技术. 它是数据科学与应用学科最紧密结合的一个领域, 其技术水平代表数据价值链的实现水平, 是衡量大数据应用的核心能力指标.

尽管与数据价值链的每一个环节相关, 数据智能技术一般认为包含大数据机器学习与领域相关技术两个大的部分. 前者从大数据的公共特征出发, 对一般数据建立普适的机器学习技术; 后者聚焦特定领域数据处理 (如图像处理、文本处理、DNA 数据分析等), 发展智能实现技术. 这二者存在十分紧密的关联而又相互有所区别. 普适的机器学习技术相当于大脑信息处理, 它是在更为抽象、更为一般的层次上加工信息; 特定领域数据处理对应于视觉、听觉、触觉等生物感知器官的信息处理, 它更加具体化. 生物的多数器官既是信息的感知器也是大脑指令的执行器 (如眼、手等), 所以大脑信息处理的一般性既源于各感知器官的异构性, 又会将处理结果返回各自对应器官以产生适当反应. 这种大脑信息加工与感官信息处理之间的关联性, 正反映了数据智能技术中普适机器学习技术与领域技术的深刻联系.

正如 3.3.3 节和 4.3 节所述, 大数据机器学习技术 (普适学习技术) 近年来得到飞速发展, 已形成以深度学习、强化学习、深度强化学习、联邦学习等为代表的新一代技术, 而且正随着 "适应环境" 的 AI 浪潮飞速发展. 其中最亟待解决的技术问题包括: 无监督模式下的深度学习; 基于博弈范式、贝叶斯范式、动力学范式等不同范式下的学习机理与技术; 样本的自标注、自生成、自选择技术; 元数据的形成与应用技术; 深度神经网络结构的自构建与自演化技术; 学习算法的自设计与普适化技术; 学习任务的自切换、环境的自适应技术等.

与领域相关技术融合是数据智能的最显著特点. 深度学习的典型成就也大都与领域相关技术的融合密不可分. 得益于与计算机视觉技术的融合, 深度学习在图像识别领域已取得里程碑式的突破; 得益于与自然语言处理技术的融合, 深度学习在语音识别、自然语言理解、机器翻译、同步传译、看图说话等领域已取得前所未有的成功; 得益于与搜索算法的结合, AlphaGo 等人工智能系统在围棋等竞技游戏中战胜了人类; 也正是得益于与自动控制技术、计算机视觉等技术的融合, 各类更高水平的智能机器人、自动驾驶系统也层出不穷. 目前, 几乎所有的领域都在奋力与深度学习结合, 力图推动自己领域的智能化进步. 一些特别有潜力的重要领域包括: 智慧医疗、智慧健康、智慧教育、智慧城市、智慧制造, 等等.

在这样的结合领域研究中, 最重要的是, 深刻理解每一种机器学习技术的效能与适应性, 并按照本领域特征去选择、设计自己的机器学习模式与结构. 例如, 深度学习是以大量、高质量有标记样本为前提的; 卷积神经网络只是更适用于以图像处理为基础的应用; 虽然说 "深度学习具有自动特征表示的强大能力", 选择合适的特征表示仍是深度学习提升性能的关键; 等等. 因此, 数据智能研究应特别关注研究大数据特征工程、数据选择与众包标注平台, 实现大数据的自动标签化与众创分析; 也应该特别关注应用知识驱动与数据驱动相结合的机器学习方法; 关注模型驱动的深度网络结构设计方法等. 除此之外, 数据智能研究的一些热点还包括: 研究训练数据不充分情况下 (如小样本、无监督、半监督、迁移学习等) 的机器学习理论和方法; 研究与环境交互式的学习理论与方法, 如强化学习、主动学习等; 研究高维特征空间中的稀疏学习理论与方法; 研究可解释、可信的机器学习理论与方法; 研究具有隐私保护的机器学习理论与方法; 研究面向大规模多源数据与异构计算资源的新型分布式机器学习平台, 构建开放共享的一站式机器学习应用流程, 实现大数据分析应用的协作开发; 研究机器学习平台的可视化分析技术, 构建交互式图形化大数据分析人机接口, 实现数据、机器学习算法、结果分析的一体化展示; 等等.

5.2.9   区块链技术

区块链技术是有关数据流通、交易、赋能的一种平台技术, 也可以说, 是支撑数字化社会在信息空间中建立信任、完成可信交易的技术, 是继大型机、个人电脑、互联网、移动/社交网络之后计算范式的又一次颠覆式创新.

　　起源于比特币 [216] 的区块链技术, 简要地说, 是将数据组织成区块、按时间顺序以链条方式连接, 并以密码学方式保证不可篡改和不可伪造的数据库技术 (图 5.2). 更具体些说, 它是利用加密链式区块结构来验证和存储数据、利用分布式节点共识算法生成和更新数据、利用自动化脚本代码来编程和操作数据的一种去中心化数据存储交易方式. 当数据代表交易记录时, 区块链代表着一种去中心化、安全可信的虚拟交易平台. 区块链的核心特征是数据管理去中心化, 数据分布存储在链上的所有节点, 数据传输点对点; 数据更新靠共识机制来集体维护, 不依赖节点间的信任关系; 数据以密码学方法存储、传输和查询, 确保不可篡改、可回溯和对隐私保护.

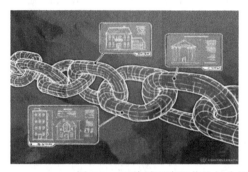

图 5.2　区块链示意及作为社会经济活动的一个平台

　　区块链的作用和价值在哪呢? 让我们设想, 我们把人类社会活动划分成一条链一条链来认识和进行管理, 一条链可以是某一类经济活动 (如货币、债券的发行与流通), 可以是某一个产品的生产与流通 (如某品牌酒, 或画家的某一画作), 也可以是某一社会事件的进程 (如对某案件的侦破、审理全过程), 等等, 这样我们就形成了一个对人类社会进行认知和操控的 "区块链" 模式. 数据可以以这样一条链一条链地被分类记录存储, 对社会的管理/治理可以以这样一条链一条链地进行. 从数据科学的角度看, 这正是数据应用的一种模式, 也是数字经济的一种模式. 在这个模式下, 记录和存储数据只是最基础的一部分, 而最重要的功能在于为社会管理/治理 (特别是流通与交易) 提供一个基础平台. 区块链的最基本作用和价值在于为数字经济提供了这样的一个虚拟化可信基础平台: 它去中心化管理, 防止垄断, 可在低信任的环境中完成交易, 无须第三方介入; 它不可篡改, 或者说, 在有限时间内很难算出不改变验证码的篡改方式; 它具有高可靠性, 即使大部分节点瘫痪, 系统仍然可以正常运转; 它有高透明度, 系统中的每一个节点都有权记录所有数据, 都有权利去了解每一笔交易的流转记录.

从非技术角度看, 区块链的作用和价值或许更加巨大. 现有社会信用体系和交易模式大都是以 "中心化" 为基础的, 互联网基于中心化架构设计和运营, 世界上的贸易也常常以单一货币结算; 这样的体系只能在完全信任中心节点的环境下使用, 安全性和可靠性严重依赖中心节点, 所有流通交易必须经过 "中心" 认证或 "中转"; 现有的互联网还只是传递信息, 没有承载价值, 相应的数字经济只是基于信息共享的经济. 区块链正是在解决这样一些社会经济问题上展示了一个可行途径, 因而受到广泛追捧与关注. 从这个意义上, 区块链的核心价值主要是: ① 为弱信任环境下的交易提供了可信任平台, 满足了人们一直寻求的降低彼此信任成本的交易环境; ② 促进现有互联网从信息互联到价值互联转变 (从而有望形成价值互联网), 区块链有望帮助实现现实世界实体资产的注册、流通与交易, 因而建立起真正意义与人类社会并行的虚拟社会; ③ 为在并行虚拟社会 (即本书信息空间中与人类社会对应的部分) 认知和操控现实社会提供了一个可信、可行的操作平台.

区块链技术已经成功地应用到比特币 (Bitcoin)、以太币 (Token[217]) 等数字货币和资产管理中. 在去中心化互联网、去中心化社会治理方面也已开始涌现大量应用, 如版权保护、合同签约、债券确权及转让、资产证券化融资、溯源防伪、资产清算、债务清收、跨境结算、保险、内容创作与分发激励、网络协同制造、工控安全、医疗数据管理、健康管理、药品溯源、数字政务、区块链发票等等. 在这样的应用中, 区块链逐渐形成了公有链、私有链、联盟链和许可链等对链上节点予以不同限制的各种应用模式.

然而, 区块链仍是一个正在发展中的技术, 它的总体发展还处于开拓期, 呈现明显的技术和产业创新相互驱动的态势. 区块链自身面临如何破解低效率与高信任、非中心化与缺乏监管、容量可扩展与通信能力受限、虚拟与现实等一系列冲突难题; 在基础理论、技术实现和应用上, 区块链都存在一系列亟待突破的难题.

在基础理论上, 区块链亟待解决如下科学问题: ① 为数据提供指纹和数据区块哈希指针的哈希函数算法 (如 SHA256) 会不会被攻击、被破解? ② 为数据传递、收发所使用的非对称加密方法 (如椭圆曲线密码算法) 在多大程度上安全、可靠? ③ 如何应对量子计算对区块链加密与安全机制的冲击? ④ 如何建模复杂的社会学目标、经济学目标、计算性能目标等, 为区块链设置科学的共识机制? ⑤ "挖矿" 的更科学机制与度量应该是什么? ⑥ 如何选择记账节点与记账内容使其在高概率下保持区块链本质特征等.

在技术实现上, 区块链亟待解决的关键问题包括: ① 如何配置与区块链相适应的分布式数据库系统, 特别是底层数据结构、顶层应用协议等? ②如何配置软硬件、研发计算系统以满足区块链的高并发、高事务吞吐量需求? ③ 如何设计分布式存储的底层协议使区块链具有一定意义上的存储一致性和安全性？④ 如何保持链上与链下数据的协同处理，使存储具有灵活的扩展性？⑤ 如何适配低成本、高效率、高可靠、高安全的区块链大数据管理系统和平台？⑥ 如何支持跨链处理等.

在应用上，区块链也面临系列挑战. 例如：技术框架本身不够成熟，可扩展性不强、效率不高，仍不能很好地支持多领域分布式应用的大规模商业化落地；超大容量的区块链存储主系统暂时难以实现，基础设施建设及规模化应用仍待时日；行业监管机制亟待攻克难关，去中心化和去中介化特质使区块链行业监管更加困难，其技术特点决定了很可能因创建者的匿名和数量众多而难以确定责任人，允许个人越过第三方进行"点对点"直接交易，对相关信息的可追溯性形成限制和挑战等. 所有这些都迫切需要区块链技术的进一步突破和区块链生态的进一步培育、成熟和发展. 然而，无论如何，区块链技术是一个充满期待的技术. 它从技术的角度解决一个并非完全技术的问题，这一特征决定了它的吸引力和重要度. 与大数据、物联网、人工智能、5G 一样，区块链已被认为是现代信息社会的重要基础设施之一了 (图 5.3).

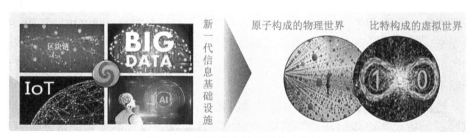

图 5.3　现代社会的重要基础设施

5.2.10　大数据可视化与交互式分析技术

大数据的内在关联错综复杂，将其以图形/图像化方式呈现，日益成为人们理解大数据内涵进而用于辅助决策的重大需求. 事实上，可视认知本是人类认知的一种特别有效的手段，利用可视化分析，方可洞察错综复杂的大数据之内在关联.

数据可视化 (Data Visualization) 是指运用计算机图形学或图像处理技术，将数据转换为图形或者图像在屏幕上呈现出来并加以分析处理的过程. 它涉及计算机图形学、计算机视觉、图像处理、计算机辅助设计等多个技术领域. 数据可视化概念起源于科学计算可视化，主要用于分析计算过程中的数据变化及结果状态. 在数据科学领域，建模、分析、计算和学习都围绕着数据展开，此时数据可视化便可以在全生命周期发挥作用. **交互式分析** (Interactive Analysis) 是指人机之间的一种互动方式，可以是数据可视化的伴生过程，它用简便的方式帮助用户理解大数据或者控制大数据的处理过程. 交互式分析在方法层面上主要包括多通道用户界面及自然交互、可触摸用户界面及手势交互、智能用户界面及情景感知交互等. 近年来, 借助可视化与交互式分析手段研究大数据规律受到了国内外诸多学者的关注[218], 相关技术已经在互联网、社会系统、气候环境、国防安全等领域发挥了重要作用.

不同数据类型, 其可视化的方法有很大差异. 我们列举几项当前热点技术并对此予以说明.

文本可视化 (Text Visualization) 主要关注如何表达文本中蕴含的语义特征和结构特征, 如词频分布与重要程度、文本逻辑结构、内容观点与情感类别等. 基础的文本可视化技术包括标签云、统计图表等. 其他文本可视化技术还包括放射层次环、泳道图等, 它们通常用于表达动态环境中文本数据蕴藏的信息变化规律[219].

网络可视化 (Network Visualization): 网络结构数据是数据科学中非常重要的一类数据, 它可以通过网络节点的关联关系, 直观表达数据之间的复杂关联模式. 国内外在面向网络结构的可视化方面做了大量工作, 主要包括具有层次特征的图可视化技术, 如树状结构、圆锥树、放射图等[220].

时空可视化 (Spatial-temporal Visualization) 是一种直观的数据可视化方式, 它基于时空地图来展现. 时空可视化重点关注数据的时间维和空间维特性, 通常基于二维或三维地图来展开可视化表达, 常见的表达方式包括热力图、OD 图、轨迹图, 以及面向具体应用的专题地图等[221].

跨域可视化 (Cross-domain Visualization): 随着应用需求的不断提升和分析技术的发展, 越来越多的应用不再是单一场景, 因此跨域可视化是实现三元世界数据融合的关键技术. 有人提出以地理时空数据承载跨域数据表达的思路, 通过挖掘文本数据蕴含的位置信息, 将网络数据映射到地理空间等, 常见的可视化方式包括散点图、数据投影、平行坐标、时空知识图谱等.

交互式分析技术是实现人机互动的关键, 它能够让用户深度参与数据分析过程, 并在过程中调整分析策略和模型参数, 进而让计算机系统给出更符合用户预期的分析结果. 交互式分析技术有多种形式, 主要面向应用领域, 而研究重点主要针对如何提高用户感受和分析的准确性方面. 交互式分析技术的重要载体是**虚拟现实** (Virtual Reality, VR)、**增强现实** (Augmented Reality, AR)、**混合现实** (Mixed Reality, MR) 等虚拟化技术, 以及**数字孪生** (Digital Twin)[222] 等新技术. 这些新技术旨在建立虚拟世界与现实世界的关联和相互作用, 实现三元空间数据融合. 虚拟现实技术与人机交互技术的结合, 可以增强用户的真实交互体验, 同时提供更丰富的人机交互模式, 在传统计算机输入设备之外, 通过肢体动作、语言等方式完成交互. 但当前在多模态人机交互能力以及面向大数据可视化内容的无障碍呈现设备与技术等方面, 虚拟现实及其相关技术仍存在系列挑战, 是未来需要突破的重点.

总体上, 大数据可视化与交互技术可以以更形象、更直观、更方便的形式揭示数据规律、展现数据状态、调整数据处理, 是大数据分析领域的一个重要技术方向. 但可视化与交互式分析目前更像一门实验科学, 在形式化描述、理论模型和客观评价等方面存在基础性缺陷.

在技术层面, 相关挑战包括: ① 对高动态、高维度、可扩展的多模异构大数据可视化理解、表示与自动生成的理论与方法亟须完善; ② 大数据环境下人机交互行为的可计算模型尚未形成统一理论框架, 特别是缺乏多模态人机交互能力的统一描述及其自然性的科学解释、理论判据和评价方法, 难以将大数据用户的交互意图以高效、自然的方式传递到计算机; ③ 有待建立大数据可视化交互的生产环境, 特别是缺乏异构大数据联合的复杂动态大场景快速构建技术; ④ 缺少面向大数据可视化内容的无障碍呈现设备与技术, 迫切需要虚实结合的大数据虚拟现实展现技术; ⑤ 大数据可视化与交互技术的增值服务模式尚未清晰, 缺乏服务社会大众的一体化大数据体验平台, 以及有展示度的大数据可视化与交互技术应用案例.

在应用层面, 未来大数据可视化与人机交互式分析应突破三个方面: ① 突破大数据的可视化分析与理解、可视化表示与聚合、可视化生成与呈现、交互行为计算、多模态自然交互、实时交互、虚拟现实等核心关键技术, 构建大数据可视化计算与交互技术体系; ② 建立视觉、听觉、力觉、触觉、体感五位一体的大数据体验平台, 研制大数据可视场景与交互内容生产的软件工具、装置设备、技术系统及开发环境; ③ 结合互联网和物联网技术发展, 研究基于可视化交互的大数据增值服务模式, 实现理论创新、技术研发、产业应用全链条的大数据价值最大化.

第 6 章　数据科学的学科发展

数据科学是正在成长中的科学, 数据科学学科也是正在成长中的学科. 在这一成长过程中, 确立学科方向、明晰学科界限、制定合适的发展战略、组织队伍围绕本学科重大科技问题展开研究与实践等, 都有着基本的重要性. 本章论证数据科学的学科方向、学科属性, 并提出推动数据科学学科发展的若干战略思考.

6.1　数据科学的学科方向

根据第 3、4 章的分析, 数据科学已经和正在吸引着广泛学科越来越多的学者投入其中. 沿着数据价值链 "数据采集/汇聚 → 数据存储/治理 → 数据处理/计算 → 数据分析 → 数据应用", 已经显现了一批相对集中而稳定的学术方向. 但是, 从学科发展和建设的角度看, 这些方向过于分散, 与已有学科的主体方向区分度不高. 将数据科学作为一门独立于传统学科的新兴学科来研究和发展, 应强调其学科基础性, 亟须明确它的主体研究方向.

我们认为, 确定数据科学的主体研究方向可根据四条原则: 一是重要性原则, 即该方向能代表数据价值链中对数据增值最为关键的科学技术领域; 二是不冲突原则, 凡是在其他学科 (除统计学、人工智能) 已列为二级及以上学科的, 或公认是其主干方向的领域, 不宜专列为数据科学方向; 三是专业化原则, 需要有一定规模的从业者去开展稳定、专业化研究以推动学科可持续发展的领域; 四是完整性原则, 所有方向一起能覆盖数据价值链, 并支撑数据科学知识体系的构建. 根据这四条原则, 本书推荐以下四个领域为数据科学的主体研究方向.

6.1.1　数据收集与管理

该方向主要包括: 数据汇聚、数据管理、数据加工、数据治理等子方向, 是数据科学与管理科学、计算机科学交叉融合的主要部分.

从物理世界中感知数据已有电子、通信等学科的专门化研究 (如雷达技术、遥感技术、传感器技术等), 数据科学的数据采集可更聚焦于对人类社会活动和信息空间 (如知识库、数据库) 数据的采集, 以及对各类数据的聚合上. 按照 "三元世界" 理论和大数据 "关联聚合原理"(参见 1.2 节), 这样的数据聚合对于数据的价值实现带有根本性.

数据汇聚 (Data Aggregation) 的科学任务是: 针对待解决的问题, 搜集/采集/聚合与问题相关, 而很可能从不同渠道、领域、方式采集到的数据. 所涉及的技术主要包括物联网、信息融合、网络爬虫、量化自我 (Quantified Self) 等. 数据汇聚的核心困难是解决 "数据共享难题"(Data Sharing Challenge), 即如何在很少知道不同数据库构建信息的前提下调用不同数据库中的数据. "互操作" 技术结合区块链技术是破解这一难题的最新途径, 参见 5.2.1 节和 5.2.2 节.

数据管理 (Data Management) 是对所采集/汇聚到的数据之可用性、质量、价值、流通、隐私、安全性等进行管理的技术 (这里的 "数据管理" 仅指与存储系统无关的部分). 数据的可用性与数据质量之间存在本质联系, 对这种关系的讨论已受到特别关注. 传统的数据管理主要从数据是否干净或脏 (Clean or Dirty) 来考虑, 而数据科学主要从数据内容视角关注, 重视的是数据是否整齐或混乱 (Tidy or Messy). 注意, 这里的整齐是指数据的形态可以直接支持算法和数据处理的要求. 数据齐化 (Data Tidying) 技术 [223] 是有用的数据质量提升方法. 数据流通是放大数据价值的重要手段, 也是数据汇聚的渠道之一. 流通与隐私保护、数据安全紧密相连, 差分隐私保护、区块链、随机核化等是这方面的突出进展, 参见 5.2.3 节和 5.2.9 节.

数据加工 (Data Wrangling/Data Munging) 是数据科学关注的新问题之一. 为了提升数据质量、降低数据计算的复杂度、减少数据计算量以及提升数据处理的精准度, 数据科学项目需要对原始数据进行一定的加工处理. 例如, 数据审计、数据清洗、数据变换、数据集成、数据脱敏、数据归约和数据标注等. 这些与传统的**数据预处理** (Data Preprocessing) 方法既有联系又有不同, 不同主要在于: 数据科学中的数据加工更强调的是数据处理中的增值过程, 即如何将数据科学家的创造性设计、批判性思考和好奇性提问等融入数据的加工活动之中.

数据治理 (Data Governance) 是指对数据管理的管理. 该方向与建设数据科学生态系统密切相关, 是保障数据价值链实现、促进数据增值的重要方面. 数据科学生态系统是指包括基础设施、支撑技术、工具与平台、项目管理以及其他外部影响因素在内的各种组成要素所构成的完整系统. 大数据时代对法律、政策、制度、文化、道德、伦理等都产生新的影响和新的需求, 例如, 迫切需要对大数据权属进行立法. 从大数据的重要性看, 它不仅仅是一种资源, 更是一种资产. 大数据权属法将会成为大数据时代信息资源/资产开发利用的必要条件.

6.1.2　数据存储与计算

该方向主要包括数据存储和利用新计算工具完成数据处理任务的科学技术领域. 有关新计算工具和利用新计算工具解决数据处理分析问题的研究和实践可统称为数据计算. 该方向是数据科学与计算机科学交叉融合的主体部分.

数据存储 (Data Storage, 含基于存储的数据管理) 是利用物理设备, 或用软件定义的系统, 对数据加以存储并支持用户便捷查询、调用的技术. 数据存储既是计算机系统的一个重要组成部分, 也是对大数据保存、备份、演化等进行管理的实现载体. 数据存储的主要形式是利用专用的物理设备或数据库. 传统的数据库以数据的 "关联关系" 为模式构建, 即只能存储关系型数据. 数据科学的发展推动了数据库技术的革命性发展, 产生了诸如 "数据在先、模式在后或无模式的" 数据库存储技术 (像 NoSQL, NewSQL 等), 它们能够支持非结构化数据的存储. 在云计算、物联网和大数据应用的驱动下, 近年来又出现了一些新的存储架构, 如边缘存储 (Edge Storage)、容器存储 (Container Storage)、计算存储 (Computing Storage)、闪存对象存储 (Flash Object Storage) 等. 这些都是数据存储的代表性新技术, 参见 5.2.4 节—5.2.6 节.

数据计算 (Data Computing) 主要包括为适应大数据处理、分析和应用而形成的新型计算理论、计算架构、计算模型和计算模式. 在理论层面主要包括数据计算与优化的基础理论, 例如, 面向大数据的可计算性理论、数据复杂性理论与系统复杂性理论 [71]; 在架构层面, 主要包括以数据为中心的分布式计算架构、"存算一体" 的处理器架构, 以及 "云–边–端" 协同的广域分布式计算架构等; 在模型层面上, 主要关注新的算法模型, 例如面向大数据具有亚线性或 Polylog 复杂性的算法, 适用于无结构或满足非独立同分布假设数据的模型等; 在模式层面, 主要关注大规模动态演变情况下对数据计算的新模式挑战, 例如, 如何根据数据自身特点以及应用需求自适应选择离线批处理和在线流式处理等不同的任务模式, 如何针对模型训练和决策推断设计不同的训练平台与应用系统, 从而形成垂直优化的计算模式, 如大规模内存计算、流式计算与大图计算等, 参见 5.2.5 节.

数据处理 (Data Processing) 在计算机科学中是一个十分宽泛的概念, 但这里特指 "运用计算机的逻辑运算直接作用, 或者说, 对数据库运用计算机算法来解决问题" 的 "计算" 处理. 这种处理是大数据应用的常见形式之一, 例如, 查询、排序、比对、推荐、化简等等. 这一领域的研究可包括传统意义上的数据预处理, 但核心是与计算系统相关的快速存/取、调度优化、数据绑定, 以及与数据直接计算产生价值的数据处理. 设计和研发这样的计算机基础算法是数据处理的核心, 参见 5.1.3 节、5.2.7 节.

6.1.3 数据分析与解译

数据分析泛指 "实现从数据到信息、从信息到知识转换" 的任何理论、方法、技术和实践, 它一直被认为是统计学和机器学习的核心内涵与目标. 在数据科学体系下, 数据分析应主要强调这些学科领域在大数据情形下的新探索、新发展和新实践, 可包括大数据统计学、大数据机器学习和大数据算法三个子方向, 是统计学、机器学习延伸的主要体现.

　　大数据统计学 (Statistics with Big Data) 是大数据分析与挖掘的科学基础和方法论. 主要包括: 非独立同分布下的极限理论、高维数据的统计学习和推断、大数据的稳健统计分析、分布式统计推断与真伪性验证等. 传统统计学的大样本分析大都基于独立同分布下的极限理论 (大数定律、中心极限定理等), 非独立同分布下的极限理论则为 "现实数据" 的大样本分析提供基础, 也是大数据统计学的最核心基础. 高维数据是大数据中特别重要的一类, 即样本规模小于问题维度的问题. 高维数据的统计学习和推断为这一类问题的解决提供了系统的理论和方法, 压缩感知和稀疏性建模是其中最为杰出的代表. 该方向还包括高维数据均值结构检验、高维数据协方差结构检验、高维回归假设检验、高维数据变点、异常值检验和高维纵向数据统计分析等. 大数据的稳健统计是针对强噪声背景下的大数据分析, 它是处理有噪声、带缺失、不确定 "现实数据" 的重要工具和分析方法, 因而有特别重要性. 传统统计学只研究集中存储而且量并不足够大的数据, 分布式统计推断则研究分散存储在不同物理地址类型的 "分布式数据", 为分布式大数据的分析提供了理论和方法, 同时也为基于抽样的海量数据分析带来了机会. 数据的真伪性判定和大数据推断结果的可信性也是大数据分析特别关注的方面, 可参见 5.1.2 节和 5.2.7 节.

　　大数据机器学习 (Machine Learning with Big Data) 是以大数据为对象的机器学习理论与方法. 与传统机器学习一样, 大数据机器学习主要围绕对大数据聚类、分类、回归、降维、相关分析这样的一些典型任务展开, 方法主要涉及深度学习、强化学习、自主学习、集成学习等. 该领域近年来在深度学习理论、深度学习设计方法、高效学习算法、小样本学习、领域自适应学习、样本自选择、网络结构优化组装、损失函数自适应、元学习、迁移学习、机器学习自动化等方面取得了突出进展. 另外, 特别受关注的是机器学习对多类大数据的特定类型所取得的进展. 例如, 对流式大数据所发展起来的实时降维技术、对分布式大数据所发展起来的分布式回归技术、对高维生物数据所发展起来的基于极限集的短时预报、对不同模式医学图像的合成技术、对深度伪造数据的鉴别等, 可参见 5.1.4 节和 5.2.8 节.

　　大数据算法 (Big Data Algorithm) 是大数据分析、处理和计算的最底层算法, 所以, 亦称为基础算法. 这些基础算法表现为在大数据环境下求解一类数学问题 (例如线性方程组) 的数学程序. 它通常可分为大数据处理核心算法、大数据分析核心算法、大数据计算基础算法三大类. 大数据算法的理论基础是大数据计算理论, 依据该理论, 大数据算法都应该是具有线性及以下复杂性的超低复杂性算法. 除这一性质外, 大数据算法还应是在分布式计算环境下可执行的算法, 能处理大数据特征之一或全部, 是可扩展、兼具理论正确性与运行高效性的数学算法. 大数据算法的设计方法学是数据科学的全新问题, 已发展出数据分解 (Data Decomposition)、变量分组 (Variable Grouping)、从少到多计算 (Few-to-Many Computing)、从易到难计算 (Easy-to-Difficult Computing)、随机化 (Randomization) 和异步并行 (Asynchronously Parallel) 等多种技巧, 并取得巨大成功, 参见 5.1.3 节和5.2.7 节.

数据科学中所采用的数据分析方法具有明显的专业性. 在计算机或应用领域, 已有各种不同的开源工具供其使用, 但必须注意到, 这些大数据平台所提供的算法大都不是最专业和最近代的, 也有一些并不真正对大数据可用. 这一方向是数据科学与数学, 特别是计算数学交叉融合的主要部分.

6.1.4 数据产品及应用

"数据产品" 在数据科学中具有特殊含义, 是基于数据开发的产品之统称. 开发数据产品是数据科学的主要使命之一, 也是数据科学区别于其他学科的重要特征. 与传统产品开发不同, 数据产品开发以数据为中心, 具有多样性、层次性和增值性等特征. 数据产品开发能力也是数据科学人才的主要竞争力之源. 除硬件载体外, 数据产品的主要形式是软件或算法, 也可能是嵌入某个系统内部的子系统. 数据产品与应用可主要包括大数据智能、数据产品开发技术与工具、数据产品的测试与封装等.

将大数据分析成果集成为数据产品的关键步骤是与应用领域的结合. 数据产品一般都是为解决现实世界中某一个或某一类预测、预报、解释、优化问题而开发的, 因而需要与领域技术和领域知识的深度融合, 并在领域专家的协助下, 完成信息 → 知识 → 决策的转换. 这一过程, 类似于人工智能, 但更聚焦于数据价值链末端, 因而可称为大数据智能. 大数据智能本质上就是数据智能, 只是更加强调大数据自身和大数据技术的应用而已, 可参见 5.2.8 节. 以大数据技术为核心的数据产品称为大数据智能产品. 大数据智能产品不是初级的数据集合. 像词典、语料库、被标注的图像视频数据集合等, 这些可以被称为初级的数据产品, 但不是大数据智能产品. 作为一类新型产品的形态, 一个大数据智能产品一般情况下包括支持智能分析的数据集、领域知识库, 以及大数据智能分析模型与算法软件, 还包括支持特定智能化决策应用所形成的软硬件封装形态的载体或平台.

狭义的数据产品可以是原始数据, 也可以是对原始数据进行加工后形成的可以直接服务的 "熟数据", 这类 "授人以渔" 式的产品类似阿里巴巴推出的显示电子商务平台市场动向的 "阿里指数" 以及腾讯提供的反映产业现状与态势的 "互联网 ＋" 指数. 数据产品还可以是用于分析处理数据的算法模型或软件这类 "授人以渔" 的产品, 例如华为的通用大数据分析平台 "FusionInsight", 百度提供的用于网站流量统计分析的 "百度统计" 工具等. 正是因为数据产品可以处于数据价值链的不同阶段, 存在于数据的采集与存储、管理与计算、分析与挖掘等不同环节, 因此需要有不同阶段的数据产品开发技术与工具. 一般情况下, 数据产品市场不能仅仅提供原始或经过加工后的数据, 也需要提供形成数据产品的开发技术和加工工具, 从而在数据不断生成时, 能使用这些技术或工具对其进行持续地加工与处理. 针对大数据的生命周期和价值链, 市场上需要系列化的数据产品开发工具, 包括数据清洗、数据标注、数据采样、数据存储、数据可视化等, 这些工具与技术可以整合成完整的数据产品加工开发工具集, 提供从原始数据到数据决策的完整服务.

在数据产品研发的不同阶段和不同层级, 为了方便使用, 需要数据产品的测试与封装. 数据产品的测试主要是对数据产品的功能、性能、规模、质量进行评估, 以保证数据产品的可靠性和易用性. 从大数据工程角度看, 数据产品的测试可以分为软件工程层面的测试和数据科学层面的测试. 前者主要针对产品的功能、规模以及是否能够适应不同场景下的正常运行, 后者主要评估数据产品的质量和数据处理算法的性能. 对数据产品的软件层面测试主要包括白盒、黑盒和灰盒测试. 不同数据产品的服务模式不同, 有些是离线拷贝, 有些是在线服务, 因此数据产品的测试也相应区分为离线测试和在线测试. 当面对大规模需求或超大规模数据时, 除了功能性测试外, 还需要对在线服务进行极限压力测试. 在数据科学层面, 对数据产品的测试要考虑封闭测试和开放测试问题, 在不同环境下评价数据产品的应用适配性. 数据产品的封装包括专业性的软件封装和硬件固化封装, 亦包括数据产品的安全保护、社会伦理与隐私保护等方面.

6.2 数据科学的学科属性与范畴

一个学科的学科属性决定这一学科的研究方式、评价方式、人才培养方式及其建设方式, 不可谓不重要.

2010 年, 德鲁·康威 (Drew Conway) 提出了第一张揭示数据科学学科地位的维恩图——数据科学维恩图 (The Data Science Venn Diagram) (图 6.1), 首次探讨了数据科学的学科定位问题. 在他看来, 数据科学处于统计学、机器学习和领域知识的交叉处. 后来, 一大批学者在此基础上提出了修正或改进版本, 如图 6.2 是雪莱·帕尔默 (Shelly Palmer) 于 2016 年给出的数据科学维恩图. 但是, 后续版本对数据科学的贡献和影响远不及康威首次提出的数据科学维恩图.

从康威和帕尔默的维恩图中心部分可看出, 数据科学位于数学、统计学、机器学习和某一领域知识的交叉之处, 具备鲜明的交叉学科特征, 即数据科学是一门以数学、统计学、机器学习和领域相关知识为基础的新兴交叉学科. 同时, 从这些图的外围可看出, 数据科学家需要具备数学与统计学知识、领域实战和黑客精神. "黑客"(Hacker) 是指热心于计算机技术、水平高超的电脑高手, 是对计算机科学、编程和设计方面有高度理解的人. "黑客精神"(Hacker Mindset) 即是大胆创新、独立钻研、深潜内部、追求本质的精神追求. 这说明数据科学不仅涉及理论知识、实践经验, 而且还涉及精神追求, 也就是常说的数据科学的三要素: 理论 (数学与统计学)、实践 (领域实务) 和精神 (黑客精神).

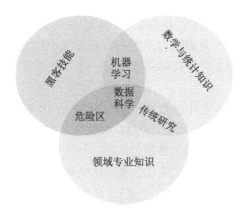

图 6.1 Drew Conway 的数据科学维恩图 (2010)

图 6.2 Shelly Palmer 的数据科学维恩图 (2016)

从这些研究, 并结合本书前几章的分析, 我们认为: 数据科学是一个由数学、统计学、计算机科学、人工智能等多个学科交叉融合所形成的新学科, 它的主体构成是统计学和人工智能学科, 而紧密相关学科是数学、计算机科学和领域相关学科. 这一属性决定了数据科学具有 "从基础到应用、从理论/方法/技术到产品一体化" 这样的理工交叉、文理交融特色.

如此宽泛的学科内涵与学科构成对于数据科学的发展既 "好" 又 "坏". "好"

的是可以博采众长、取长补短、多科发力, 体现出科学的统一性本质; 但 "坏" 的是
人才难揽/难评/难培、主体不明、易被边缘化. 作为对这一矛盾的平衡, 本书指出
数据科学的 "主体构成学科" 和 "紧密相关学科" 正出于这一考虑. 另外, 按照一
些文献的说法 (如见文献 [141]), 将数据科学区分为 "专业的数据科学" 和 "专业
中的数据科学" 也是有益的. 前者指以独立学科的形式存在, 与其他传统学科 (如
计算机科学、统计学、新闻学、社会学等) 并列的一门新兴科学, 强调学科的基础
性; "专业中的数据科学" 是指依存于某一专业领域中的大数据研究, 其特点是与
所属专业的耦合度较高, 难以直接移植到另一个专业领域, 强调的是数据科学的
交叉性.

专业的数据科学与专业中的数据科学联系如下: 专业的数据科学聚集了不同
专业中的数据科学共性理念、理论、方法、术语与工具; 相对于专业中的数据科学,
专业的数据科学更具有共性和可移植性, 并为不同专业中的数据科学研究提供理
论基础; 专业中的数据科学代表的是不同专业中对数据科学的差异性认识和区别
化应用.

从范畴上考量, 数据科学学科可只限于专业的数据科学.

6.3　数据科学的发展战略

人类社会已经步入了数字经济时代. 在这一时代中, 运用数字化、网络化、智
能化手段来认知和操控现实世界已成为重要的生产方式之一. 作为支撑数字经济
发展的基础和技术学科, 数据科学承载着无比重要的责任. 尽管大数据、人工智能
等快速发展的格局在我国已基本形成, 但发展整体上仍处于起步阶段. 发展不平
衡、不自觉、不稳健, 在数据开放共享、核心技术突破、科学驱动发展等方面仍然
面临挑战. 思考如何进一步发展数据科学, 以更强劲、更稳健的方式支撑数字经济
(特别是大数据、人工智能等) 十分重要和必要, 是解决国家重大战略问题的现实
需求.

本书提出发展数据科学的如下建议.

1. 夯实学科基础, 切实认识数据科学的价值与重要性

数据科学是以大数据为研究对象的, 它以 "三个转换、一个实现" 为科学任务
和科学目标. 我们知道, 大数据是数字经济的基本要素, 它提供了数字经济中最具
活性, 特别是能够靠积累、靠科技、靠制度优势撬动的生产要素, 而数据科学的目
标, 正是解决如何对大数据进行加工、处理、分析, 然后形成决策来解决现实问题,
即通过对大数据这种生产要素的加工来形成操控现实世界生产力的. 这种生产力
在大数据业内被称为**数据力** (Big Data Productivity), 特指大数据与大数据技术

所形成的生产力. 此乃数字经济的本质, 也是常说 "以大数据、云计算、人工智能等为代表的新一代信息技术是数字经济的支撑和赋能技术" 的缘由. 由此可见, 发展数据科学有着战略和现实的重要性.

夯实学科基础是发展数据科学的当务之急. 学科基础既包括在数据科学的研究边界之内的 "基础理论", 也包括在数据科学的研究边界之外的 "理论基础". 数据科学的基础理论是数据科学特有的理念、理论、方法、技术、工具、应用及其代表性实践, 而理论基础是数据科学的理论依据和来源. 当前的数据科学研究, 无论是大数据还是人工智能, 更多的还只是在技术和应用层面, 对于数据科学的基础理论 (如数据空间理论、大数据计算理论) 缺少研究. 这种缺少基础研究式的发展令人忧虑.

任何学科都有其理论基础, 任何与该学科有联系的事实、论据、观念、概念等都可以不断地被纳入一个处于不断统一的结构之内, 构成该学科的科学基础. 学科基础是学科从业者必须掌握的科学要素. 学科基础对学科创新有着极其重要的影响和作用, 学科基础的宽厚坚实程度决定着学科创新的深度和广度. 建立和发展数据科学, 首先需要解决其科学基础问题.

本书建议从以下方面进一步夯实数据科学学科基础:

(1) 准确把握数据科学研究对象, 切实认识研究对象所发生的改变;

(2) 把握数据科学基本任务、基本科学目标的内涵;

(3) 深刻认识数据科学与数字经济之间的本质联系;

(4) 推动数据科学重大基础问题研究, 并取得突破进展;

(5) 坚持源于应用并回到应用的原则.

2. 办好 "数据科学与大数据技术" 专业, 建设独立的数据科学学科

数据科学是以数学、统计学、计算机科学、人工智能等学科为知识结构的新型交叉科学, 也是以这些学科为基础而发展起来的新学科. 但数据科学不应被视作计算机科学的学科, 也不应该视作是统计学的学科, 而应该是属于数据科学自身的数据科学学科. 这种应有的独立性是由数据科学独有的研究对象、方法论和科学任务、科学目标所决定的, 也是更专业化地服务于国家发展战略、推动科学技术进步而期望的. 数据科学与数字经济的直接关联性、解决问题所用方法的综合性等, 都强化了它与其他学科的黏合度, 但作为独立学科来发展和建设是明智的选择. 只有这样, 培养和造就快速适应时代发展、满足各行各业发展需求的数据科学人才才有可能, 凝聚形成一支坚持不懈围绕数据科学基本问题探索的群体才有可能, 展现一个普遍应用 "第四范式" 科学发现和欣欣向荣的数字经济局面才有可能.

从 2016 年起, 我国 500 多所大学陆续开办了 "数据科学与大数据技术" 专业.

这是我国实施大数据战略, 顺应数字经济时代大数据人才需求急剧增加而采取的重大举措, 同时也为数据科学的学科发展提供了千载难逢的机会. 一个学科之所以称为学科 (Discipline) 不仅仅指它是一个专门的科学领域, 而同时它也包含从事这一领域研究的专门群体 (教师、学生、研究人员、开发人员等), 包含容纳这个群体在其中开展活动的组织以及联结这个组织与社会的生态. 科学是无形的, 但学科是有形的. 有组织形态的学科往往是推动科技进步、可持续发展的最重要保证. 试想, 如果没有及时开办数据科学与大数据技术专业, 何有如今这样一大批专业从事大数据、人工智能研究与人才培养的组织与队伍? 所以, 办好数据科学及其相关专业应是推动数据科学健康发展的最有效途径.

学科定位、学科方向、师资队伍、课程设置、人才培养原则等是办好一个专业最为核心的要素. 基于现实的重要性与迫切性, 我们将在本书第 7 章对后两个要素予以专题讨论, 在此, 我们简单分析前几个要素. 学科定位主要解决 "培养什么样的人" 的问题, 包括人才的层次, 如研究型还是应用型? 人才的类型, 如理科类还是工科类? 等等; 学科方向是引导和组织教师开展教学科研活动所聚焦的科学领域 (参见 6.1 节), 解决 "研究什么? 特长什么?" 的问题, 它与学科定位紧密呼应; 师资队伍是本专业实施人才培养和开展科学研究的人力资源总和, 是专业水平、质量、声誉的主要决定者和承载者. 对于如何办好数据科学和大数据技术专业, 本书的宏观建议是:

(1) 基于学校定位、市场需求、师资特长选择合适学科定位;

(2) 坚持 "特色优先、突出优势" 的原则确定学科方向;

(3) 避免 "拼盘式" 的课程设置;

(4) 在 "通才" 与 "专才" 培养之间取得平衡;

(5) 组建实质性交叉的多学科教师队伍;

(6) 采取 "杂糅化" 的人才培养模式 (参见 7.2 节);

(7) 坚持质量优先; 等等.

本书认识到, 办好一个专业依赖各种因素并有赖各方面的努力. 目前, 开办这一专业的模式在全国并未得到统一: 有独设学院开办的, 有在计算机学院下设的, 也有在统计学院下开办的; 有单个学院负责也有多个学院联合负责的; 等等. 这种多学科涌入、多学科协办的专业模式在 "大数据热潮" 下有其必然性和合理性, 但务必要强化质量管理. 建议国家层面设立 "数据科学与大数据技术专业人才培养委员会"(或教学指导委员会), 统一制定、发布相关人才培养标准, 指导人才培养过程, 建立人才质量保障与评估体系, 以保证人才培养质量并促进人才培养质量的稳步提升.

3. 坚持 "应用需求驱动、科学问题导向" 原则, 提升数据科学内涵与成果丰度

数据科学是一门与领域知识和行业实践高度交融的学科, 其精髓在于通过对数据世界的研究来达到认知和操控物理世界的目的. 这一本质决定了数据科学一定要坚持 "应用需求驱动、科学问题导向" 的发展原则.

坚持 "应用需求驱动" 就是始终要 "把解决现实需求问题作为第一选择、第一追求", 坚持 "从实际中来又回到实际中去" 的科学技术路线, 坚持 "源于实际、高于实际、用于实际" 的理论创新模式. 通常认为, 数据科学的任务是将数据转换成信息、知识和决策 (或智慧). 从数据到决策的转变过程是一种从不可预知到可预知的数据价值增值过程, 即数据通过还原其真实发生的背景 (Context) 成为信息, 信息赋予其内在含义 (Meaning) 之后成为知识, 而知识通过理解与实际结合转变成决策 (智慧). 这样的 "三个转换" 是数字经济时代最根本的应用需求, 坚持数据科学的这一定位, 坚持围绕数据科学核心任务开展研究, 都是坚持应用需求驱动的最基本体现.

坚持 "科学问题导向" 既是一种应有的科学研究模式, 也是把数据科学发展成为一门真正科学的需要. 只注重应用问题解决, 而不注重从实际问题中提炼带有根本性、全局性的基础问题加以研究, 是不可能奠定这一学科的学科基础的. 现实中的各种各样大数据应用蕴含着根本性的挑战, 需要特别重视从其中提炼关键科学问题. 建议从事数据科学研究的科学团体, 率先聚焦第 5 章所凝练的 "四大科学问题、十大技术领域" 研究, 力求取得突破性进展. 与此同时, 也要持续从现实世界问题出发, 在运用数据科学的思维、方法、技术解决实际问题的基础上, 提炼出更多、更新、更为本质的基础科学问题并加以持续探索, 为未来的科技创新和颠覆性变革提供科学指引和不竭动力. 鼓励高校和科研院所坚持这一模式推进数据科学的学科建设.

提升数据科学内涵与成果的丰度是学科发展的永恒任务. 当前应该特别关注:

(1) 为国家大数据战略实施提供切实可行的策略;

(2) 聚焦关键行业/领域的大数据应用, 提出并推动数据科学系统解决方案;

(3) 围绕 "四大科学问题、十大技术领域" 形成国家重大研究任务, 组织攻关研究并取得突破;

(4) 在科学群体内部加强对数据科学、大数据、人工智能等科学内涵与方法论的讨论, 形成统一认识;

(5) 在各学科间建立共识, 统一数据科学相关概念、理论与方法, 并以此作为各学科发展数据科学的基础;

(6) 提高公众对数字经济中数据科学核心作用的认识; 等等.

4. 改革评价体系, 构建良好数据科学发展生态

数据科学生态 (Ecosystem) 是包括基础设施、支撑技术、工具平台、人员管理、项目管理以及各种其他外部影响因素在内的相互依赖、相互影响、共同作用于数据科学发展的系统. 重视系统中每一要素的价值, 并处理好它们之间的关系, 是推动数据科学健康发展的重要条件. 本书特别关注数据生态系统建设中的如下方面.

一是大数据平台. 必须充分关注大数据平台对于学科发展的重要性和必要性. 大数据存储与管理需求刺激了云存储、数据中心等基础设施建设. 这些基础设施在一些垂直行业 (如电力系统)、互联网企业 (如腾讯、百度、阿里巴巴等) 以及大众创新应用中发挥了重要作用, 已成为国家实施大数据战略的重要基础设施. 这些昂贵的基础设施一般都是集中部署的, 难以满足数据科学研发人员, 特别是满足大专院校数据科学与大数据技术专业的人才培养需求. 基础设施与大数据平台是不同的, 后者指为从业者研究、开发、测试、培训所提供的大数据计算设备、编程环境与应用平台等. 这些平台对于数据科学的研究和专业教育、培训都是基本的. 不能只重视基础设施建设, 而忽视平台建设. 对于非计算机专业的从业者来说, 平台比基础设施可能更为基本. 建议将大数据平台是否良好, 作为数据科学相关专业开办的必要条件和评估的基本要素.

二是学科交融环境. 数据科学是学科交叉特征最为鲜明的学科领域之一, 其理论基础和研究方法论来自数学、信息科学、计算机科学、统计学、人工智能、社会科学、网络科学等不同的学科, 而解决问题又必须与相关领域紧密结合. 因此, 数据科学的研究与应用离不开对相关学科领域的依赖. 因而, 组建一支多学科交叉队伍是常态, 也是一种必然. 要使得这种多学科的合作能实质性地产生效益, 特别是促进成果质量和解决问题能力的提升, 需要营造良好的学科交融环境. 在国家层面, 可通过成立联盟、建立专业组织、实施重大研究计划、建设国家创新平台/实验区/示范区等途径, 促进科技界、工业界以及政府的合作, 引导数据科学家研究并解决应用领域的重大科技问题, 并在主动为其他学科发展与国家战略需求服务的同时, 推动并丰富数据科学学科自身的发展. 在团队与管理层面, 要树立和引导正确的价值观并建立科学的交叉学科评价体系. 本书对此提出如下建议:

(1) 营造开放、合作、包容、创新的工作环境;

(2) 认可理论研究与应用研究同等重要;

(3) 不要无限放大个人价值和单个学科的作用;

(4) 倡导 “功成不必在我” 的价值观;

(5) 倡导 “相互欣赏、相互融合、相互合作” 的合作文化;

(6) 采用 "论成果、论贡献、论质量""不唯论文、不唯排名、不唯数量" 的业绩标准;

(7) 采用 "基于业绩, 兼顾协调、持续、稳定" 的分配原则; 等等.

5. 造就和培养大批"懂数据、会分析、能落地"的数据科学专门人才队伍

学科的发展关键在人才. 实施国家大数据战略、推动数字经济发展、实现 "网络强国、数字中国、智慧社会" 目标都呼唤大批从事数据科学的专门人才. 据相关部门统计, 未来 3—5 年内, 我国各行业将需要 100 万的数据工程师和数据分析师. 所以, 采取非常规举措, 培养和造就一大批数据科学专门人才, 既是数据科学学科发展的自身需要, 也是满足国家重大战略需求的需要. 本节关注人才建设的一个重要方面, 即如何才能更快聚集和提升现有数据科学人才的能力和质素?

我们已反复提及, 数据科学是一个以数学、统计学、计算机科学、人工智能等多学科为基础发展起来的新学科. 尽管出自不同目的, 例如, 数学家可能感兴趣于 "数" 与 "形" 之外的更广泛数据对象, 期望在数据空间上推广数学理论; 统计学家可能感兴趣于为它们的理论找到更广泛的应用场景, 期望也像机器学习一样用得 "出彩"; 计算机科学家想为大数据的广泛应用配置更适宜的存储架构、计算架构、编程工具、应用平台, 期望能用计算机解决一切问题; 而人工智能期望 "一切都由我来做, 只希望能给我一些理论解释"; 等等, 各学科已经聚集起了大量从事数据科学或相关研究的人员. 这支队伍是当下数据科学研究并推动数据科学快速发展的主体力量. 然而, 这批人员限于自身专业的限制, 很难做到对各学科融会贯通, 加之各学科所使用的术语、概念与方法之间存在着大量不一致、不统一, 他们之间也常常彼此难以沟通、相互理解. 这一局面大大限制了他们从事数据科学研究的创新力和创新速度. 所以, 培养和提升现有多学科数据科学人才的综合能力与素质变得十分必要和迫切.

本书认为: 数据科学人才的综合能力与素质可概括为 "懂数据、会分析、能落地". "懂数据" 是要求数据科学研究者对数据所映照的现实世界问题有足够的了解, 对数据是 "怎样来的、如何存的、怎样算的" 这些数据处理过程非常清晰; "会分析" 是要求对实现 "三个转换" 所使用的算法、工具、平台有充分掌握, 能够熟练地运用这些算法、工具、平台去实施 "三个转换", 并对其中的缘由能给出解释; "能落地" 是要求能将数据分析之结果与领域知识结合, 去解决所面对的现实世界问题, 并产生效益. "懂数据、会分析、能落地" 是一个很全面、很高的标准, 既体现了对数据科学研究者所具备的知识、能力、水平的要求, 也体现了对数据科学研究者观念、素质与精神的期盼. 这些要求可作为各学科从事数据科学研究人员的引导性目标, 鼓励他们按照这一目标去充实、提高, 在实践中快速成长.

数据科学是一门极具特殊性的学科, 与其他学科相比有着一系列不同的新特

征. 例如, 思维模式的转变 (从知识范式转变到了数据范式)、数据/技术主客体
关系的转变 (从以技术为中心转变到了以数据为中心)、应用数据指导思想的转变
(从理想主义回归到现实主义)、以数据产品开发为主要目的 (数据成为传统产品
的主要创新点)、数据科学的三要素 (不仅涉及理论、实践, 还包括精神) 等等. 因
此, 数据科学的研究不能简单照搬传统学科的经验, 应尊重其特殊使命和属性. 本
书支持对数据科学研究者的如下建议:

(1) 正确认识数据科学的内涵、研究方向与研究方法论;

(2) 强调数据范式, 但坚持与知识范式结合的思维模式;

(3) 突出数据的主动属性, 但强化对数据的规范性管理;

(4) 对 "似是而非" 的观点保持警觉, 不盲从、不传播, 例如, 重视相关性但不
忽视因果性;

(5) 重视对数据及数据分析结果真伪性的判定;

(6) 坚持理论正确性与应用高效性相统一的价值选择;

(7) 努力提升理论素养、实践能力和科学精神;

(8) 主动跟踪数据科学新动态, 获取新知识, 掌握新技术;

(9) 准确定位数据科学人才培养目标; 等等.

第 7 章　数据科学的人才培养

任何一门科学, 仅当有源源不断的跟随者并为之奋斗时, 才能得以兴旺和发展. 这样的跟随者是时代进步、社会生产力发展催生的结果. 2016 年起, 我国陆续开办数据科学与大数据技术专业, 该专业迅速成为近年来最热门的大学专业之一. 这既反映了社会发展对数据科学人才的强劲需求, 也反映了广大民众对数据科学的巨大期盼. 如何办好这一专业? 社会到底需要什么样的数据科学人才? 我们又如何来培养这样的数据科学人才? 本章对这些问题予以讨论.

7.1　社会需要什么样的数据科学人才?

7.1.1　数据科学人才的市场需求

2012 年, 帕蒂尔和达文波特 (D. J. Patil & T. H. Davenport) 在《哈佛商业评论》上发表了著名的人力资源报告 "数据科学家: 21 世纪最性感的职业" (Data Scientist: The Sexiest Job of the 21st Century)[135]. 该报告不仅分析了数据科学在当今科学技术与社会发展中的核心作用, 而且调查揭示了一个令人意想不到的事实: "数据科学家在过去 4 年中连续高居美国最热门职业的第一位". 报告预测 2018 年美国至少需要 49 万名数据科学家, 尚缺 29 万名数据科学家, 另缺 150 万名数据分析师和数据执行官; 德勤公司预测, 2018 年全球企业将至少需要 100 万名数据科学家; 领英 (LinkedIn) 公司的调查数据显示, 自 2018 年以来, 美国的数据科学家职位空缺增加了 56%, 而最近的一份报告表明, 数据科学家职位空缺同比增长了 29%. 据我国相关部门统计, 未来 3—5 年内, 各行业将需要 100 万名数据工程师和数据分析师; 人才招聘网猎聘发布的 2019 年大数据人才就业趋势报告显示, 中国大数据人才目前缺口高达 150 万名.

这些数字表明, 数据科学人才的市场需求巨大, 而且这样的需求将在未来 5—10 年保持持续增长的势头. 市场上到底哪些行业需求数据科学人才? 最近, 饶绪黎等 [224] 以 2019 年百度百聘、智联招聘、猎聘网、全才招聘网、看准网等热门人才招聘网站作为数据源, 利用天眼查 (http://www.tianyancha.com) 网站接口, 采集了全国 90 座热门城市的大数据相关岗位的 6833 条招聘信息. 他们分析发现: ① 软件和信息服务业对大数据人才需求最多, 占据招聘需求量的 44.25%, 其次是电信、广播电视和卫星传输服务业, 占据招聘需求量的 22.99%; 一些非科技类行业, 如商务服务业、零售业、批发业、文化艺术业, 对大数据相关人才也有需求, 约占总招聘需求量的 26.03%; ② 大数据人才就业的岗位覆盖面广, 涉及开发、架构、分析、运维、测试、客服、业务经理等多种岗位. 市场对各岗位大数据人才的需求不均衡, 例如大数据开发类的岗位需求量巨大, 大数据实施工程师类的岗位需求量相对较小; ③ 现阶段多数大数据岗位在工作经验和学历上并没有严格的要求, 但大数据岗位涉及的技术覆盖面却较广, 涉及 C, Hadoop, Java, Spark, SQL, Hive 等多方面技术能力. 由此可见, 熟练掌握多种主流编程语言及数据分析技术是当下数据科学专业毕业生在人才招聘中的优势所在.

市场到底需求什么样的数据科学人才?《光明日报》记者罗旭曾就此专门访谈了中国人事科学研究院原院长吴江先生 (详见《光明日报》2014 年 03 月 08 日 08 版: 大数据时代我们最需要什么样的人才?). 他认为, 大数据时代需求的数据科学人才主要包括: **数据规划师**, 指在一个产品设计之前, 为企业各项决策能提供关键性数据支撑, 实现企业数据价值的最大化, 更好地实施差异化竞争, 帮助企业在竞争中获得先机的人; **数据工程师**, 指那些大数据基础设施的设计者、建设者和管理者, 他们能开发出可根据企业需要进行分析和提供数据的架构, 同时, 他们的架构还可确保系统能够平稳运行; **数据架构师**, 指擅长处理散乱数据、各类不相干的数据, 精通统计学的方法, 能够通过监控系统获得原始数据, 在统计学的角度上解释数据的人; **数据分析师**, 指能通过分析将数据转化为企业所使用的信息, 能通过数据找到问题, 准确地找到问题产生的原因, 为下一步的改进找到关键点的人; **数据应用师**, 指能将数据还原到产品中, 为产品所用, 能够用常人能理解的语言表述出数据所蕴含的信息, 并根据数据分析结论推动企业内部做出调整的人; **数据科学家**, 指大数据中的领导者, 具备多种交叉科学和商业技能, 能够将数据和技术转化为商业价值的人. 吴江先生对数据科学人才的分类显然过细了些, 但真实反映了市场对数据科学人才需求的多样性. 近年来, 人们渐渐接受将数据工程师、数据分析师和数据科学家作为数据科学人才市场需求的主要规格, 并出现了大量对这些不同规格人才岗位的讨论. 例如, 陈振冲等 [225] 分析了数据工程师、数据分析师与数据科学家的作用与区别, 他们认为: 一名合格的数据分析师需要具备较强的实际应用能力, 能够收集和管理数据, 能够利用工具或软件分析数据, 生成并撰写数据分析报告, 能够实现不同的算法; 而一名合格的数据科学家需要具备分析、研究、解决问题的能力, 能够根据不同的数据建立数据模型, 设计和实现数据分析、知识获取的算法, 并且能够与商业或决策部门合作, 利用从数据中获得的知识提供决策支持. 简言之, 数据科学家更强调数据科学理论, 而数据分析师则更强调应用和数据处理的熟练技能.

2019 年 7 月 2 日, 世界经济论坛 (WEF) 与燃玻科技、领英和 Coursera 三家企业联合发布研究报告 "新经济下的数据科学: 第四次工业革命下的新一轮人才竞赛"[226]. 报告指出: ① 虽然数据科学职位和技能只是劳动力中的一小部分, 但最近趋势显示, 劳动力市场对数据科学技能有着非常高的需求; ② 随着数据在媒体娱乐、金融服务、专业服务等多个部门的重要性与日俱增, 对数据科学技能的需求不再仅限于信息科技部门; ③ 数据科学技能对正在增长的一系列特殊职位尤其重要, 例如, 机器学习工程师和数据科学家; ④ 数据科学技能组合并非一成不变, 而是在不断发展变化, 并创造出新的数据分析机遇, 实现进一步的技术进展, 从而重新界定数据科学家所需的具体技能组合; ⑤ 数据科学学习者所取得的成绩差异表明, 不同行业和经济体的数据科学人才水平参差不齐; 信息通信技术 (ICT)、媒体娱乐、金融服务、专业服务等行业目前在雇佣数据科学人才, 以及积极更新技能的在线学习者取得的成绩方面处于领先地位; 众多行业中, 欧洲的在线学习者展现出更熟练的数据科学技能, 美国和新兴地区次之; 信息通信技术部门是个例外, 来自亚太地区、中东和非洲的学习者的表现优于其他地区的平均水平; ⑥ 人工智能与机器学习专家, 或数据科学家等职位对数据科学技能的应用是最好的. 据预测, 这些职位将是 2022 年前大多数行业中需求最为旺盛的职位.

所有这些分析表明: 无论是中国市场还是海外市场, 数据科学人才的当前需求和长远需求都是巨大的, 是日益增长的; 需求数据科学人才的行业已不限于信息技术产业、科学技术部门, 更是遍及制造业、服务业、社会治理、数字经济的方方面面; 市场对数据科学人才的需求是多元化的, 既需要根据目标规划如何用数据解决问题、能找数据、汇聚数据的数据规划师, 需要设计、建设和管理大数据基础设施并完成数据处理的数据工程师, 需要分析大数据、解释大数据和应用大数据的数据分析师, 也需要管理、活化大数据资源的数据执行官, 更需要推动、领导数据科学理论、技术不断发展的数据科学家. 所有这些需求构成了数据科学人才培养的主要依据.

7.1.2 数据科学人才的知识、能力与素质

为满足市场对数据科学人才的迫切需求, 我国从 2016 年起在大专院校陆续开办数据科学相关专业. 对数据科学人才的专业化培养是十分正确和重大的举措, 但如何培养却是一个十分严肃的问题. 承担人才专业化培养任务的大学与研究机构, 应该切实对 "培养什么样的人, 如何培养市场需要的人" 这样的基本问题有清醒而准确的认识. 本书认为, 尽管市场对数据科学人才的类型和岗位有着不同需求, 但都是围绕数据价值链或其中的某一区段的, 本质上反映着对数据科学人才知识、能力和素质的一致性要求.

知识要求: 数据对企业来说已成为一种越来越具有活性的资产, 而且逐渐成为企业的核心竞争力之一. 企业关注的不仅仅是数据自身, 而更关注数据的价值以及数据对企业所带来的影响和提升. 数据科学是实现数据价值提升的方法和技

术途径, 是有望为企业带来额外价值和效益的 "赋能器". 这就要求所培养的数据科学人才必须具备实现数据价值链的综合知识结构. 根据前几章的讨论, 数据科学的知识结构主要由数学、统计学、计算机科学、人工智能、领域相关知识等方面的知识构成, 其中, 统计学、机器学习、领域相关知识是数据科学的 "灵魂", 是数据价值链实现的最基本依据和最基础方法, 虽看不见、摸不着, 但在数据价值链实现中是最为基本的; 数学、计算机科学是数据科学基础知识中的 "核心", 是数据价值链中实现数据采集、汇聚, 数据存储、管理, 数据处理、计算必须具备的方法和工具; 人工智能是数据的产品化展现, 是数据价值链中实现与领域结合、形成决策的基本技术. 而特定领域 (如生物医药、金融、经济管理、人文社科等) 知识是数据科学人才准确了解业务的需求和业务系统的架构、高效完成数据和业务对接之必须, 是正确开展数据分析工作的前提条件和保障. 积累足够的领域知识有助于评价和区分有价值的数据分析结果.

能力要求: 作为一门 "用数据方法解决现实问题" 的学科, 数据科学人才不仅要求有 "以数据为中心" 的思考能力, 更要求有 "综合 + 实战" 能力. 这样的能力即是 "懂数据、会分析、能落地" 的全面要求 (参见 6.3 节). 这就要求数据科学人才能够对 "不同类的数据蕴含哪些不同的信息, 解决一个问题需要什么样的数据, 如何汇聚资源收集这些数据" 等数据规划师的业务胸有成竹; 能够按需要搭建大数据基础设施去存储、管理数据, 能够熟练使用各种计算机语言和平台工具去开展大数据应用 (数据工程师、数据架构师能力); 能够熟练运用统计学和机器学习方法去分析数据, 解释数据, 从数据中抽取有用信息与知识; 还能够与业务领域专家深度合作, 解释数据分析结果, 并形成最终问题解决方案 (数据分析师、数据科学家能力). 所有这些说明, 一个数据科学家不仅要精通理论和算法 (数学、统计学、机器学习、数据科学基础理论), 还要熟悉平台和计算 (编程能力、架构设计能力、工程能力、计算能力等), 更要有强的综合分析与解决问题的能力 (业务理解能力、数据洞察能力、逻辑分析能力、结果导向能力、数据产品研发能力、沟通交流能力、合作与协作能力及影响力等).

素质要求: 正如康威的维恩图 (图 6.1) 所表明的, 数据科学人才不仅要有数学、统计学等基础理论知识, 要有 "综合 + 实战" 能力, 而且还要有 "黑客精神与技能", 这是数据科学人才必备的三个基本素质. 也正是如此, 理论、实践和精神 (黑客精神) 一直被认为是数据科学的三要素. "黑客精神"(Hacker Mindset) 即是热衷大胆创新、善于独立思考、喜欢自由探索的创新精神, 是数据科学人才的品质特征与精神追求; "黑客技能" 是对计算机技术, 尤其是编程和设计方面有高度理解, 能够潜入其内部, 通过独特方式操控机器行为的技能, 是数据科学人才计算机能力的描述与技能追求. 黑客与以破坏和窃取信息为目的的骇客 (Cracker) 是不同的, 黑客遵循道德规则和行为规范. 黑客精神的本质在于热衷挑战、洞察本质、崇尚自由、主张信息共享、大胆创新, 对新鲜事物好奇, 对那些能够充分调动大脑思考的挑战性问题特别感兴趣, 总是能以怀疑的眼光去看待一切, 不满足于仅仅知道 "是什么" 而是渴望明白 "为什么", 更愿意尝试 "我能不能做""我一定能做". 不难发现, 黑客精神与通常所说的 3C 精神, 即原创性 (Creative) 设计、批判性 (Critical) 思考和好奇性 (Curiosity) 提问, 有着本质的一致性. 数据科学人才在具备必要的知识和能力后, 应着力培养锻造黑客精神来提升自身的职业素养, 充分发挥黑客精神内涵中学习、分享、创造、协作等思维习惯, 逐步成长为经验丰富、技术精湛的团队和业务领导者. 由此可见, 数据科学与传统科学的人才需求不同, 前者不仅要求传统科学中的理论与实践, 而且还需要有数据科学家的 "精神" 素质.

7.1.3 数据科学的人才培养原则

随着社会, 特别是企业, 对数据科学人才的急剧增长, 越来越多的高校开设数据科学相关专业. 无论是教育行政管理部门, 还是个人和家庭, 大都认同 "市场需求是人才培养的风向标, 人才的培养方案应该依据市场需求来制定". 但一个基本而重要的问题是, 高校在培养数据科学人才过程中, 是应该 "被动" 响应市场需求还是应该着眼于科学发展去 "主动" 引领市场? 人才培养是应该以就业为导向, 还是应该以人的全面发展为导向? 本书认为, 市场对人才的需求是一个学科的价值、社会影响力、资本引导程度等多重因素叠加的结果, 虽然具有风向标的作用, 但不可避免地具有波动性和随机性. 高校人才培养并不宜简单定位在对市场需求的被动响应上, 而应该以数据科学对数字经济发展的长远支撑作用, 围绕数据价值链的核心环节来培养. 对数据科学人才的本科培养尤其不宜以短期就业为唯一导向, 而应该以保证学生的可持续成长为导向原则.

教育学家熊和平[227]曾指出, 教育活动是以人为本的活动, 人是教育活动的出发点与最后归宿. 人的求知活动尽管是围绕知识来展开的, 但知识在教育活动中的位置不能超越、凌驾于人之上. 随着数据科学及相关学科的快速发展, 科学活动可能会沦为一种与类似棋类活动没有本质区别的游戏, 科学方法会变成一种通过计算去获得结果的单纯技艺. 人被科学与技术赶进数据库之后, 每个人都将被编码, 进行数字化处理, 削弱了人在教育实践中的主体地位, 使人变得越来越渺小, 在技术与制度所交织的环境中微不足道. 科学世界对生活世界的过度修饰, 最终使人赖以生存的生活世界变得非人性化, 背离了人的主体性, 不利于人的长远发展. 由此可见, 在遵从市场需求的同时, 必须理顺科学的发展与人的长远发展之间的关系, 避免在我国当下的数据科学人才培养实践中出现诸如人文精神缺失、制度主义泛滥, 缺乏发展潜能与后劲等痼弊.

我们认为, 在数据科学人才培养过程中应坚持以下原则.

坚持统一性: 无论什么专业或方向, 数据科学人才应着力培养学生科学的数据观、数据思维、数据能力, 并坚持三者有机统一, 努力实现数据科学人才具有"深厚的数理基础, 熟练的计算机技能, 精湛的统计学方法, 良好的大数据处理能力"的培养目标. 数据观, 即坚持"数据能够映照现实、数据能够认知现实、数据能够操控现实"的科学认识论, 切实认识"数据是数字经济时代的资产、最活跃的生产要素, 能够转化为核心的生产力", 是对数据潜在价值、作用规律、复杂性的科学认识; 数据思维, 是运用大数据观念、技术和方法推动社会经济发展的自觉性与思维习惯, 能始终会把"业务问题"转化为"数据分析问题", 会基于"数据"来解决问题; 数据能力, 即实现数据价值链的能力, 特别是会根据问题收集数据, 从数据中洞察、发现背后的信息、知识和智慧以及找到"被淹没在海量数据中的未知信息". 没有数据观, 就不可能有数据思维; 没有数据思维, 就没有数据能力; 没有数据能力, 就没有能力挖掘数据和洞察数据, 就无法实现数据的价值. 只有实现这三者的有机统一, 才能培养出满足市场需求的复合型数据科学人才.

体现多样性: 市场的要求是多元化的, 数据科学人才培养不可能也不应该采用单一模式, 应体现多样性. 市场要求中的不同类型、不同部门、不同岗位, 本质上对应着数据价值链的不同区段, 他们所从事的业务不尽相同, 所需要的知识与技能也可能不尽相同, 数据科学人才培养应适应数据价值链不同区段的聚焦研究与应用. 在人才培养类型上 (如理科类还是工科类) 和培养层次上 (如研究型还是应用型) 都应体现多样性. 体现多样性就是坚持分门别类地培养数据科学人才. 譬如, 可按照"探究机理、技术研发、应用实践"三个类别培养数据科学人才, 也可按照"打基础的、造工具的、干现场的"这三类来分类培养. 不同规格或层次人才的培养在整个知识体系构建中可以各有侧重, 其重点掌握的知识和技能也应有所区别. 但是, 无论采用哪个类别来培养人才, 除培养数据科学最基本的理论基础外, 应注重培养其原创性设计、批判性思考和好奇心提问的能力. 根据当前需要, 我们认为按数据工程师 (工科类)、数据分析师 (理科类)、数据执行官 (管理类) 和数据科学家 (综合类) 来分类培养是合适的.

兼顾成长性: 数据科学是一门多学科交叉融合的、快速成长中的学科, 具有与其他学科非常不同的新特征——其理念、理论、方法、技术和工具都在不断发展变化, 所以在数据科学人才培养上不应简单照搬传统学科的经验, 应尊重其特殊使命和属性. 一方面, 在响应市场发展的前提下, 应着眼于学科自身的长远发展, 坚持学科发展与时俱进, 在发展中、在实践中不断完善学科知识与教育体系, 与领域、与实践同成长. 另一方面, 人才培养应重在基础、重在方法、重在精神, 着眼于培养学生能够适应未来数据科学的新发展、新任务和新要求, 着眼于学生的自我成长和终身进步. 人才培养也要体现出各类型、各规格人才培养之间的衔接性, 突出培养的整体性和一致性.

7.2 如何培养数据科学人才？

7.1 节梳理了数据科学人才应有的知识、能力与素质要求, 提出了 "坚持统一性、体现多样性和兼顾成长性" 的数据科学人才培养原则. 本节提出落实这样一些原则的数据科学人才培养方案.

(1) 处理好几个关系.

数据科学人才需求的典型特征是知识的综合性、技能的实战性和素质的全面性. 要制定好满足这些要求的人才培养方案, 必须处理好教育内容、目标的 "博" 与 "深"、"专业" 与 "综合"、"应用导向" 与 "学术导向" 等基本关系.

在数据科学人才培养中, 应兼顾 "博" 与 "深" 的要求. "博" 就是 "量", "深" 就是 "质", 博大才能精深, 即是说只有量达到一定程度才有质的飞跃. 先 "博" 后 "深", 做到 "博" 中有 "深"、"深" 中有 "博", 避免过于 "深" 而孤陋寡闻、过于 "博" 而 "样样通、样样松". 作为一名数据科学人才, 不仅其数据科学知识应涵盖数据价值链的各个环节, 而且还应该是数据价值链中某一区段的专家; 不仅要有数据科学专业知识, 还要有管理科学和人文社会科学知识; 不仅要有数理的情怀, 还要有人文的素质和黑客的精神.

在数据科学人才培养中, 既应加强专业教育也应加强综合教育. 专业教育强调的是技能培养, 而综合教育强调的是除专业教育之外的品性养成、人格培养, 以及多方面能力和素质培养. 它们可以视为人才培养的 "鸟之两翼""人之双腿", 它们相辅相成、相互促进、相得益彰, 共同体现了我国高等教育的技能硬实力和素质软实力. 缺少或弱化任何一方面都会使数据科学人才培养偏离我国高等教育的大方向. 本书认为, 数据科学人才培养应坚持在培养其专业素养的同时, 特别强化其综合能力和实践能力培养, 使其成为市场需要的一专多能型人才.

在数据科学人才培养中, 坚持应用导向和学术导向都是重要的, 它应与所在大学的人才培养层次相适应. 但无论哪个层次, "懂数据、会分析、能落地" 是目标要求. 本书认为, 对于大多数大学而言, 数据科学的人才培养应坚持 "应用型人才为主, 兼顾学术型人才培养". 这样的定位不仅是由数据科学的应用型特征决定的, 也是数字经济发展市场的现实需求. 应用型人才培养侧重于培养其知识的应用, 但也需兼顾学术理论的创新, 只有二者有机统一才能培养出高质量的、面向市场需求的、有发展后劲和黑客精神的应用型人才.

(2) 数据科学人才分类.

市场需求的数据科学人才各种各样, 但过分细分的培养方式既是不可能的, 也是不应该的. 按照数据价值链的关键步骤与多样性原则, 本书建议可区分数据工程师、数据分析师、数据执行官、数据科学家四种岗位来实施数据科学人才培养.

数据工程师是工作在数据价值链前、中端, 负责 "数据采集、管理与应用" 的人才. 主要从事与数据获取、基础架构、数据仓库、计算工具和数据挖掘等研发有关的, 具有基础架构设计/运维、数据库开发/维护/服务、计算平台搭建、数据收集/汇聚、数据管理/处理、数据挖掘等技能, 擅长大数据管道创建、基础架构设计、数据仓库开发和平台运维, 确保数据正常使用的专门人才. 数据工程师是数据分析师和数据科学家工作的基础, 是具有数学和统计学背景的明星软件工程师或系统架构设计师.

数据工程师的知识要求是: 具有良好的数学、统计学、机器学习、人工智能基础知识, 有扎实的计算机科学、软件工程和数据库管理知识, 熟悉某些特定应用领域或行业的大数据背景. 数据工程师的能力要求是: 能够熟练运用统计学、机器学习算法解决数据管理、数据处理和数据分析问题, 具有熟练的计算机编程、架构设计、平台开发与维护、数据可视化能力, 熟悉某一应用领域相关知识.

数据分析师是工作在数据价值链中、后端, 负责 "数据价值挖掘与呈现、数据内容解释与应用" 的专门人才. 主要从事与数据汇聚、处理、管理、分析和应用有关的, 聚焦数据加工、数据处理、数据分析、数据可视化、洞察业务户需求, 形成问题解决方案方面的工作, 也要求参与统计计算、机器学习、人工智能算法的研究与实践方面的工作. 数据分析师可以看作初级的数据科学家, 但与数据科学家不同的是, 他们更擅长解决确定性的数据科学问题.

数据分析师的知识要求是: 具有深厚的数学、统计学、机器学习、人工智能基础知识, 有系统的计算机系统、程序设计、科学计算、数据可视化知识, 同时具备某一应用领域或行业背景知识. 数据分析师的能力要求是: 精通科学计算、数据处理、数据分析和数据建模的基本理论与方法, 具有很强的算法研发、算法分析、算法工程化能力, 有良好的计算机编程、数值计算和软件应用能力, 熟悉某一或某些行业相关知识及数据业务流程, 有一定的解读数据、逻辑分析、预测分析能力和文字写作能力, 能撰写数据分析报告.

数据执行官是维护、管理数据价值链并保障数据增值过程的技术型管理人才. 主要从事与大数据战略实施、数据工程、数据管理/治理、数据相关的业务变革有关的, 主导并实施数据管理策略和标准、数据质量管理制度化, 管控数据风险, 实现决策支持, 通过对数据的有效分析获得洞察, 帮助企业改善策略, 通过对数据的有效管控和使用, 增加企业的业务收入, 通过正确运用数据提高生产效率, 将企业数据转化为业务语言, 为管理决策提供深层服务等方面的工作.

数据执行官的知识要求是: 具有数学、统计学、计算机科学、人工智能、管理学、经济学等多学科综合知识, 精通计算机技术、数据管理、数据工程、项目管理、数权法等专门知识, 具备某一或某些特定领域或行业相关的大数据背景. 数据执行官的能力要求是: 具有全面的数据化能力和推动数字经济发展的能力, 能够系统运用数据科学观念、理论与方法解决问题, 有较强的数据管理、数据治理、数据风险管控、数据计算、数据分析和数据处理能力, 有很强的数据洞察力、市场判断力、商业智能和组织协调能力. 要求 "懂管理, 懂市场, 懂分析, 懂法规".

数据科学家泛指数据科学的研究者、领导者, 特指在数据科学理论、方法、技术、工具的研究或实践上有高深造诣, 并已做出重要贡献的数据科学人才. 在人才市场上, 数据科学家常常指集数据工程师和数据分析师的能力于一体, 能运用深邃的数学/统计思想、能利用先进的计算机工具与人工智能技术, 同时还掌握某些特定应用领域知识, 能提出和发展新的数据分析方法和模型解决问题, 能够管理和洞察数据的复合型人才. 数据科学家通常具有预测数据蕴含规律的能力, 能引领数据科学发展. 他们擅长解决开放性的数据科学问题.

数据科学家的知识要求是: 具有深入而宽广的数学、统计学、人工智能等多学科理论基础, 有计算机科学、管理科学和某一特定应用领域的大数据背景知识, 熟悉大数据平台与计算软件. 数据科学家的能力要求是: 具有从现实中洞察提炼数据科学问题, 运用已有理论和方法解决问题, 研究发展新方法、新理论、新技术, 并能够将数据分析结果与相关领域结合提出决策建议的能力. 数据科学家应该 "懂数据、会分析、能落地", 也应该对数据科学的理论、技术发展现状与趋势有一定把握, 能够持续推动数据科学发展并为之做出贡献.

上述数据科学人才分类可作为各人才培养单位定位数据科学相关专业人才培养的参考依据.

(3) **数据科学人才培养方案**.

一个学科或专业的人才培养方案是这一学科或专业定位与发展的指导纲领, 也是培养什么样的人和如何培养人的核心载体. 目前, 我国的数据科学相关专业大都缺乏完善的人才培养方案. 特别是, 如何根据市场需求培养多元化的数据科学人才, 在课程实现上仍模糊不清, 大都是 "摸着石头过河". 为了帮助和推动各相关高校制定自身的人才培养方案, 本书提出 "知识模块化、培养杂糅化" 的实现建议.

知识模块化. 数据科学是数学、统计学、机器学习、计算机科学和领域相关学科高度交叉的科学, 它的知识结构由这些不同学科的相关知识构成. 不同层次的数据科学人才对这些来自不同学科的知识需求是有显著差别的. 所以, 数据科学人才培养适宜于以知识模块化方式组织. 更具体地, 可将不同层次人才所需要的知识体系和培养目标分解成模块, 通过模块间的合理搭配来组织教学.

譬如, 可把数据科学人才培养所需开设的课程分为科学基础课、专业基础课、专业课和实践课. 科学基础课是数据科学人才培养必须开设的基本理论、基本技能课程, 是为学习专业基础课和专业课提供基础并为学生长远发展提供素养的课程. 无论是数据工程师、数据分析师、数据执行官或者数据科学家都应该学习这些课程, 如数学、统计学、数据科学导论、计算机基础等. 但不同层次、类别的数据科学人才对科学基础课的要求可以不一样, 因此, 又可将科学基础课程分为 A, B, C 三类, 其中难度较高的为 "A 类", 难度适中的为 "B 类", 难度较低的为 "C 类". 专业基础课是指为专业学习奠定必要基础而设置的课程, 它是学生掌握专业知识技能必修的基础课程. 每个专业都有一门或多门专业基础课, 也有可能同一门课程是多个专业的专业基础, 如: 培养数据工程师必须开设的专业基础课是离散数学、计算机系统原理、数据库原理与技术、编程语言与大数据平台, 培养数据分析师必须开设的专业基础课程是线性代数与数值代数、最优化理论与方法、概率论、统计学基础与方法、计算机语言与编程、大数据计算工具; 而培养数据执行官必须开设数据库技术、数据管理与治理、统计学原理、管理学、经济学等. 专业课是有关专业知识和专门技能的课程, 是该专业学生必须学习的, 与其他专业形成区别的课程, 例如, 培养数据工程师的专业课有数据结构与算法设计、并行与分布式计算、数据可视化、大数据安全技术、数据挖掘与分析等; 培养数据分析师的专业课有统计计算、多元统计分析、回归分析、时间序列分析、机器学习、人工智能等; 培养数据执行官的专业课包括 Python 程序设计基础、管理学基础、计量经济学、大数据分析方法、数权法等. 实践教学是巩固理论知识和加深对理论认识的有效途径, 是培养具有创新意识的高素质数据科学人才的重要环节, 是理论联系实际、培养学生掌握科学方法和提高动手能力的重要平台. 这一模块的设计通常分为课程实习与项目实践两类, 前者围绕某一课程所教内容与技能, 以 "大作业"、现场操作、上机实习等方式培训, 目的是检查学生对所学内容、技能的掌握程度, 后者围绕现实应用中的特定数据科学问题, 以团队协作方式, 完成一个完整的数据科学项目, 以培养和检验学生综合运用知识解决问题的能力. 实践教学应着力培养学生的团队精神, 让学生进一步理解数据工程全流程、问题解决全过程. 实践教学的设计要突出知识、技能和态度三维度的培养目标.

　　另外, 也可以把数据科学人才培养所需开设的课程按数学模块 (如数学分析、高等代数、优化算法等)、计算机模块 (如计算机基础、数据库、大数据平台等) 和数据科学模块 (如统计方法、机器学习方法, 人工智能技术等) 进行划分, 使得每一模块对应于不同的知识、能力和技能培养. 但不同类别或层次的数据科学人才, 要求可以不同, 因此, 亦可将每一模块课程分为 A, B, C 三类, 其中难度较大的为 "A 类", 难度适中的为 "B 类", 难度较低的为 "C 类". 一般说, 数据分析师 (A 类) 和数据科学家 (A 类) 对数学模块的要求要比数据工程师 (C 类)、数据执行官 (C 类) 的要求高出许多, 而数据科学家 (C 类) 对计算机模块的要求要比数据工程师 (A 类) 和数据分析师 (B 类) 的要求略低一些. 然而, 无论采用哪个知识模块培养数据科学人才, 一定要妥善处理 "博" 与 "深"、"专业" 教育与 "综合" 教育、"应用导向" 与 "学术导向" 之间的关系.

培养 "杂糅化". 数据科学人才培养的总体要求是知识的综合性、能力的全面性和素质的创新性 (详见 7.1 节). 培养这样的综合性、全能力、高素质人才不是一朝一夕、仅靠大学阶段能够完全完成的, 但大学阶段的科学化培养和系统化培训是基础性的, 是影响终身的. 本书提出, 数据科学的人才培养应该 "杂糅化". 首先, 培养目标 "杂糅化", 指在数据观、数据思维、数据能力统领下的 "厚基础、宽口径、重交叉、强创新" 要求. 这里 "杂糅化" 不是 "大杂烩", 并非所有涉及的数学、统计学、计算机科学、机器学习以及领域知识都要求学、要求精, 但必须要能学、能懂, 应重点掌握每层次/类型人才所必须拥有的科学基础、专业技能, 即 "杂" 而有 "主"、"糅" 而不 "乱". 其次, 从事培养人才和学科发展的教师队伍应该 "杂糅化", 即数据科学相关专业教师队伍不应是单一学科构成的, 应该由数学、统计学、计算机科学、人工智能、领域学科相关的多学科教师组成; 这样的多学科教师队伍不仅应各有专长, 而且能够融合在一起从事数据科学研究, 并协调一致共同参与人才培养; 数据科学的教师也应该是一专多能的, 即懂得多个学科知识. 再次, 培养学生所采用的教材应该 "杂糅化", 它们不是从不同学科简单拼凑而来的, 而应该是在统一术语、统一观念下, 把不同学科的思维方法、基本理论与方法融合后的知识重选择与新呈现. 最后, 培养方式、方法也应该是 "杂糅化" 的, 即应该坚持理论、实战和精神三位一体的培养原则, 并将这一原则贯彻到教学内容、教学方法、教学组织以及考核/考试、毕业 (设计) 论文等各个人才培养环节.

上述所倡导的 "杂糅化" 人才培养模式主要期望强调数据科学人才培养目标的统一性与综合性, 强调教师队伍的多元性与交叉性, 强调教材的一致性与融通性, 强调培养方式的全面性与一贯性, 但它并没有包含人才培养的其他方面. 人才培养总体上还是应该遵循教育教学规律, 以提高质量为核心, 按照 "育人为本、德育为先、能力为重、全面发展" 的要求, 着力推进协同育人、科研育人、实践育人和文化育人, 以造就 "基础厚、素养高、能力强、潜力大、全面发展" 的高素质人才为培养宗旨. 根据这样的宗旨, 所有为提高数据科学人才培养质量所开展的新探索、新实践都是值得鼓励的. 但无论如何, "只顾招生、不顾培养, 只顾数量、不顾质量, 只顾学生、不顾教师, 只顾就业、不顾发展" 的人才培养现象应该引起警惕.

根据以上数据科学人才分类和人才培养技术方案, 本书建议如下的数据工程师、数据分析师、数据执行官人才培养实施方案 (7.2.1 节—7.2.3 节). 数据科学家是数据工程师、数据分析师的晋阶发展, 是一个需要历经更加专业的硕士、博士教育, 并在长期实践中逐步成长起来的人才群体. 由于如此, 本书不涉及数据科学家培养方案, 但我们列出各类数据科学人才知识与能力的差异性比较 (表 7.1 和表 7.2), 以供读者参考.

表 7.1   数据科学各层次人才之间的知识差异

	数学、统计学	计算机科学	人工智能	机器学习	软件工程	数据库管理	领域专业知识
数据工程师	中	强	弱	中	强	强	弱
数据分析师	强	强	强	强	中	弱	强
数据执行官	中	强	中	中	弱	强	强
数据科学家	强	中	强	强	弱	弱	中

表 7.2   数据科学各层次人才之间的能力差异

	编程能力	架构设计能力	工程能力	计算能力	领域业务能力	团队协作能力	数据处理能力	数据可视化	思辨和建模能力
数据工程师	强	强	强	强	弱	中	中	强	弱
数据分析师	强	弱	弱	强	强	强	弱	中	强
数据执行官	中	中	强	中	强	强	强	中	强
数据科学家	中	弱	弱	中	强	强	强	弱	强

7.2.1   数据工程师培养方案

培养目标: 具有扎实的计算与计算机基础、良好的数学/统计学和机器学习知识、科学的数据观念与数据思维, 熟悉数据基础架构设计、数据库解决方案、平台运维、数据管理、云计算, 精通分布式计算、ETL (Extract-Transform-Load) 工具和常用的操作系统, 具有运用所学知识架构到某一特定行业大数据分析处理平台的能力, 能在金融、保险、工商企业、政府部门等从事大数据平台建设、平台运维、数据管理、系统研发和数据处理等工作, 具备良好的英语听说读写能力、较强的社会沟通能力和精湛的数据处理应用程序开发能力.

培养要求: 主要学习与数据工程有关的基础知识、基本理论和核心技术, 掌握面向大数据开发利用的计算机科学、数学、统计学和机器学习基本理论、方法和技能, 具备基础架构设计、数据库解决方案、计算机编程、大数据平台运维、分布式计算、数据管理和数据挖掘等能力. 本专业本科毕业生应达到:

(1) 有厚实的计算与计算机科学知识;

(2) 有系统的数学、统计学和机器学习知识;

(3) 具备基础架构设计、数据仓库设计、平台运维、程序开发和数据挖掘能力;

(4) 具备良好的英语交流能力, 掌握资料查询、文献检索等技能, 具有较强的学习、运用所学知识解决实际问题的能力和良好的团队合作精神, 具有良好的政治、思想、文化、道德、身体和心理素质.

课程学习: 除通识类课程外, 学习以下科学基础课程、专业基础课程、专业课和专业选修课程.

(1) 科学基础课: 高等数学、概率论与数理统计、线性代数、数据科学导论、计算机系统基础.

(2) 专业基础课: 离散数学、最优化理论与算法、程序设计基础、数据库原理与技术、机器学习与人工智能.

(3) 专业课: 数据结构与算法设计、Hadoop/Spark 大数据开发技术、Python 语言程序设计、并行与分布式计算设计; 数据挖掘与分析、数据可视化技术, 大数据安全技术, 互联网数据获取技术.

(4) 专业选修课: 根据本校专业特色开设.

实践培养: 除课程内的上机实习外, 分课程实践、专业实习和毕业论文 / 设计三个阶段开展.

(1) 课程实践: 要求在第三学年的秋季或春季学期进行. 实践内容是在教师的指导下参与产学研基地项目, 完成从原始数据读取、清洗、建立数据库并进行探索性数据分析, 了解数据价值链过程, 在此基础上独立完成不少于 3000 字的项目报告.

(2) 专业实习: 在第四学年秋季学期进行, 时间不少于 4 周. 实习内容与数据工程师专业相关, 参与数据收集、汇聚、预处理、系统搭建平台等某一方面的研发工作, 撰写不少于 3000 字的专业实习报告.

(3) 毕业论文/设计: 就数据价值链前、中端的某一方面或单一技术做深入探索, 在教师指导下, 完成特定任务或数据产品的研究/研发, 在此基础上撰写毕业论文/设计; 毕业论文/设计要能展现个人发现问题、解决问题的 "综合 + 实战" 能力.

7.2.2 数据分析师培养方案

培养目标: 具有扎实的数学和统计学基础、良好的计算和计算机能力、缜密的逻辑推理与数据思维, 熟悉常用的数据分析算法、计算机编程语言和大数据计算平台, 具有理解和运用深邃的统计学和机器学习思想、先进的计算/计算机技术解决某一特定应用领域数据分析问题以及撰写分析报告的能力, 能在数字经济、信息技术、人工智能研发应用部门、政府管理部门等从事数据分析和数据处理等工作, 具备良好的英语听说读写能力、较强的社会沟通能力和数据产品开发能力.

培养要求: 主要学习与统计学、机器学习、数据分析有关的基础理论、基本方法和核心技术, 掌握面向大数据分析处理的计算机科学、数学、统计学与人工智能的基本理论和方法, 了解国内外数据科学发展的动态和前景, 具有良好的数据分析能力、数学建模能力, 具有独立分析和解决问题的能力. 本专业本科毕业生应达到:

(1) 有厚实的数学/统计学和机器学习知识;

(2) 有系统的计算科学和计算机科学基础知识;

(3) 具备良好的数据分析能力、计算机编程能力、大数据平台应用能力和数据

产品开发能力;

(4) 具备必备的英语交流能力, 掌握资料查询、文献检索等技能, 具有较强的学习能力、运用所学知识解决实际问题的能力和良好的团队合作精神, 具有良好的政治、思想、文化、道德、身体和心理素质.

课程学习: 除通识类课程外, 学习由以下五个模块构成的科学基础课程、专业基础课程、专业课程和专业选修课程.

(1) 数学模块: 数学分析、线性代数 (+ 数值代数 + 矩阵分析)、最优化方法.

(2) 计算机模块: 计算机系统基础、程序设计、数据结构与算法设计.

(3) 统计学模块: 概率论 (+ 随机过程)、统计学基础、统计学方法 (包括回归分析、时间序列分析、多元统计分析、非参数统计).

(4) 数据科学模块: 数据科学导论、数据科学方法 I (机器学习)、数据科学方法 II (大数据智能)、大数据平台与计算.

(5) 领域相关与选修模块: 可根据本校定位选择若干类大数据分析 (如图像/视频分析、中文信息处理、金融数据分析、智慧物流、网络数据分析等)、近代数学/统计学专门方法等开设.

实践培养: 数据分析师的实践培养应特别重视学生的作业和上机实习环节. 作业应该有一定的量, 基础类课程应随课程进度着重培养和检查学生的逻辑思维能力、分析能力; 方法类课程一定要强化计算机实现, 可结合软件平台教学, 让学生亲自动手编程、亲自实现算法, 学会评价与比较算法. 除此之外, 开展两次集中实践培养.

(1) 专业实习: 在第三学年的秋季或春季学期进行, 时间不少于 4 周. 实习内容以了解数据价值链过程、数据分析的前端与后端技术 (如数据收集、汇聚、预处理过程)、常见的大数据类型、背景及应用需求 (如图像处理、文本处理、互联网平台) 等为主, 可参与某一方面或特定任务的数据分析工作, 应撰写不少于 3000字的专业实习报告.

(2) 毕业论文: 在第四学年秋季学期进行, 时间不少于 5 周. 在导师指导下完成对某一统计、机器学习方法的分析、改进与测试, 或针对一个现实数据分析问题, 综合运用所学知识、方法和平台加以解决. 在此基础上撰写毕业论文. 毕业论文要能展现学生综合分析、创新算法、运用平台理论联系实际解决问题的能力.

7.2.3　数据执行官培养方案

培养目标: 具有扎实的统计学、人工智能、管理学和经济学基础及缜密的数据思维, 全面掌握计算机编程语言、大数据分析方法和大数据计算平台, 熟悉数据价值链、大数据相关法律法规、大数据技术框架及其生态系统、数据分析软件, 具有数据管理、数据治理、数据产业和数据交易等方面的实战能力, 能在工商业、金融、保险、制造、服务、医疗等领域及政府部门从事数据管理、数据治理、数据开发利用和数据交易等工作, 具备良好的英语听说读写能力、较强的社会沟通能力, 有强烈的创新意识.

培养要求: 主要学习统计学、计算机科学、人工智能、管理学、经济学等方面的基础理论知识, 掌握数据管理、数据治理、数据产品研发和数据交易的基本理论与方法, 了解大数据技术应用框架及其生态系统、国内外数据科学发展战略、发展规划与产业发展动态, 具有良好的数据管理能力和社会沟通能力, "懂数据、懂商务、懂产业、懂管理". 本专业本科毕业生应具备:

(1) 有厚实的统计学、计算机科学、人工智能、管理学和经济学知识; 掌握大数据分析与处理常用技术; 熟悉大数据平台;

(2) 熟练掌握数权法和数据资产管理方面的理论知识;

(3) 精通数据管理、数据治理、数据产品研发和数据交易;

(4) 具有正确的商业伦理道德观, 具有良好的数据科学软件应用能力以及较强的社会沟通能力;

(5) 具备必备的英语读说写能力, 掌握资料查询、文献检索等技能, 具有良好的商业市场分析能力, 具有良好的政治、思想、文化、道德、身体和心理素质.

课程学习: 除通识类课程外, 学习以下科学基础课程、专业基础课程、专业课和专业选修课程.

(1) 科学基础课: 高等数学、概率论、线性代数、数据科学导论、统计学方法、机器学习与人工智能、计算机系统基础;

(2) 专业基础课: 运筹学、多元统计分析、时间序列分析、数据库原理与技术、Python 程序设计基础、管理学基础、经济学基础;

(3) 专业课: 数据仓库与数据挖掘、数据管理、大数据技术原理与应用、大数据分析方法、大数据安全、数据治理、计量经济学, 数权法;

(4) 专业选修课: 可根据本校定位选择数据管理/治理、大数据产业发展、数据驱动的管理创新、公共政策等专题方向开设.

实践培养: 数据执行官的实践培养既要突出学生对计算机编程、大数据平台使用、大数据算法性能等技术的掌握, 又要紧密结合战略规划、公共政策研究、产业调查等培养其数据思维和数据能力. 前者可结合课程学习开展, 后者可主要在专业实习和毕业论文阶段进行.

(1) 专业实习: 在第三学年的秋季或春季学期进行, 时间不少于 4 周. 实习内容以了解数据价值链过程、数据收集、汇聚、预处理过程、数据产业政策、数字经济发展需求等为主, 可以在老师带领下, 参与市场调查、企业发展策略规划, 或某一特定数据处理、分析与数据产品开发. 此阶段的实习可以在学校实习基地或自行联系但经确认的实习部门进行. 最后应撰写不少于 3000 字的实习报告.

(2) 毕业论文: 在第四学年秋季学期进行, 时间不少于 5 周. 在导师指导下完成对某一特定场景数据价值链的设计, 或完成对数据管理某一环节技术、数据治理某一项政策法规的研究. 鼓励在导师带领下, 完成与数据科学 (数字经济) 相关的产业政策分析、区域发展规划、重大项目咨询等专项研究, 并撰写研究报告和毕业论文/设计. 毕业论文/设计要能展现学生运用数据科学思维和技术, 解决公共管理、社会治理、产业发展实际问题的能力.

参 考 文 献

[1] 徐宗本. 用好大数据须有大智慧——准确把握、科学应对大数据带来的机遇和挑战. 人民日报, 2016-03-15(07).

[2] 徐宗本. 把握新一代信息技术的聚焦点: 数字化、网络化、智能化. 人民日报, 2019-03-01(09).

[3] 徐宗本, 张宏云. 让大数据创造大价值. 人民日报, 2018-08-02(07).

[4] 李国杰, 程学旗. 大数据研究: 未来科技及经济社会发展的重大战略领域——大数据的研究现状与科学思考. 中国科学院院刊, 2012, 27(6): 647-657.

[5] Cover T M, Thomas J A. Elements of Information Theory. 2nd ed. Hoboken, New Jersey: Wiley-Interscience, 2006.

[6] Chaffey D, White G. Business Information Management: Improving Performance Using Information Systems. Harlow: Pearson Education, 2010.

[7] Turban E, Rainer R K, Potter R E. Introduction to Information Technology. New York: John Wiley & Sons, 2001.

[8] Boddy D, Boonstra A, Kennedy G. Managing Information Systems: An Organisational Perspective. Harlow: Pearson Education, 2005.

[9] Rowley J. The wisdom hierarchy: Representations of the DIKW hierarchy. Journal of Information Science, 2007, 33(2): 163-180.

[10] 王怀民, 毛晓光, 丁博, 沈洁, 罗磊, 任怡. 系统软件新洞察. 软件学报, 2019, 30(1): 22-32.

[11] 严蔚敏, 吴伟民. 数据结构 (C 语言版). 北京: 清华大学出版社, 2012.

[12] 贾俊平, 何晓群, 金勇进. 统计学. 6 版. 北京: 中国人民大学出版社, 2015.

[13] Dempster A P, Laird N M, Rubin D B. Maximum likelihood from incomplete data via the EM algorithm. Journal of the Royal Statistical Society Series B, 1977, 39(1): 1-38.

[14] Samuel A L. Some studies in machine learning using the game of checkers. IBM J. Res. Dev., 1959, 3(3): 210-229.

[15] Mohri M, Rostamizadeh A, Talwalkar A. Foundations of Machine Learning. 2nd ed. Cambridge: MIT Press, 2018.

[16] Jordan M I, Mitchell T M. Machine learning: Trends, perspectives, and prospects. Science, 2015, 349: 255-260.

[17] Breiman L. Statistical modeling: The two cultures (with comments and a rejoinder by the author). Statistical Science, 2001, 16(3): 199-231.

[18] James G, Witten D, Hastie T, Tibshirani R. An Introduction to Statistical Learning. New York: Springer, 2013.

[19] Sutton R S, Barto A G. Reinforcement Learning: An Introduction. 2nd ed. Cambridge: MIT press, 2018.

[20] Williams R J. Simple statistical gradient-following algorithms for connectionist rein-forcement learning. Machine Learning, 1992, 8(3,4): 229-256.

[21] Barto A G, Sutton R S, Anderson C W. Neuronlike adaptive elements that can solve difficult learning control problems. IEEE Transactions on Systems, Man and Cyber-netics, 1983, 13(5): 834-846.

[22] Bengio Y. Learning deep architectures for AI. Foundations and Trends in Machine Learning, 2009, 2(1): 1-127.

[23] Finn C, Abbeel P, Levine S. Model-agnostic meta-learning for fast adaptation of deep networks. Proceedings of the 34th International Conference on Machine Learning, 2017, 70: 1126-1135.

[24] Lee H, Hwang S J, Shin J. Rethinking data augmentation: Self-supervision and self-distillation. 2020. arXiv: 1910.05872.

[25] Han J W, Kamber M, Pei J. Data Mining: Concepts and Techniques. 3rd ed. San Francisco: Morgan Kaufmann Publishers, 2011.

[26] Leung Y, Zhang J S, Xu Z B. Clustering by scale-space filtering. IEEE Transactions on Pattern Analysis and Machine Intelligence, 2000, 22(12): 1396-1410.

[27] 王阗, 佘光辉. 决策树 C4.5 算法在森林资源二类调查中的应用. 南京林业大学学报 (自然科学版), 2007, 31(3): 115-118.

[28] Cortes C, Vapnik V. Support-vector networks. Machine Learning, 1995, 20(3): 273-297.

[29] https://en.wikipedia.org/wiki/Principal_component_analysis.

[30] Tao M, Yuan X. Recovering low-rank and sparse components of matrices from incom-plete and noisy observations. SIAM Journal on Optimization, 2011, 21(1): 57-81.

[31] Shen L, Joshi A K. Ranking and reranking with perceptron. Machine Learning, 2005, 60(1-3): 73-96.

[32] Xu J, Li H. Adarank: A boosting algorithm for information retrieval//Proceedings of the 30th Annual International ACM SIGIR Conference on Research and Development in Information Retrieval. New York: ACM Press, 2007: 391-398.

[33] 付文博, 孙涛, 梁藉, 闫宝伟, 范福新. 深度学习原理及应用综述. 计算机科学, 2018, 45(6A): 11-15, 40.

[34] McCulloch W S, Pitts W. A logical calculus of the ideas immanent in nervous activity. The Bulletin of Mathematical Biophysics, 1943, 5(2): 115-133.

[35] Rosenblatt F. Two theorems of statistical separability in the perceptron//Mechanisation of Thought Processes: Proceedings of A Symposium held at the National Physical Laboratory. London: Her Majesty's Stationery Office, 1959: 419-472.

[36] Minsky M, Papert S. Perceptrons: An Introduction to Computational Geometry. Cambridge: The MIT Press, 1969.

[37] Rumelhart D E, Hinton G E, Williams R J. Learning representations by back-propagating errors. Nature, 1986, 323(6088): 533-536.

[38] Cybenko G. Approximation by superpositions of a sigmoidal function. Mathematics of Control Signals, and Systems, 1989, 2(3): 303-314.

[39] Hornik K, Stinchcombe M, White H. Multilayer feedforward networks are universal approximators. Neural Networks, 1989, 2(5): 359-366.

[40] LeCun Y, Jackel L D, Boser B, Denker J S, Graf H P, Guyon I, Henderson D, Howard R E, Hubbard W. Handwritten digit recognition: Applications of neural network chips and automatic learning. IEEE Communications Magazine, 1989, 27(11): 41-46.

[41] Hochreiter S, Schmidhuber J. Long short-term memory. Neural Computation, 1997, 9(8): 1735-1780.

[42] LeCun Y, Bottou L, Bengio Y, Haffner P. Gradient-based learning applied to document recognition. Proceedings of the IEEE, 1998, 86(11): 2278-2324.

[43] Hinton G E, Osindero S, Teh Y W. A fast learning algorithm for deep belief nets. Neural Computation, 2006, 18(7): 1527-1554.

[44] Glorot X, Bengio Y. Understanding the difficulty of training deep feedforward neural networks. Journal of Machine Learning Research, 2010, 9: 249-256.

[45] Glorot X, Bordes A, Bengio Y. Deep sparse rectifier neural networks. Proceedings of the Fourteenth International Conference on Artificial Intelligence and Statistics, Fort Lauderdale, 2011: 315-323.

[46] Hinton G E, Srivastava N, Krizhevsky A, Sutskever I, Salakhutdinov R R. Improving neural networks by preventing co-adaptation of feature detectors. 2012. arXiv: 1207.0580.

[47] Krizhevsky A, Sutskever I, Hinton G E. ImageNet classification with deep convolutional neural networks. Advances in Neural Information Processing Systems, Harrahs and Harveys, Lake Tahoe, 2012: 1097-1105.

[48] Szegedy C, Liu W, Jia Y, et al. Going deeper with convolutions. 2015 IEEE Conference on Computer Vision and Pattern Recognition, Boston, MA, 2015: 1-9.

[49] Simonyan K, Zisserman A. Very deep convolutional networks for large-scale image recognition. The 3rd International Conference on Learning Representations, San Diego, USA, 2014: 1-5.

[50] Girshick R, Donahue J, Darrell T, Malik J. Rich feature hierarchies for accurate object detection and semantic segmentation. 2014 IEEE Conference on Computer Vision and Pattern Recognition, Columbus, 2014: 580-587.

[51] Goodfellow I J, Pouget-Abadie J, Mirza M, et al. Generative adversarial nets. Proceedings of the 27th International Conference on Neural Information Processing Systems, Montreal, Canada, 2014: 2672-2680.

[52] Ioffe S, Szegedy C. Batch normalization: Accelerating deep network training by reducing internal covariate shift. Proceedings of the 32nd International Conference on Machine Learning, Lille, 2015: 448-456.

[53] Girshick R. Fast R-CNN. Proceedings of the IEEE International Conference on Computer Vision, Santiago, Chile, 2015: 1440-1448.

[54] He K, Zhang X, Ren S, et al. Deep residual learning for image recognition. Proceedings of the IEEE Conference on Computer Vision and Pattern Recognition, Las Vegas, 2016:

770-778.

[55] Silver D, Huang A, Maddison C J, et al. Mastering the game of Go with deep neural networks and tree search. Nature, 2016, 529(7587): 484-489.

[56] Wang S P, Sun J, Xu Z B. HyperAdam: A learnable task-adaptive Adam for network training. Proceedings of the AAAI Conference on Artificial Intelligence, Hawaii, USA, 2019: 5297-5304.

[57] Xu Z B, Sun J. Model-driven deep-learning. National Science Review, 2018, 5(1): 22-24.

[58] Yang Y, Sun J, Li H B, et al. ADMM-CSNet: A deep learning approach for image compressive sensing. IEEE Transactions on Pattern Analysis and Machine Intelligence, 2019, 42(3): 521-538.

[59] Lange S, Riedmiller M. Deep auto-encoder neural networks in reinforcement learning. Proceedings of the 2010 International Joint Conference on Neural Networks, IEEE, 2010: 1-8.

[60] Abtahi F, Fasel I. Deep belief nets as function approximators for reinforcement learning. Proceedings of the 15th AAAI Conference on Lifelong Learning, 2011: 2-7.

[61] Lange S, Riedmiller M, Voigtländer A. Autonomous reinforcement learning on raw visual input data in a real world application. International Joint Conference on Neural Networks, IEEE, 2012: 1-8.

[62] Koutník J, Schmidhuber J, Gomez F. Online evolution of deep convolutional network for vision-based reinforcement learning. International Conference on Simulation of Adaptive Behavior, 2014: 260-269.

[63] Mnih V, Kavukcuoglu K, Silver D, et al. Human-level control through deep reinforcement learning. Nature, 2015, 518(7540): 529-533.

[64] van Hasselt H, Guez A, Silver D. Deep reinforcement learning with double Q-learning. Proceedings of the Thirtieth AAAI Conference on Artificial Intelligence, 2016, 2094-2100.

[65] 杨强. 联邦学习与人工智能. 软件和集成电路, 2019(12): 52-53.

[66] Li X, Li R, Xia Z, et al. Distributed feature screening via componentwise debiasing. Journal of Machine Learning Research, 2020, 21(24): 1-32.

[67] Bonawitz K, Ivanov V, Kreuter B, et al. Practical secure aggregation for privacy-preserving machine learning. Proceedings of the 2017 ACM SIGSAC Conference on Computer and Communications Security, Dallas, USA, 2017: 1175-1191.

[68] Shokri R, Shmatikov V. Privacy-preserving deep learning. Proceedings of the ACM SIGSAC Conference on Computer and Communications Security, Colorado, USA, 2015: 1310-1321.

[69] Gray J. E-science: A transformed scientific method//Hey T, Tansley S, Tolle K. The Fourth Paradigm: Data-Intensive Scientific Discovery. Redmond, WA: Microsoft Research, 2007, xvii-xxxi.

[70] 欧高炎, 朱占星, 董彬, 鄂维南. 数据科学导引. 北京: 高等教育出版社, 2017.

[71] 梅宏. 大数据导论. 北京: 高等教育出版社, 2018.

[72] Donoho D. 50 years of data science. Journal of Computational & Graphical Statistics, 2017, 26(4): 745-766.

[73] 范剑青. 把数学作为解决社会问题的工具. 科学时报, 2006-12-14.

[74] 张立昂. 可计算性与计算复杂性导引. 2 版. 北京: 北京大学出版社, 2004.

[75] Russell S, Norvig P. Artificial Intelligence: A Modern Approach. 3rd ed. New Jersey: Pearson Education, 2010.

[76] 陈希孺. 数理统计学简史. 长沙: 湖南教育出版社, 2002.

[77] Liu J S. Monte Carlo Strategies in Scientific Computing. New York: Springer-Verlag, 2001.

[78] Quenouille M H. Approximate tests of correlation in time-series. Journal of the Royal Statistical Society Supplement, 1949, 11: 68-84.

[79] Efron B. Bootstrap methods: Another look at the Jackknife. The Annals of Statistics, 1979, 7: 1-26.

[80] Schoenberg I J. Contribution to the problem of approximation of equidistant data by analytic functions. Quart. Appl. Math., 1946, 4: 45-99.

[81] Eilers P H C, Marx B D. Flexible smoothing with B-splines and penalties (with comments and rejoinder). Statistical Science, 1996, 11: 89-121.

[82] Watson G S. Smooth regression analysis. The Indian Journal of Statistics Ser. A, 1964, 26: 359-372.

[83] Nadaraya E A. On a regression estimate. Teor. Verojatnost I Primenen, 1964, 9: 157-159.

[84] Fan J Q. Design-adaptive nonparametric regression. Journal of the American Statistical Association, 1992, 87: 998-1004.

[85] Owen A B. Empirical likelihood ratio confidence intervals for a single functional. Biometrika, 1988, 75(2): 237-249.

[86] Rosenblatt M. Remarks on some nonparametric estimates of a density function. The Annals of Mathematical Statistics, 1956, 27: 832-837.

[87] Parzen E. On estimation of a probability density function and mode. The Annals of Mathematical Statistics, 1962, 33: 1065-1076.

[88] Bartlett M S. On the theoretical specification and sampling properties of autocorrelated time-series. Supplement to the Journal of the Royal Statistical Society, 1946, 8: 27-41.

[89] Cover T, Hart P. Nearest neighbor pattern classification. IEEE Trans. Inf. Theory, 1967, 13: 21-27.

[90] Tibshirani R, Hastie T, Narasimhan B, et al. Diagnosis of multiple cancer types by shrunken centroids of gene expression. Proceedings of the National Academy of Sciences, 2002, 99: 6567-6572.

[91] Kearns M, Valiant L G. Learning Boolean formulae or finite automata is as hard as factoring. Aiken Computation Laboratory, Harvard University, Cambridge, MA, Technical Report, 1988: 14-88.

[92] Freund Y, Schapire R E. Experiments with a new Boosting algorithm. Proceedings

of the 13th International Conference on Machine Learning, San Francisco, USA, 1996: 148-156.

[93] Geladi P. Herman wold, the father of PLS. Chemometrics and Intelligent Laboratory Systems, 1992, 15(1): 7-8.

[94] Friedman J H, Tukey J W. A projection pursuit algorithm for exploratory data analysis. IEEE Transactions on Computers, 1974, 23: 881-890.

[95] Akaike H. A new look at the statistical model identification. IEEEE Trans. Automat. Control, 1974, 19: 716-723.

[96] Schwarz G. Estimating the dimension of a model. The Annals of Statistics, 1978, 6: 461-464.

[97] 唐年胜, 李会琼. 应用回归分析. 北京: 科学出版社, 2014.

[98] Geisser S. The predictive sample reuse method with applications. Journal of the American Statistical Association, 1975, 70: 320-328.

[99] Tibshirani R. Regression shrinkage and selection via the lasso. Journal of the Royal Statistical Society: Series B, 1996, 58: 267-288.

[100] Fan J Q, Li R Z. Variable selection via nonconcave penalized likelihood and its oracle properties. Journal of the American Statistical Association, 2001, 96: 1348-1360.

[101] Xu Z B, Zhang H, Wang Y, Chang X Y, Liang Y. $L_{1/2}$ regularization. Science China Information Sciences, 2010, 53(6): 1159-1169.

[102] Candes E J, Wakin M B. An introduction to compressive sampling. IEEE Signal Processing Magazine, 2008, 25(2): 21-30.

[103] Logan B F. Properties of high-pass signals. PhD. Thesis. Dept. Elec. Eng.. New York: Columbia University, 1965.

[104] Donoho D L, Logan B F. Signal recovery and the large sieve. SIAM Journal on Applied Mathematics, 1992, 52(2): 577-591.

[105] Candes E J, Romberg J, Tao T. Exact signal reconstruction from highly incomplete frequency information. IEEEE Trans. Information Theory, 2006, 52: 489-509.

[106] Donoho D L. Compressed sensing. IEEE Trans. Information Theory, 2006, 52: 1289-1306.

[107] Fan J Q, Lv J. Sure independence screening for ultrahigh dimensional feature space. Journal of the Royal Statistical Society Series B, 2008, 70(5): 849-911.

[108] Fan J Q, Feng Y, Song R. Nonparametric independence screening in sparse ultra-high dimensional additive models. Journal of the American Statistical Association, 2011, 106(494): 544-557.

[109] Zhu L, Li L, Li R, et al. Model-free feature screening for ultrahigh-dimensional data. Journal of American Statistical Association, 2011, 106(496): 1464-1475.

[110] Li R, Zhong W, Zhu L. Feature screening via distance correlation learning. Journal of the American Statistical Association, 2012, 107(499): 1129-1139.

[111] He X, Wang L, Hong H G. Quantile-adaptive model-free variable screening for high-dimensional heterogeneous data. The Annals of Statistics, 2013, 41(1): 342-369.

[112] Li K C. Sliced inverse regression for dimension reduction. Journal of the American Statistical Association, 1991, 86(414): 316-327.

[113] Cook R D, Weisberg S. Discussion of sliced inverse regression for dimension reduction. Journal of the American Statistical Association, 1991, 86(414): 328-332.

[114] Li B, Wang S. On directional regression for dimension reduction. Journal of the American Statistical Association, 2007, 102(479): 997-1008.

[115] Anandkumar A. Scalable algorithms for distributed statistical inference. PhD. New York: Cornell University, 2009.

[116] Hsieh C J, Si S, Dhillon I S. A divide-and-conquer solver for kernel support vector machines. International Conference on Machine Learning, 2014, 32: 566-574.

[117] Ballani J, Kressner D. Matrices with hierarchical low-rank structures//Benzi M, Simoncini V. Exploiting Hidden Structure in Matrix Computations: Algorithms and Applications. Cetraro, Italy: Springer, 2016: 161-209.

[118] Treister E, Turek J S, Yavneh I. A multilevel framework for sparse optimization with application to inverse covariance estimation and logistic regression. SIAM Journal on Scientific Computing, 2016, 38(5): S566-S592.

[119] Battey H, Fan J Q, Liu H, et al. Distributed estimation and inference with statistical guarantees. The Annals of Statistics, 2018, 46: 1352-1382.

[120] Schifano E D, Wu J, Wang C, et al. Online updating of statistical inference in the big data setting. Technometrics, 2016, 58(3): 393-403.

[121] Zhang Y, Duchi J C, Wainwright M J. Divide and conquer kernel ridge regression: A distributed algorithm with minimax optimal rates. Journal of Machine Learning Research, 2015, 16(1): 3299-3340.

[122] Xu C, Zhang Y, Li R, et al. On the feasibility of distributed kernel regression for big data. IEEE Transactions on Knowledge and Data Engineering, 2016, 28(11): 3041-3052.

[123] Zhou L, Song X K. Scalable and efficient statistical inference with estimating functions in the MapReduce paradigm for big data. 2017. arXiv: 1709.04389.

[124] Chen S X, Peng L. Distributed statistical inference for massive data. 2018. arXiv: 1805.11214.

[125] Bruce S, Li Z, Yang H C, et al. Nonparametric distributed learning architecture for big data: Algorithm and applications. IEEE Transactions on Big Data, 2019, 5(2): 166-179.

[126] Launchbury J. A DARPA perspective on artificial intelligence. 2017. https://www.youtube.com/watch?time_continue=5&v=-O01G3tSYpU.

[127] 谭铁牛. 人工智能的历史、现状和未来. 求是, 2019, 4: 39-46.

[128] 杨学军. 智能简史. 人工智能前沿技术论坛, 长沙, 2017.

[129] 徐宗本. 机器学习自动化: 通向通用人工智能必经之路. 第三届中国人工智能发展高峰论坛, 广州, 2020.

[130] Naur P. Concise Survey of Computer Methods. New York: Petrocelli Books, 1975.

[131] Hayashi C, Yajima K, Bock H H, et al. Data Science, Classification, and Related Methods. Tokyo: Springer, 1998, 22-39.

[132] Cleveland W S. Data science: An action plan for expanding the technical areas of the field of statistics. International Statistical Review, 2001, 69(1): 21-26.

[133] Mattmann C A. Computing: A vision for data science. Nature, 2013, 493(7433): 473-475.

[134] Dhar V. Data science and prediction. Communications of the ACM, 2013, 56(12): 64-73.

[135] Davenport T H, Patil D J. Data scientist: The sexiest job of the 21st century. Harvard Business Review, 2012: 90(5): 70-76.

[136] Kitchin R. Big data and human geography: Opportunities, challenges and risks. Dialogues in Human Geography, 2013, 3(3): 262-267.

[137] Smith M. The White House names Dr.DJ Patil as the first US chief data scientist. The White House Blog, 2015.

[138] Gartner J. Gartner's 2014 hype cycle for emerging technologies maps the journey to digital business. http://www.gartner. com/newsroom/id/2819918.

[139] Gartner J. Hype cycle for data science. 2016. https://www. gartner.com/doc/3388917/ hype-cycle-data-science.

[140] 奇人Breiman| 不是统计学家的统计学家. https://www.sohu.com/a/195576619_652527.

[141] 朝乐门, 邢春晓, 张勇. 数据科学研究的现状与趋势. 计算机科学, 2018, 45(1): 1-13.

[142] Datawocky. More data usually beats better algorithms. 2008. http://anand.typepad. com/datawocky/2008/03/more-data-usual.html.

[143] Mayer-Schönberger V, Cukier K. Big data: A Revolution that will Transform How We Live, Work and Think. New York: John Murray, 2013.

[144] 徐宗本, 张维, 刘雷, 等. 数据科学与大数据的科学原理及发展前景——香山科学会议第 462 次学术讨论会专家发言摘登. 科技促进发展, 2014(1).

[145] 程学旗. 大数据分析. 北京: 高等教育出版社, 2019.

[146] 王元卓, 靳小龙, 程学旗. 网络大数据: 现状与展望. 计算机学报, 2013, 36(6): 1125-1138.

[147] National Research Council. Frontiers in Massive Data Analysis. Washington: National Academies Press, 2013. http://www.nap.edu /catalog.php?record_id=18374.

[148] 徐宗本. AI 与数学: 融通共进. 青岛: 第五届中国人工智能大会, 2019.

[149] 范剑青. 数据科学的学科建设、发展和展望. 中国科学报, 2015-10-08(08).

[150] Lazer D, Kennedy R, King G, et al. The parable of Google Flu: Traps in big data analysis. Science, 2014, 343(6176): 1203-1205.

[151] Villanic C. Optimal Transport: Old and New. Berlin: Springer Science & Business Media, 2008.

[152] Andrychowicz M, Denil M, Gomez S, et al. Learning to learn by gradient descent by gradient descent. Proceedings of the 30th International Conference on Neural Information Processing Systems, Barcelona, 2016: 3988-3996.

[153] Arends R I. Learning to Teach. 5th ed. New York: The McGraw-Hill Companies, 2000.

[154] 刘云浩. 物联网导论. 北京: 科学出版社, 2017.

[155] 杜经纬, 李海涛, 梁涛. 国内外物联网研究现状及展望. 世界科技研究与发展, 2013, 35(3): 408-416.

[156] 刘爱军. 物联网技术现状及应用前景展望. 物联网技术, 2012, 2(1): 69-73.

[157] Moore J W. Institute of Electrical and Electronics Engineers. IEEE Standard Computer Dictionary: A Compilation of IEEE Standard Computer Glossaries, New York, 1990.

[158] NIST Big Data interoperability Framework (NBDIF), V3.0 Final Version. https:// bigdatawg.nist.gov/V3_output_docs.php.

[159] 张斌, 王露露, 张臻. 美国政府 NIST 大数据互操作性框架的特点研究及启示. 现代情报, 2019, 39(11): 3-12.

[160] 杨京, 王效岳, 白如江. 大数据背景下科学数据互操作实践进展研究. 图书与情报, 2015(3): 97-102.

[161] 梅宏, 黄罡, 等. 云–端融合系统资源互操作平台 "燕云" 系统. 2018. http://aiit.org.cn/ index.php/News/detail/catids/2/id/151/selectid/12.

[162] 中国电子技术标准化研究院. 大数据标准化白皮书 (2018 版). 2018.

[163] 董明忠. 基于 ElGamal 算法的网络密钥技术. 网络安全技术与应用, 2005(1): 19-21.

[164] 陈智罡, 王箭, 宋新霞. 全同态加密研究. 计算机应用研究, 2014, 31(6): 1624-1631.

[165] 冯登国, 张敏, 李昊. 大数据安全与隐私保护. 计算机学报, 2014, 37(1): 246-258.

[166] 丁文超, 冷冰, 许杰, 等. 大数据环境下的安全审计系统框架. 通信技术, 2016, 49(7): 909-914.

[167] Ateniese G, Burns R, Curtmola R, et al. Provable data possession at untrusted stores. Proceedings of the 14th ACM Conference on Computer and Communications Security, New York, USA, 2007: 598-609.

[168] Li N H, Li T C, Venkatasubramanian S. t-closeness: Privacy beyond k-anonymity and l-diversity. Proceedings of the 23rd International Conference on Data Engineering, 2007: 106-115.

[169] 陈雪秀, 吕述望, 孙鹏. 知识安全与可控性. 信息安全与通信保密, 2004, 2(3): 12-15.

[170] Chu C T, Kim S K, Lin Y A, et al. Map-reduce for machine learning on multicore. Advances in Neural Information Processing Systems, 2007: 281-288.

[171] Dean J, Ghemawat S. MapReduce: Simplified data processing on large clusters. Communications of the ACM, 2008, 51: 107- 113.

[172] Kearns M. Efficient noise-tolerant learning from statistical queries. Journal of the ACM, 1998, 45(6): 983-1006.

[173] Zaharia M, Chowdhury M, Franklin M J, et al. Spark: Cluster computing with working sets. HotCloud, 2010, 10(10): 95.

[174] Li M, Andersen D G, Park J W, et al. Scaling distributed machine learning with the parameter server. Proceedings of the 11th USENIX Symposium on Operating Systems Design and Implementation, 2014: 583-598.

[175] Hu Y C, Patel M, Sabella D, et al. Mobile edge computing: A key technology towards 5G. ETSI White Paper, 2015, 11(11): 1-16.

[176] Li C, Hu Y, Liu L, et al. Towards sustainable in-situ server systems in the big data era. Proceedings of the 42nd Annual International Symposium on Computer Architecture, 2015: 14-26.

[177] Dubey H, Yang J, Constant N, et al. Fog data: Enhancing telehealth big data through fog computing. Proceedings of the ACM Conference on ASE BigData & SocialInformatics. New York: ACM, 2015: 1-16.

[178] Ré C, Agrawal D, Balazinska M, et al. Machine learning and databases: The sound of things to come or a cacophony of hype. Proceedings of the 2015 ACM SIGMOD International Conference on Management of Data, Victoria, Australia, 2015: 283-284.

[179] 崔斌, 高军, 童咏昕, 等. 新型数据管理系统研究进展与趋势. 软件学报, 2019, 30(1): 164-193.

[180] Verbitski A, Gupta A, Saha D, et al. Amazon aurora: Design considerations for high throughput cloud-native relational databases. Proceedings of the 2017 ACM International Conference on Management of Data, Chicago, USA, 2017: 1041-1052.

[181] Konečný J, Brendan McMahan H, Yu F X, et al. Federated learning: Strategies for improving communication efficiency. 2016. arXiv preprint arXiv: 1610.05492.

[182] Corbett J C, Dean J, Epstein M, et al. Spanner: Google's globally distributed database. ACM Transactions on Computer Systems, 2013, 31(3): 1-22.

[183] Kraska T, Alizadeh M, Beutel A, et al. SageDB: A learned database system. Proceedings of the 9th Biennial Conference on Innovative Data Systems Research. Asilomar, CA, USA, 2019: 13.

[184] 李国良, 周煊赫, 孙佶, 等. 基于机器学习的数据库技术综述. 计算机学报, 2020, 43(11): 2019-2049.

[185] 吴丹丹, 王松. 内存数据库及其应用综述. 软件导刊, 2016, 15(6): 168-170.

[186] 方巍, 郑玉, 徐江. 大数据: 概念、技术及应用研究综述. 南京信息工程大学学报 (自然科学版), 2014, 6(5): 405-419.

[187] Arasu A, Babcock B, Babu S, et al. STREAM: The stanford stream data manager. Proceedings of the 2003 ACM SIGMOD International Conference on Management of Data, San Diego, CA, 2003: 665.

[188] Chandrasekaran S, Cooper O, Deshpande A, et al. TelegraphCQ: Continuous dataflow processing. Proceedings of the 2003 ACM SIGMOD International Conference on Management of Data, San Diego, CA, 2003: 668.

[189] Chen J, DeWitt D J, Tian F, et al. NiagaraCQ: A scalable continuous query system for internet databases. Proceedings of the 2000 ACM SIGMOD International Conference on Management of Data, Texas, USA, 2000: 379-390.

[190] Cranor C, Johnson T, Spataschek O, et al. Gigascope: A stream database for network applications. Proceedings of the ACM SIGMOD International Conference on Management of Data, San Diego, CA, 2003: 647-651.

[191] Webber J. A programmatic introduction to Neo4j. Proceedings of the 3rd Annual Conference on Systems, Programming, and Applications: Software for Humanity, New

York, USA, 2012: 217-218.

[192] Aberger C R, Lamb A, Tu S, et al. EmptYheaded: A relational engine for graph processing. ACM Transactions on Database Systems, 2017, 42(4): 1-44.

[193] Zou L, Özsu M T, Chen L, et al. gStore: A graph-based SPARQL query engine. The VLDB Journal, 2014, 23(4): 565-590.

[194] Zheng T Q, Zhang Z B, Cheng X Q. SilverChunk: An Efficient In-Memory Parallel Graph Processing System. The International Conference on Database and Expert Systems Applications, 2019: 222-236.

[195] Eldawy A, Mokbel M F. SpatialHadoop: A MapReduce framework for spatial data. The IEEE International Conference on Data Engineering, Seoul, South Korea, 2015: 1352-1363.

[196] Aji A, Wang F, Vo H, et al. Hadoop-GIS: A high performance spatial data warehousing system over MapReduce. Proceedings of the VLDB Endowment International Conference on Very Large Data Bases, Trento, Italy, 2013, 6(11): 1009-1020.

[197] Xie D, Li F, Yao B, et al. Simba: Efficient in-memory spatial analytics. Proceedings of the 2016 International Conference on Management of Data, San Francisco, 2016: 1071-1085.

[198] Zhang S, Yang Y, Fan W, et al. OceanRT: Real-time analytics over large temporal data. Proceedings of the 2014 ACM SIGMOD International Conference on Management of Data, Snowbird, USA, 2014: 1099-1102.

[199] Pietzuch P R, Bacon J M. Hermes: A distributed event-based middleware architecture. Proceedings of the 22nd International Conference on Distributed Computing Systems Workshops, Vienna, Austria, 2002: 611-618.

[200] Li Z, Ji M, Lee J G, et al. MoveMine: Mining moving object databases. Proceedings of the 2010 ACM SIGMOD International Conference on Management of Data, New York, USA, 2010: 1203-1206.

[201] Wang H, Zheng K, Xu J, et al. SharkDB: An in-memory column-oriented trajectory storage. Proceedings of the 2015 ACM SIGMOD International Conference on Management of Data, Melboume, Victoria, Australia, 2015: 1099-1104.

[202] Shang Z, Li G, Bao Z. Dita: Distributed in-memory trajectory analytics. Proceedings of the 2018 International Conference on Management of Data, New York, USA, 2018: 725-740.

[203] Leonardi L, Marketos G, Frentzos E, et al. T-warehouse: Visual OLAP analysis on trajectory data. 2010 IEEE 26th International Conference on Data Engineering, Long Beach, CA, 2010: 1141-1144.

[204] Ding X, Chen L, Gao Y, et al. UlTraMan: A unified platform for big trajectory data management and analytics. Proceedings of the VLDB Endowment, 2018, 11: 787-799.

[205] Güting R H, Behr T, Düntgen C. SECONDO: A platform for moving objects database research and for publishing and integrating research implementations. IEEE Data Eng. Bull, 2010, 33: 56-63.

[206] Franklin M J, Kossmann D, Kraska T, et al. CrowdDB: Answering queries with crowd-sourcing. Proceedings of the 2011 ACM SIGMOD International Conference on Management of Data, Athens, Greece, 2011: 61-72.

[207] Park H, Pang R, Parameswaran A G, et al. Deco: A system for declarative crowdsourcing. Proceedings of the VLDB Endowment, 2012, 5: 1990-1993.

[208] Marcus A, Wu E, Karger D R, et al. Demonstration of Qurk: A query processor for humanoperators. Proceedings of the 2011 ACM SIGMOD International Conference on Management of data, Athens, Greece, 2011: 1315-1318.

[209] Li G, Chai C, Fan J, et al. CDB: Optimizing queries with crowd-based selections and joins. Proceedings of the 2017 ACM International Conference on Management of Data, Chicago, IL, USA, 2017: 1463-1478.

[210] Kingma D P, Ba J. Adam: A method for stochastic optimization. 2014. arXiv preprint arXiv: 1412.6980.

[211] Tibshirani R. Regression shrinkage and selection via the Lasso. Journal of the Royal Statistical Society Series B, 1996, 58(1): 267-288.

[212] Kleppmann M. Designing Data-Intensive Applications: The Big Ideas Behind Reliable, Scalable, and Maintainable Systems. Sebastopol, CA: O'Reilly Media, Inc., 2017.

[213] Song C, Yoon S, Pavlovic V. Fast ADMM algorithm for distributed optimization with adaptive penalty. Proceedings of the 13th AAAI Conference on Artificial Intelligence, California, 2016: 753-759.

[214] Sutton R S, Barto A G. Reinforcement Learning: An introduction. 2nd ed. Cambridge: MIT Press, 2018.

[215] Murtagh F. Clustering in massive data sets//Abello J, Pardalos P M, Resende M G C. Handbook of Massive Data Sets. New York: Springer, 2002: 501-543.

[216] Nakamoto S. Bitcoin: A peer-to-peer electronic cash system. 2008. https://bitcoin.org/bitcoin.pdf.

[217] Antonopoulos A M, Wood G. 精通以太坊. 喻勇, 杨镇, 阿剑, 等译. 北京: 机械工业出版社, 2019.

[218] Zhao J, Chevalier F, Collins C, et al. Facilitating discourse analysis with interactive visualization. IEEE Transactions on Visualization and Computer Graphics, 2012, 18(12): 2639-2648.

[219] Collins C, Carpendale S, Penn G. DocuBurst: Visualizing document content using language structure. Computer Graphics Forum, 2009, 28: 1039-1046.

[220] Herman I, Melancon G, Marshall M S. Graph visualisation and navigation in information visualisation. IEEE Transactions on Visualization and Computer Graphics, 2000, 6(1): 24-43.

[221] 王劲峰, 葛咏, 李连发, 等. 地理学时空数据分析方法. 地理学报, 2014, 69(9): 1326-1345.

[222] Qi Q, Tao F. Digital twin and big data towards smart manufacturing and industry 4.0: 360 degree comparison. IEEE Access, 2018, 6: 3585-3593.

[223] Wickham H. Tidy data. Journal of Statistical Software, 2014, 59(1): 1-23.

[224] 饶绪黎, 赵佳旭, 陈志德. 基于互联网数据的大数据人才需求调研及培养思考. 工业技术与职业教育, 2019, 17(2): 26-30.

[225] 陈振冲, 贺田田. 数据科学人才的需求与培养. 大数据, 2016, 2(5): 95-106.

[226] WEF 与燃玻科技、领英和 Coursera. 新经济下的数据科学: 第四次工业革命下的新一轮人才竞赛. 世界经济论坛 (WEF), 2019 年 7 月 2 日.

[227] 熊和平. 身体现象学视野下中小学生的日常生活体验研究. 全国教育科学规划领导小组办公室, 2014.

索　引